Konstruktionsmethodik für die Praxis

Paul Naefe · Jörg Luderich

Konstruktionsmethodik für die Praxis

Aktuelle Verfahren in der Produktentwicklung

2., überarbeitete Auflage

Paul Naefe
Aachen, Deutschland

Jörg Luderich
Institut für Produktentwicklung IPK
TH Köln
Köln, Deutschland

ISBN 978-3-658-31186-5 ISBN 978-3-658-31187-2 (eBook)
https://doi.org/10.1007/978-3-658-31187-2

Die Deutsche Nationalbibliothek verzeichnet diese Publikation in der Deutschen Nationalbibliografie; detaillierte bibliografische Daten sind im Internet über http://dnb.d-nb.de abrufbar.

Springer Vieweg

Lektorat: Thomas Zipsner
Springer Vieweg ist ein Imprint der eingetragenen Gesellschaft Springer Fachmedien Wiesbaden GmbH und ist ein Teil von Springer Nature.
Die Anschrift der Gesellschaft ist: Abraham-Lincoln-Str. 46, 65189 Wiesbaden, Germany

Vorwort 2. Auflage

Mit dem vorliegenden Buch wird der Versuch unternommen, die Theorie und die Praxis des Konstruierens im Maschinenbau einander näher zu bringen. In Gesprächen mit Studenten und Studentinnen (vorwiegend an der TH Köln) aber auch mit „gestandenen" Konstrukteuren musste nämlich immer wieder festgestellt werden, dass es offenbar „irgendwie" nicht richtig gelingt, die Lehre der Konstruktionsmethodik so zu vermitteln, dass sie von den angehenden oder auch erfahrenen Konstrukteuren als selbstverständliche Denkweise akzeptiert wird. Die Idee, die Vermittlung des Stoffes auf die im Folgenden beschriebene Art zu versuchen, entstand am Ende des langen Weges, den der Autor Paul Naefe im Laufe seines Berufslebens zurückgelegt hat. Er führte, beginnend mit einer gewerblichen Lehre, über Studiengänge des Maschinenbaus an der Staatlichen Ingenieurschule und der RWTH in Aachen über ca. 25 Jahre Tätigkeiten in Forschung und Industrie zu einer Lehrtätigkeit an der FH Köln in den Fächern Maschinenelemente und Konstruktionsmethodik und endete im Jahre 2009. Die intensive Beschäftigung mit der Konstruktionstätigkeit (Methodik) führte unter Anderem zu der Erkenntnis, dass sich eine enge Verbindung von Theorie und Praxis eigentlich „von selbst" einstellen müsste, wenn man sich der Gründe für sein Handeln beim Konstruieren genügend bewusst wäre. Diese Einsicht war es, die den Plan reifen ließ, in einem Lehrbuch ein Angebot an Beispielen zur Verfügung zu stellen, in denen praxisnah und in durchgängiger Form dargelegt wird, wie die Methodik in den verschiedenen Konstruktionsarten „funktioniert". Das soll insbesondere Studenten helfen, den Nutzen der verschiedenen theoretischen Bestandteile im Zusammenhang mit konkreten Aufgabenstellungen zu erkennen und zu einer pragmatischen Sichtweise zu finden. Für den Praktiker soll es die Verwendbarkeit von methodischen Hilfen für seine tägliche Arbeit erschließen.

Angetan von der Idee Konstruktionsmethodik praxisnah zu vermitteln, übernahm der Autor Jörg Luderich gerne die Aufgabe seine langjährigen Erfahrungen im Bereich der Produktentwicklung in das vorliegende Buch einzubringen. Er studierte Maschinenbau, Vertiefung Konstruktionstechnik an der RWTH Aachen. Bei Prof. Koller lernte er die Sichtweise der Konstruktionsmethodik kennen. Auch der Schwerpunkt seiner wissenschaftlichen Tätigkeit am Fraunhofer-Institut für Produktionstechnologie ab 1988 lag im Bereich der Produktentwicklung. Insbesondere der Entwicklung von Produktions- und Präzisionsmaschinen. Im Jahr 1995 wechselte er als Leiter Entwicklung und Konstruktion in die Industrie. In dieser Funktion und später als Technischer Leiter und Geschäftsführer verantwortete er zahlreiche Entwicklungen, die in einer Vielzahl von Produkten und einer Reihe von Patentschriften mündeten. Er kennt die Potentiale der Konstruktionsmethodik, ihre Grenzen, Stärken und Schwächen unter industriellen Randbedingungen genau. Dabei sind es vor allem Kosten- und Zeitaspekte sowie die Komplexität des realen Entwicklungsablaufes, die praxisnahe Interpretationen zur Realisierung einer hohen Effizienz in der Produktentwicklung erforderlich machen. Seit 2010 vertritt Jörg Luderich die Lehrgebiete Produktentwicklung, Produktentwicklungsmethoden und Konstruktionselemente an der TH Köln. Dabei setzt er konsequent die in mehr als 20 Jahre Tätigkeit in Industrie und Forschung gewonnenen Erkenntnisse in die praxisnahe Ausbildung von Maschinenbauingenieuren um.

Der Aufbau des Buches basiert im Wesentlichen auf den Grundlagen der Konstruktionsmethodik, wie sie in den einschlägig bekannten Lehrbüchern vermittelt werden. Als Leitfaden dient die Richtlinie VDI 2221, deren neuer Entwurf im Jahre 2018 veröffentlich wurde. Sie wird praxisnah und pragmatisch interpretiert und durch die Diskussion inzwischen bekannt gewordener alternativer Ansätze ergänzt. Außerdem werden Betrachtungen zum Produktentstehungsprozess (Industrie 4.0 und agile Entwicklungsmethoden) und praxisnahe, neue Aspekte zur Funktionen- und Produktstruktur angestellt. Der weitaus größte Raum wird aber der Beschreibung der Konstruktionsarten in je einem ausführlich behandelten Beispiel gewidmet.

Auf dem Weg zu diesem Buch, von der Idee bis zum Manuskript, gab es viele Gespräche mit den verschiedensten Partnern. Einige waren besonders wichtig und es soll ihnen an dieser Stelle ausdrücklich gedankt werden. Für das Beispiel der Variantenkonstruktion erhielten wir wertvolle Hinweise von den Herren A. Kleu (Vertriebsleitung) und M. Senkowski (Konstruktionsleitung) der Fa. HOMA Pumpenfabrik GmbH, Neunkirchen-Seelscheid. Für die Beschreibung des Entwicklungsprozesses eines 3D-Druckers ergaben sich interessante Informationen durch den Kontakt zu Frau L. Thurn, Projektingenieurin Rapid Prototyping an der FH-Aachen. Die Anfertigung der Zeichnungen und Grafiken übernahmen die Herren P. Eckstein, stud. Hilfskraft und F. Reipen, wiss. Mitarbeiter am Institut für Produktentwicklung und Konstruktionstechnik der TH Köln. Unser besonderer Dank gilt Herrn T. Zipsner, Cheflektor Maschinenbau des Verlags Springer Vieweg, für seine Unterstützung mit Rat und Korrektur bei der Erstellung des Manuskripts.

Um sperrige (gendergerechte) Formulierungen zu vermeiden, wird in diesem Buch nur das generische Maskulinum (männliche Form der Anrede) verwendet. Das erscheint uns tolerabel zu sein, weil immer noch mehr als 90% aller Studierenden des Maschinenbaus männlichen Geschlechts sind. Wir verbinden diese Feststellung mit dem Wunsch, dass sich dies in Zukunft nachhaltiger verbessern möge, als es in der Vergangenheit der Fall war.

Aachen/Köln
im Frühjahr 2020

Paul Naefe
Jörg Luderich

Inhaltsverzeichnis

1 Einführung

Die Konstruktionsmethodik, die manchmal auch Konstruktionssystematik oder mit der älteren Bezeichnung auch Konstruktionslehre genannt wird, wurde seit der Mitte des 20. Jahrhunderts intensiv weiterentwickelt. Sie hat zum Ziel, die Konstruktionstätigkeit besser lern- und auch lehrbar zu machen. Seit ca. 1970 fand dieses Thema dann auch zunehmend in den Studieninhalten, vor allem in denen des Maschinenbauingenieurwesens, seinen festen Platz und zunehmende Akzeptanz bei den Studierenden. Bei einer Umfrage, die im Jahre 2014 unter Studenten am Institut für Produktentwicklung und Konstruktionstechnik an der FH-Köln (seit 2015 TH Köln) durchgeführt wurde, bezeichneten die meisten Teilnehmer das Fach als „nützlich", der Rest als „bedeutend". Trotzdem gelingt es oft nicht, das im Studium erworbene Wissen in der industriellen Praxis umzusetzen. Die vermittelten Methoden werden von vielen oft als zu unflexibel angesehen, wie aus einschlägigen Untersuchungen zu diesem Thema hervorgeht [Wie13].

Es ist aber auch nicht von der Hand zu weisen, dass die gelegentlich recht theoretischen Betrachtungen bei der Vermittlung der Konstruktionsmethodik für viele Studierende eine echte Herausforderung darstellen. Das gilt vor allen Dingen für diejenigen, die vor Beginn des Studiums noch wenige Kenntnisse in der betrieblichen Praxis sammeln konnten und denen es daher an Konstruktionserfahrung mangelt. Ein Nachteil, der vor allem dadurch gefördert wurde, dass mit Gründung der Fachhochschulen die Eingangsvoraussetzungen für das Studium an die der universitären Hochschulen angeglichen wurde. Ein Praktikum von zwölf Wochen reicht für eine praxisnahe Ingenieurausbildung aber einfach nicht aus. Inzwischen bessert sich die Situation dank Einführung einer zunehmenden Anzahl dualer Studiengänge.

Angesichts der Schwierigkeiten mit dem Erlernen und der Umsetzung der Konstruktionsmethodik haben es sich die Autoren dieses Buches zum Ziel gesetzt, Abhilfe zu schaffen. Studierende, Berufsanfänger und auch erfahrenen Konstrukteure, denen die Methodik in ihrem Studium nicht angeboten wurde, finden im Folgenden Unterstützung bei der

P. Naefe, J. Luderich, *Konstruktionsmethodik für die Praxis*,
https://doi.org/10.1007/978-3-658-31187-2_1

Suche nach Antworten auf ihre Fragen. Dabei wird ein Weg beschritten, der von dem der meisten bekannten Lehrbücher zu diesem Thema abweicht. Anhand von Beispielen, die aus der Praxis stammen, wird Schritt für Schritt ausführlich erläutert, wie die theoretischen Überlegungen umgesetzt werden können. Dabei wird, wo es erforderlich ist, auf die Regeln der Methodik hingewiesen, diese aber nicht vertieft. Dem Leser werden allerdings in den Kap. 2 und 3 einige einführende und verbindende Betrachtungen angeboten, die den Übergang von der Methodenlehre zu den praktischen Beispielen erleichtern. Wer sich dieser Lektüre nicht unterziehen will, kann mit Kap. 4 beginnen und bei Bedarf entweder eines der in Abschn. 1.3 erwähnten Lehrbücher zu Rate ziehen oder doch zu Kap. 2 und 3 zurückkehren.

Manchmal finden junge Ingenieure angesichts der Randbedingungen (Zeit- und/oder Kostenvorgaben), mit denen sie im Betriebsalltag konfrontiert werden, nur unter Schwierigkeiten zur richtigen (effektiven) Vorgehensweise. Oft wird auch von Kollegen oder Vorgesetzten die Anpassung an die im Unternehmen übliche (pragmatische) Arbeitsweise gefordert, ohne die Konstruktionsmethodik anzuwenden. Das liegt manchmal daran, dass diese entweder nicht bekannt ist oder sie als zu theoretisch oder ihre Anwendung als zu umständlich angesehen wird. Dieses Buch soll dabei helfen, den Dialog zwischen den beiden Gegensätzen, einerseits methodisch vorgehen zu wollen, andererseits den Zwängen der betrieblichen Praxis Tribut zollen zu müssen, zu unterstützen. Vielleicht gelingt es, mit einem angemessenen Zeitaufwand, anhand der geschilderten Beispiele, das gegenseitige Verständnis zu fördern. Damit ist es vielleicht möglich, für den einen den Praxisschock und beim anderen die Theorieaversion maßgeblich zu vermindern.

Die geschilderte Vorgehensweise wird im Folgenden mithilfe von Aufgabenstellungen ganz unterschiedlicher Komplexität angewendet. Die Gliederung folgt der in der Konstruktionsmethodik üblichen Einteilung in die drei Konstruktionsarten. Ergänzt wird die Gliederung durch die Beschreibung der Auswahl von Norm- und Zukaufteilen, eine in der Praxis häufig vorkommende Aufgabenstellung.

- Auswahl von Norm und Zukaufteilen
- Variantenkonstruktion
- Anpassungskonstruktion
  - Optimierung von Zeichnungsteilen
  - Weiterentwicklung von Baugruppen
  - Entwicklung der nächsten Erzeugnisgeneration
- Neukonstruktion
  - Baugruppen
  - Komplexe Systeme

Zunächst jedoch soll ein kurzer Blick auf die Geschichte dieses Metiers geworfen werden. Die Kenntnis dessen, was in der Vergangenheit geleistet wurde, kann ja oft als Anregung für die zukünftigen Entwicklungen dienen.

1.1 Geschichte der Konstruktionsmethodik

Wer der Erste war, der sich mit der systematischen (methodischen) Vorgehensweise beim Konstruieren technischer Erzeugnisse befasste, ist nicht leicht festzustellen. Meistens wird *Leonardo da Vinci* genannt (1452–1519) der, allein schon durch die beeindruckenden bildlichen Darstellungen seiner technischen Entwürfe, eine herausragende Stellung unter den infrage kommenden Kandidaten einnimmt. Er machte auch schon eine systematische Aufstellung von Maschinenelementen (ca. 20 Stück), die man neben der Beschreibung anderer konstruktiver Gedanken in zahlreichen wunderbar bebilderten Büchern betrachten kann. Einem der wichtigsten Ziele der Konstruktionsmethodik, nämlich das Konstruieren leichter lehrbar und lernbar zu machen, hat Leonardo allerdings nicht entsprochen. Er beschreibt zwar **was** er entworfen hat, erklärt aber nicht, den Weg, **wie** er dazu gekommen ist. Im Gegenteil, manchmal scheint er es dem Betrachter sogar schwer machen zu wollen, seinen Gedanken zu folgen, hier und da sind z. B. seine Kommentare in Spiegelschrift niedergeschrieben. Außerdem könnte man zumindest in einem Fall seine Fähigkeiten als Konstrukteur infrage stellen. In der sehr bekannten Zeichnung eines „Panzerwagens" (Abb. 1.1) ist dem Künstler beim Entwurf des Antriebes offenbar ein schwerwiegender Fehler unterlaufen. Die beiden Ritzel auf den Kurbeln bewirken an den Laufrädern eine gegenläufige Drehung, der Wagen kommt nicht vorwärts.

Es muss außerdem bezweifelt werden, dass die Kraft von einigen Männern ausreichen würde, die notwendige Antriebsenergie für ein so schweres Gerät, noch dazu im Gelände, zur Verfügung zu stellen. Zur Ehrenrettung Leonardos lässt sich allerdings anführen, dass es zu seiner Zeit üblich war, absichtlich Fehler in die Darstellung technischer Ideen einzubauen, um dadurch unbefugten Nachbau zu erschweren, denn einen Patentschutz gab es ja noch nicht.

Die für den heute arbeitenden Konstrukteur interessante Entwicklung der Konstruktionsmethodik setzte in der ersten Hälfte des 19. Jahrhunderts ein. Der im Lehrbuch von *Pahl/Beitz* [PaBe13] ausführlich beschriebene historische Verlauf liefert eine große Zahl

Abb. 1.1 Entwurf eines Panzerwagens von Leonardo da Vinci. [Fie02]

von Details, auf die hier der Kürze halber nicht eingegangen werden kann, dort befindet sich auch eine umfangreiche Liste von Veröffentlichungen zu diesem Thema.

1.2 Produktentstehung, Produktentwicklung, Konstruktion

Bevor vertiefend auf die Konstruktionsmethodik eingegangen wird, ist es wichtig, sich über einige zentrale Begrifflichkeiten ein klares Bild zu verschaffen. Die folgenden Ausführungen und Definitionen basieren auf dem Leitfaden zur universitären Lehre der Wissenschaftlichen Gesellschaft für Produktentwicklung (WiGeP) [ULP14] und betrachten diese häufig verwendeten Begrifflichkeiten aus zwei Perspektiven, auf der einen Seite aus ablauftechnischer und auf der anderen aus organisatorischer Sicht.

Aus ablauftechnischer, prozessorientierter Sicht ist die Produktentstehung ein Teil des Produktlebenszyklus. Sie beginnt in der Regel mit der Ermittlung eines Bedarfs, der Entwicklung einer Produktidee und endet meist mit der Produktherstellung. Die Produktentwicklung wird als ein interdisziplinärer Prozess im Unternehmen verstanden, der Teil des Produktentstehungsprozesses ist. Dieser Prozess baut auf der Produktplanung auf und führt in einer Reihe von Arbeitsschritten und Phasen zu einem produzierbaren und funktionsfähigen Produkt. Teil des Produktentwicklungsprozesses ist die Konstruktion.

Die Organisationseinheit, die den Entwicklungsprozess im Unternehmen durchführt, wird häufig als „**Produktentwicklung**" bezeichnet. Ihr werden in vielen Fällen weitere Fachabteilungen zugeordnet, wie beispielsweise die Konstruktion, der Versuch, die Berechnung, der Prototypenbau aber auch Stabsstellen wie die Normung oder das Patentwesen. Abb. 1.2 stellt die Zusammenhänge beispielhaft in vereinfachter Form grafisch dar.

In der industriellen Praxis hat sich eine Vielfalt von weiteren Organisationsformen und Bezeichnungen etabliert, die der projektorientierten Arbeitsweise in der Produktentwicklung, dem Produktspektrum, der Unternehmensstruktur, dem Entwicklungsmanagement und vielen weiteren Gesichtspunkten Rechnung tragen. Gelegentlich trifft man auch noch auf die klassische Trennung zwischen dem „Entwickeln" und dem anschließenden fertigungsbezogenen „Konstruieren". Vor dem Hintergrund des mechatronischen Aufbaus heutiger Maschinen und Produkte hat diese prozessuale Unterscheidung in vielen Bereichen immer mehr an Bedeutung verloren. Beide Tätigkeiten sind als Einheit und Teil in den übergeordneten Begriff Produktentwicklung eingegangen.

Im Rahmen dieses Buches werden die Begriffe Konstruktion und Produktentwicklung synonym verwendet.

1.3 Die Arbeitsschritte des Konstruktionsprozesses

In den verfügbaren Lehrbüchern, in denen die Konstruktionsmethodik behandelt wird, werden ihre theoretischen Grundlagen ausführlich beschrieben, deshalb ist es nicht erforderlich, hier noch einmal näher darauf einzugehen. Für ein Selbststudium der Methodik

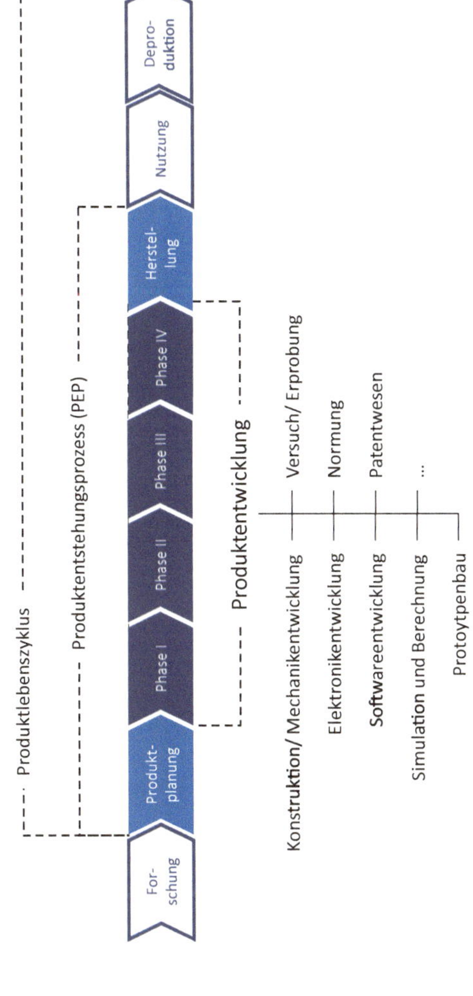

Abb. 1.2 Produktentstehungsprozess und Produktentwicklung

stehen zahlreiche empfehlenswerte Bücher zur Verfügung. Da ist zuerst das bereits erwähnte Lehrbuch von *Pahl/Beitz* zu nennen, das man getrost als Standardwerk bezeichnen kann. Hinzu kommen die Bücher von *Ehrlenspiel* [Ehr17] und *Conrad* [Con18], die u. a. durch Übungsbeispiele für den Studenten interessante Anregungen liefern. Für angehende Konstrukteure, die noch nicht über einen nennenswerten praktischen Hintergrund verfügen, sind zusätzlich die Bücher von *Hoenow/Meißner* [HoMe12, HoMe20] und *Kurz/Hintzen/Laufenberg* [KHL09] empfehlenswert, für diejenigen, die sich zunächst einen kurzen Überblick verschaffen möchten, das Buch von *Naefe* [Nae18]. Weitere Hinweise können aus den in den genannten Büchern enthaltenen Literaturverzeichnissen und außerdem der Richtlinie VDI 2221 entnommen werden.

Es ist allerdings immer noch festzustellen, dass trotz intensiver Bemühungen in Forschung und Lehre und der erwähnten Akzeptanz bei den Studierenden, die Anwendung der Konstruktionsmethodik in der Praxis noch nicht weit gediehen ist. Woran das liegt, ist seit einiger Zeit Gegenstand spezieller Untersuchungen [Wie13].

Die Richtlinie VDI 2221 enthält eine kurze Zusammenfassung der Konstruktionsmethodik, der man Empfehlungen zur systematischen Vorgehensweise beim Konstruieren entnehmen kann, näheres hierzu ist in den erwähnten Lehrbüchern ausgeführt. Die Richtlinie wurde vollständig überarbeitet und ist im Jahr 2019 veröffentlicht worden, sie besteht nun aus zwei Blättern. Blatt 1 beschreibt nach wie vor den Konstruktionsprozess als eine Reihe von aufeinander folgenden Schritten, die nun Aktivitäten genannt werden (s. Abb. 1.3). In Blatt 2 erfolgt die Erläuterung der so genannten Phasen, deren Anzahl statt vier, jetzt bis zu sieben betragen kann.

In der neuen Richtlinie VDI 2221 Bl. 1 sind anstatt der ursprünglichen sieben Schritte (Aktivitäten) jetzt acht vorgesehen. Die vierte, neu eingefügte Aktivität trägt die Bezeichnung: „Bewerten und Auswählen von Lösungskonzepten“. Ihr Inhalt kann wie folgt beschrieben werden:

Wenn mehrere Lösungskonzepte die Anforderungen erfüllen, ist es ratsam/erforderlich, deren Anzahl zu beschränken. Auf diese Weise gelingt es, den Aufwand für die Detaillierung der Entwürfe überschaubar zu halten. Um dies zu erreichen, müssen zunächst Kriterien definiert werden, mit deren Hilfe die Kosten, die Zeit, der Nutzen und die Risiken der Lösungskonzepte bewertet werden können. Zur Durchführung der Bewertung kommen, je nach Bedeutung und Umfang der Aufgabe und dem aktuellen Stand der Informationen, verschiedene Methoden in Betracht. Die gängigsten sind Richtlinie VDI 2225, Nutzwertanalyse oder paarweiser Vergleich. Gegebenenfalls ist eine Gewichtung der Kriterien vorzunehmen. Es ist ratsam, das Bewertungsverfahren in einem Team durchzuführen, in dem die betroffenen Bereiche des Unternehmens vertreten sind. Es kann zu einem schleifenförmigen Arbeitsablauf kommen (Iteration), wie es in Abb. 1.3 angedeutet wird. Die Randbedingungen, das Vorgehen und das Ergebnis sind zu protokollieren.

Gegen die Einführung dieser vierten Aktivität in die aktuelle Richtlinie ist im Prinzip nichts einzuwenden. Es gilt allerdings zu bedenken, dass bereits im Buch „Konstruktionslehre“ von Pahl/Beitz [PaBe13] darauf hingewiesen wird, dass sowohl in der Konzeptions- als auch in der Entwurfsphase unter Umständen eine Bewertung zur Begrenzung der Zahl

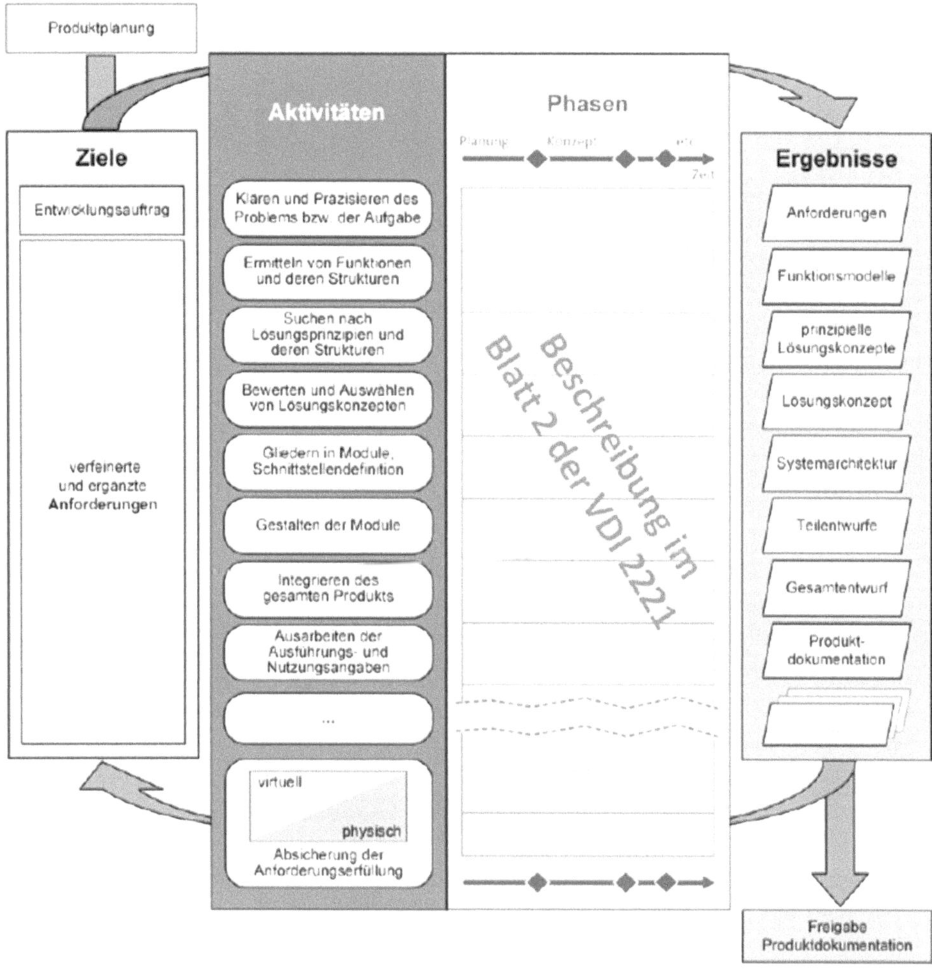

Abb. 1.3 Generelles Vorgehen beim Entwickeln und Konstruieren. (Neue Richtlinie VDI 2221)

der Lösungsvorschläge angebracht ist. Konsequenterweise müsste also eigentlich die Aktivität Nr. 4 sowohl nach Nr. 3 als auch (als Nr. 7) noch einmal nach Nr. 6 in Abb. 1.3 eingefügt werden. Damit käme man dann auf insgesamt neun Aktivitäten statt acht.

Zu der Unterteilung der Aktivitäten in Phasen ist Folgendes anzumerken:

Der Inhalt der ersten Aktivität: „Klären und Präzisieren des Problems bzw. Aufgabe“ stimmt in der alten und neuen Version mit der Phase I (Planen) überein (s. a. Abb. 1.2). Er ist auch der wichtigste, weil hier das Ziel der Konstruktionsaufgabe festgelegt wird. Als Resultat dieser Aktivität entsteht die Anforderungsliste, die alle für den Konstrukteur wichtigen Informationen enthält, damit ein für alle Beteiligten akzeptierbares Ergebnis erzielt werden kann. In der neuen Version der Richtlinie in Blatt 2 weichen die Anzahl und die Beschreibung der Phasen von der alten erheblich ab. Statt Phase II (Konzipieren),

Phase III (Entwerfen) und Phase IV (Ausarbeiten) werden bis zu sieben Phasen genannt. Die Inhalte werden, je nach Anwendungsfall und Branche folgendermaßen beschrieben:

Auftragsklärung, Angebotserstellung, Realisierung, Auslieferung und Inbetriebnahme, Projektnacharbeitung

oder:

Produktplanung, Produktdefinition, Konzeptentwicklung, Serienentwicklung, Absicherung der Herstellbarkeit, Vorbereitung Serienproduktion, Überprüfung Markterfolg

Diese Gliederung wird vom VDI damit begründet, dass die neue Richtlinie VDI 2221 stärker prozessorientiert angelegt wurde als ihr Vorgänger. Dies ist der Tatsache geschuldet, dass in der heutigen Praxis die Beherrschung der Prozesse fachdisziplin-, unternehmens- und nationenübergreifend erforderlich ist.

Es ist nicht zu bestreiten, dass diese Sichtweise in der aktuellen Situation, in der ein Unternehmen sich im Markt bewegen muss vorteilhaft ist. Für einen praxisnahen Einstieg in die methodische Vorgehensweise beim Konstruieren erscheint es aber sinnvoll, zunächst die „alte" Gliederung in die vier Phasen beizubehalten.

Deshalb wird an dieser Stelle nur kurz auf die übersichtliche und in der Praxis gut handhabbare Gliederung in die vier Phasen I bis IV und ihre Bezeichnungen eingegangen (s. Abb. 1.4). Darauf wird in den folgenden Kapiteln immer wieder Bezug genommen.

In Phase I **„Planen"** werden die Voraussetzungen für eine erfolgreiche Projektbearbeitung geschaffen. Sie bildet die Basis für alle folgenden Arbeiten und ist für eine funktions-, kosten- und termingerechte Lösung absolut notwendig. Wichtige Arbeitspunkte in dieser Phase sind das Klären und Präzisieren der Aufgabenstellung, die in der Anforderungsliste dokumentiert wird und die Planung des Projekts, die sich in verschiedenen zusätzlichen Dokumenten niederschlägt. In Abschn. 7.2 wird auf diese Phase vertiefend eingegangen.

Stehen die Anforderungen fest, so ist die Zielsetzung der Phase II „ **Konzipieren**" die Suche nach einer geeigneten Prinziplösung. In Abschn. 7.3 werden geeignete Methoden hierzu an einem praxisnahen Beispiel vorgestellt.

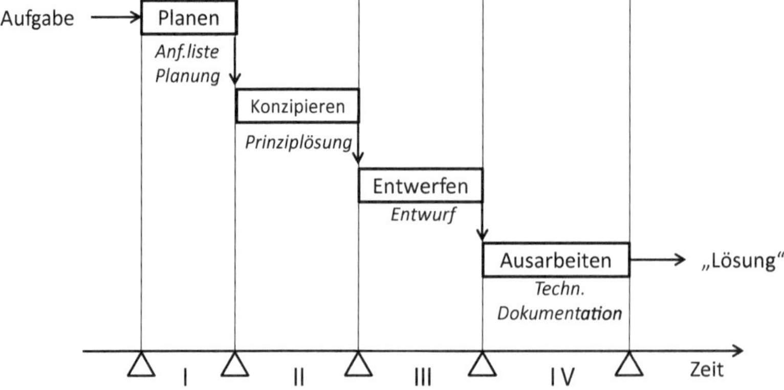

Abb. 1.4 Die vier Phasen des Konstruktionsprozesses – Wasserfallmodell

In Phase III, dem „ **Entwerfen**“ wird die Prinziplösung gestaltet. Da es in den meisten Fällen sinnvoll ist von „innen nach außen“ zu konstruieren, entstehen zuerst die Entwürfe der maßgebenden, für die Funktionalität zentralen Module. Anschließend dann die Entwürfe weiterer Module sowie der Gesamtentwurf des Produktes. Vertiefende Ausführungen hierzu finden sich in Abschn. 7.4.

Auf Basis der maßstäblichen Entwürfe und weiterer in der Phase III erstellten Unterlagen und Festlegungen (z. B. bezüglich Fertigungsverfahren) wird dann in Phase IV „ **Ausarbeiten**“ (s. Abschn. 7.5) die technische Dokumentation erstellt, die neben Fertigungs- und Montageunterlagen typischerweise verschiedene weitere Dokumente, wie z. B. Betriebsanleitungen, Prüfanweisungen, Serviceunterlagen umfassen kann.

Das in der Richtlinie VDI 2221 beschriebene Vorgehen führt den Entwickler systematisch in einem seriellen Prozess vom Abstrakten zum Konkreten. Die Gliederung in Arbeitsschritte und Phasen macht den Ablauf übersichtlich und auch für den unerfahrenen, jungen Entwickler beherrschbar. Er kann sich an den zu erreichenden Arbeitsergebnissen der vier Phasen – Planung/Anforderungsliste, Prinziplösung, Entwurf und Technische Dokumentation – orientieren und so den Bearbeitungsstand des Projektes einschätzen.

Das in der Richtlinie VDI 2221 beschriebene serielle Vorgehen und die Gliederung in die Phasen „Planen-Konzipieren-Entwerfen-Ausarbeiten“ bieten dem jungen Entwickler einen übersichtlichen und bewährten Ablauf bei der Bearbeitung von Entwicklungsprojekten.

Es hat sich bewährt, bei der Planung von Entwicklungsprojekten zuerst einmal von der Strukturierung in die vier Phasen auszugehen. Eine weitere Aufgliederung und Verfeinerung, die Ergänzung von Vorentwicklungs- und Erprobungsphasen, die Parallelisierung von Vorgängen sowie die Verknüpfung mit Arbeiten in anderen Unternehmensbereichen führt dann zu einer auf das individuelle Projektziel zugeschnittenen Vorgehensweise (s. neue VDI 2221, Blatt 2). Insbesondere die Parallelisierung der Entwicklungsarbeiten unter fachlichen (z. B. Mechanik, Elektronik, Software) und zeitlichen Gesichtspunkten spielt in der industriellen Praxis eine große Rolle und führt weg von dem rein seriellen Ablauf (s. alte VDI 2221 und neue Blatt 1). In Kap. 3 wird auf diesen Aspekt näher eingegangen.

1.4 Konstruktionsarten

Die im Rahmen einer Entwicklungsaufgabe zu durchlaufenden Arbeitsschritte und Phasen hängen ganz offensichtlich mit der Art der vorliegenden Aufgabenstellung zusammen. Es ist wenig sinnvoll, sich mit der Suche nach einer neuen Prinziplösung für eine Teilfunktion untergeordneter Bedeutung zu beschäftigen, wenn bewährte Lösungen bekannt und einfach verfügbar sind. Von daher werden die folgenden, schon oben erwähnten, Konstruktionsarten unterschieden [PaBe13].

- **Neukonstruktion** (s. Kap. 7): Neue Aufgaben und technische Fragestellungen werden gelöst oder mit neuen oder Neukombinationen bekannter Lösungsprinzipien erfüllt. Es werden alle vier Phasen des Konstruktionsprozesses durchlaufen.
- **Anpassungskonstruktion** (s. Kap. 6): Das Lösungsprinzip bleibt erhalten, lediglich die Gestaltung wird an neue Randbedingungen angepasst. Phase II „Konzipieren" entfällt – das Lösungsprinzip ist ja schon bekannt.
- **Variantenkonstruktion** (s. Kap. 5): Innerhalb vorgedachter Grenzen werden die Größe und/oder Anordnung von Teilen und Baugruppen variiert, typisch bei Baureihen/Baukästen. Variantenkonstruktionen basieren auf bekannten Lösungsprinzipien und Entwürfen, die Bearbeitung der Phase II „Konzipieren" und III „Entwerfen" entfallen.

Die Einteilung in Konstruktionsarten ist eine weitere Hilfestellung für junge Produktentwickler. Kann eine Aufgabenstellung eindeutig einer der genannten Konstruktionsarten zugeordnet werden, so ist sofort klar, welche Arbeitsschritte zu durchlaufen sind.

Bei jeder Entwicklungsaufgabe ist es wichtig frühzeitig zu analysieren, um welche Konstruktionsart es sich handelt. Sie definiert die zu durchlaufenden Phasen und die notwendigen Arbeitsschritte.

Eine von dem in Richtlinie VDI 2221 beschriebenen Vorgehen (Abb. 1.3) etwas abweichende Arbeitsweise wird in einer Publikation des Instituts für Konstruktion und Produktentwicklung der Hochschule für Angewandte Wissenschaft in Hamburg aus dem Jahre 2014 beschrieben [MER14]. Die Autoren gehen davon aus, dass die weitaus meisten Aufgabenstellungen für den Konstrukteur (ca. 90 %) darin bestehen, bereits bekannte technische Produkte weiter zu entwickeln (zu optimieren). Dabei dient entweder ein vorhandenes Produkt, eine Baugruppe oder ein Bauteil als Ausgangspunkt. Als Einstieg in den Konstruktionsprozess wird deshalb eine Betrachtungsweise empfohlen, die mit dem **Produktbenchmarking** eng verbunden ist. Für die Beschreibung der Vorgehensweise (Abb. 1.5) werden die übergeordneten Begriffe „Reverse-Engineering" und „Forward-Engineering" verwendet. Ähnlich wie bei der Richtlinie VDI 2221, erfolgt das Vorgehen in Schritten, im Gegensatz zu der Richtlinie geschieht der Arbeitsablauf aber nicht einfach von oben nach unten, sondern zunächst von unten nach oben (links beginnend) und dann von oben nach unten (rechts endend). Der abgebildete Ablauf entspricht nicht genau der Darstellung in der erwähnten Publikation sondern wurde leicht modifiziert, damit eine engere begriffliche Verbindung zur Konstruktionsmethodik entsteht.

Zum besseren Verständnis dieser Darstellung sollen die folgenden Erläuterungen dienen:

- Grundsätzlich muss sich die Vorgehensweise nicht auf Bauteile beschränken. Eine Konstruktionsaufgabe kann sich ja auch auf Baugruppen und/oder auf komplexe

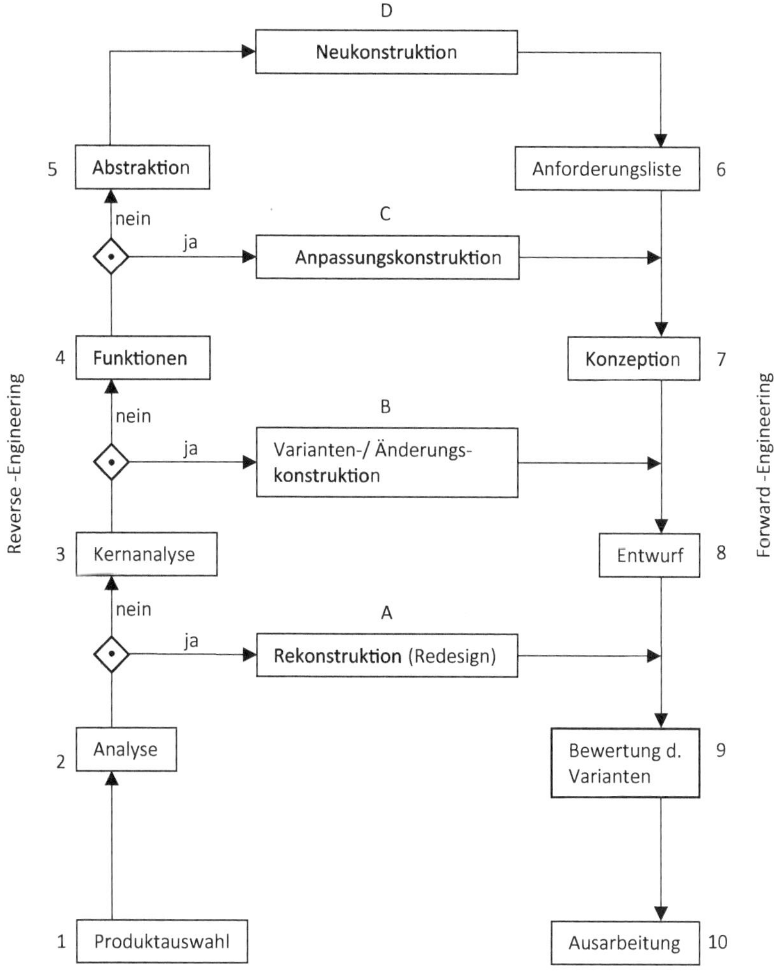

Abb. 1.5 Leitfaden zur methodischen Weiterentwicklung von Baugruppen oder -teilen. (Nach [MER14])

technische Produkte beziehen, die mit der gleichen prinzipiellen Sichtweise behandelt werden können.

- Der Begriff „Weiterentwicklung" wurde in die Abbildung nicht übernommen, sondern in die als Brücke bezeichneten Rahmen B–D wurden die Bezeichnungen für die Konstruktionsarten eingetragen, die in der Konstruktionsmethodik üblicherweise verwendet werden.
- Im Rahmen A steht zusätzlich „ Redesign", in Erweiterung zu dem im Original verwendeten Begriff „Rekonstruktion", dadurch soll die Verbindung zum Benchmarking deut-

lich gemacht werden. Bei dieser Methode wird auf der untersten Ebene vorausgesetzt, dass man das eigene Produkt mit mindestens einem der Konkurrenz direkt vergleichen kann, um Möglichkeiten zur Optimierung herauszufinden.

- Beim Reverse-Engineering wird grundsätzlich davon ausgegangen, dass bereits ein Produkt existiert. Mit Kernanalyse (Schritt 3) ist gemeint, dass nach der Analyse des Produktaufbaus (2) die Ermittlung der genauen Eigenschaften der Strukturelemente erfolgt.
- Beim Forward-Engineering ist ein bereits existierendes Produkt nicht zwingend erforderlich. Wie bei der Vorgehensweise nach Richtlinie VDI 2221 kann es sich auch um die Neukonstruktion eines Produktes handeln, dann beginnt der Arbeitsprozess mit dem Rahmen D (die Schritte 4 und 5 werden dann Bestandteil des Schrittes 7).
- Zur besseren Verbindung der Darstellung des Forward-Engineerings mit der Konstruktionsmethodik wurden in die Schritte 6 bis 10 die Bezeichnungen der vier Phasen eingetragen. Die Phase „Ausarbeitung" erstreckt sich dabei auf die Schritte 9 und 10 und zwar mit den Aktivitäten: Bewertung und Auswahl von gegebenenfalls vorhandener Lösungsvarianten und Ausarbeitung der Fertigungsunterlagen für die endgültig gewählte Lösung.
- Auch beim Leitfaden (s. Abb. 1.5) kann natürlich ein iteratives (schleifenförmiges) Vorgehen sinnvoll sein und zwar sowohl beim Reverse- als auch beim Forward-Engineering. Wegen besserer Übersichtlichkeit wurde auf eine Darstellung dieser Arbeitsweise in der Abbildung verzichtet.

Fazit

Die erfolgreiche Bewältigung einer Konstruktionsaufgabe wird durch gute Kenntnisse der Konstruktionsmethodik ganz wesentlich erleichtert. Unabhängig von den in der industriellen Praxis anzutreffenden Anpassungen zur Erhöhung der Entwicklungsqualität und Reduktion von Entwicklungszeit und -kosten, ist für den Anfänger die Berücksichtigung des Vorgehensmodells nach der Richtlinie VDI 2221 oder des Leitfadens für den Einstieg empfehlenswert.

1.5 Weitere Quellen

Abb. 1.3 aus Richtlinie VDI 2221 wiedergegeben mit Erlaubnis des Verein Deutscher Ingenieure e. V. VDI-Richtlinien: VDI-Verlag, Düsseldorf

Literatur

[Con18] Conrad, K.-J.: Grundlagen der Konstruktionslehre, 7. Aufl. Hanser, München (2018)

[Ehr17] Ehrlenspiel, K.: Integrierte Produktenwicklung, 6. Aufl. Hanser, München (2017)

[Fie02] Field, D.M.: Leonardo da Vinci. Regency House Publishing Ltd, Buntingford (2002)

[HoMe12] Hoenow, G., Meißner, T.: Entwerfen und Gestalten im Maschinenbau: Bauteile – Baugruppen – Maschinen, 4. Aufl. Hanser, München (2012)

[HoMe20] Hoenow, G., Meißner, T.: Konstruktionspraxis im Maschinenbau: Vom Einzelfall zum Maschinendesign, 5. Aufl. Hanser, München (2020)

[KHL09] Kurz, U., Hintzen, K., Laufenberg, H.: Konstruieren, Gestalten, Entwerfen, 4. Aufl Viewegs Fachbücher der Technik. GWV Fachverlag, Wiesbaden (2009)

[MER14] Meyer-Eschenbach, A., Rudolz, D.: Entwicklung eines Leitfadens zur methodischen Weiterentwicklung von Bauteilen anhand von Praxisbeispielen. IPK an der Hochschule für angewandte Wissenschaft, Hamburg (2014)

[Nae18] Naefe, P.: Methodisches Konstruieren, 3. Aufl. Springer, Vieweg (2018)

[PaBe13] Pahl, G., Beitz, W.: Konstruktionslehre, 8. Aufl. Springer, Berlin/Heidelberg (2013)

[ULP14] Universitäre Lehre in der Produktentwicklung – Leitfaden der Wissenschaftlichen Gesellschaft für Produktentwicklung (WiGeP). Konstruktion Juni 6, 74–79 (2014)

[Wie13] Wiedner, A.J.: Feldstudie zur Identifikation der von Konstrukteuren praktizierten Handlungsmuster bei der Funktion-Gestalt-Synthese Forschungsberichte, IPEK am KIT (Karlsruher Institut f. Technologie), Bd. 65. Prof. Dr.-Ing. Albers, Karlsruhe (2013)

Methodische Unterstützung 2

In dem schematisch dargestellten Lebenslauf eines Produkts im Lehrbuch von *Pahl/Beitz* [PaBe13] findet man, folgende übergeordneten Begriffe:

- Markt, Bedürfnis, Problem,
- Unternehmenspotenziale/-ziele

(s. a. Abb. 2.3 Vorgehen bei der Produktplanung). Angesichts der Tatsache, dass vom VDMA (Verband Deutscher Maschinen- und Anlagenbau) schon vor Jahren ca. 17.000 verschiedene **Produktarten** benannt wurden kann man erahnen, dass durch diese Gesichtspunk ein riesiges Feld für die Herkunft von Aufgabenstellungen für den Konstrukteur umschrieben wird. Es kommt noch hinzu, dass die unterschiedlichen Branchen selbst an gleichartige technische Erzeugnisse verschiedene Anforderungen stellen und damit die Vielfalt weiter erhöht wird. Bei der Berücksichtigung der Unternehmenspotenziale und -ziele sind hauptsächlich die Fragestellungen nach der Größe und Organisationsstruktur des Betriebs, nach der Marktbedeutung und Komplexität des Produkts, dem Neuigkeitsgrad der Konstruktionsaufgabe oder des Konstruktionsgegenstandes und der Fertigungsart (Einzel- oder Serienfertigung) von Bedeutung.

2.1 Herkunft der Aufgabenstellung

Welchen Versuch man auch immer unternimmt, eine systematische Ordnung im Hinblick auf die verschiedenen Ursprünge einer möglichen Aufgabenstellung herzustellen, es ergibt sich ein Aspekt, der eine Verbindung herstellt, der **Produktlebenszyklus**. Der in der Literatur [z. B. Nae18, PaBe13] ausführlich erläuterte Begriff wurde aufgrund der neueren Entwicklung inzwischen zu der Bezeichnung „Produktlebenszyklusmanagement" (PLM)

P. Naefe, J. Luderich, *Konstruktionsmethodik für die Praxis*,
https://doi.org/10.1007/978-3-658-31187-2_2

erweitert. Damit wird ein Werkzeug bezeichnet, das helfen soll, den Lebenszyklus eines Produkts möglichst effizient zu gestalten (s. a. Abb. 2.1). Ein Zitat von *Feldhusen*, das dem Lehrbuch von *Pahl/Beitz* entnommen ist, gibt die folgende Definition:

> „PLM stellt eine wissensbasierte Unternehmensstrategie für alle Prozesse und deren Methoden hinsichtlich der Produktentwicklung von der Produktidee bis hin zum Recycling dar".

Die bedeutendste Quelle für Aufgabenstellungen befindet sich in der Regel außerhalb des eigenen Betriebs, es ist der Bereich, der meistens mit „Markt" bezeichnet wird. Damit sind im Wesentlichen die Begriffe „Kunde" und „Wettbewerber" im oberen linken Kasten in Abb. 2.1 gemeint. In aller Regel steht der Wettbewerber (Konkurrent) selbst für den Konstrukteur als Gesprächspartner nicht zur Verfügung, das Konkurrenzprodukt aber schon. Wichtige Informationen zum eigenen Produkt erhält man vom Kunden. Es ist daher äußerst nützlich, wenn der Konstrukteur gelegentlich die Möglichkeit wahrnimmt, sich an Verkaufsgesprächen zu beteiligen. Ein weiterer, lehrreicher Weg, etwas über die

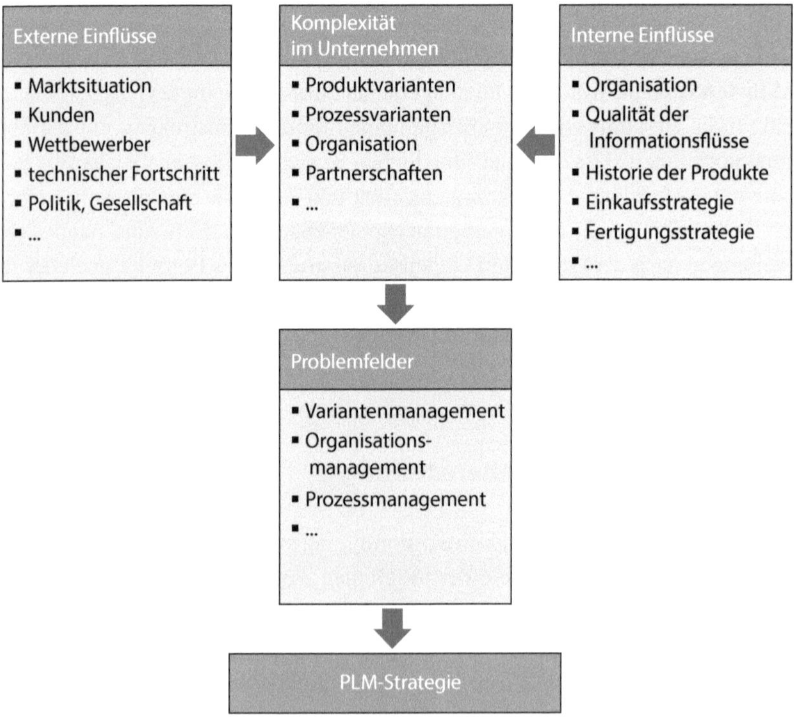

Abb. 2.1 Produktlebenszyklusmanagement. [PaBe13]

Eigenschaften und die Wertschätzung des eigenen Produkts zu erfahren besteht darin, das Wartungspersonal des Kunden zu befragen. Eine bessere und direktere Quelle für Aufgabenstellungen kann ein Konstrukteur kaum finden.

Zum Auffinden von Problembereichen an einem Produkt dient die so genannte Schwachstellenanalyse. In der Richtlinie VDI 2220 „Produktplanung“ werden formalisierte Hilfsmittel beschrieben, mit deren Hilfe man die Schwächen eines Produkts systematisch aufspüren und daraus (konstruktive) Maßnahmen ableiten kann. Ein Teil dieser Vorgehensweise wird in Abb. 2.2 erläutert.

Das Bild zeigt, welche Randbedingungen und Informationsquellen ausgewertet werden können, um systematisch herauszufinden, welche Schwächen ein Produkt hat. Ein Ausschuss muss natürlich nicht zwingend gebildet werden, je nach Betriebsgröße genügt auch ein kompetenter Mitarbeiter. Der Begriff „Schwachstelle“ wird ausführlicher in der für die Instandhaltung zuständigen Norm DIN 31 051 behandelt und in der Richtlinie VDI 3822 wird beschrieben, wie man eine Schadensanalyse durchführen soll. Hilfreich ist auch die Richtlinie VDI 2246 „Konstruktion Instandhaltungsgerechter Erzeugnisse“.

Weitere Aufgabenstellungen können sich durch Änderungen in den so genannten Restriktionen ergeben. Damit sind Umweltauflagen, Erhöhung von Energie- und Rohstoffkosten, gesetzliche Auflagen, Normen und Richtlinien gemeint. Alle diese Bedingungen muss der Konstrukteur ständig im Auge behalten. Schließlich kann sich ein Hersteller auch noch neue Absatzgebiete dadurch erschließen, dass die Frage gestellt wird, ob ein

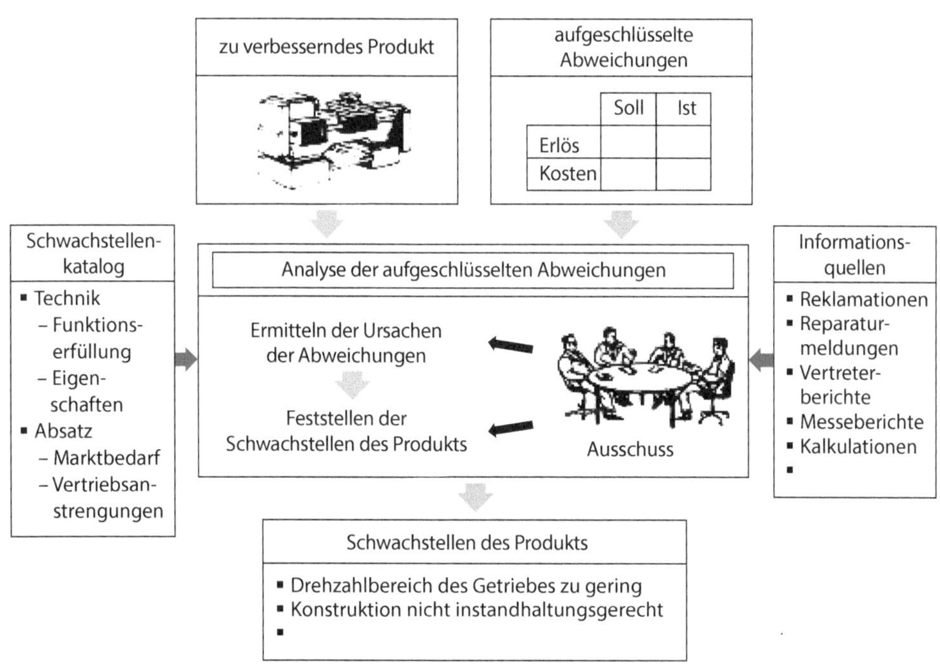

Abb. 2.2 Vorgehensweise bei der Schwachstellenanalyse. (Richtl. VDI 2220)

bereits vorhandenes technisches Erzeugnis nicht auch in bisher unbekannten Anwendungen eingesetzt werden kann.

Zur methodischen Unterstützung bei der **Planung neuer Produkte** oder zur Verbesserung bereits vorhandener, gibt es inzwischen ein reichhaltiges Angebot. Die Vorgehensweise in Abb. 2.3, die der Richtlinie VDI 2220 in vereinfachter Form entnommen ist, ähnelt dem in Abb. 1.3 gezeigten Vorgehen beim Konstruktionsprozess in der Richtlinie VDI 2221.

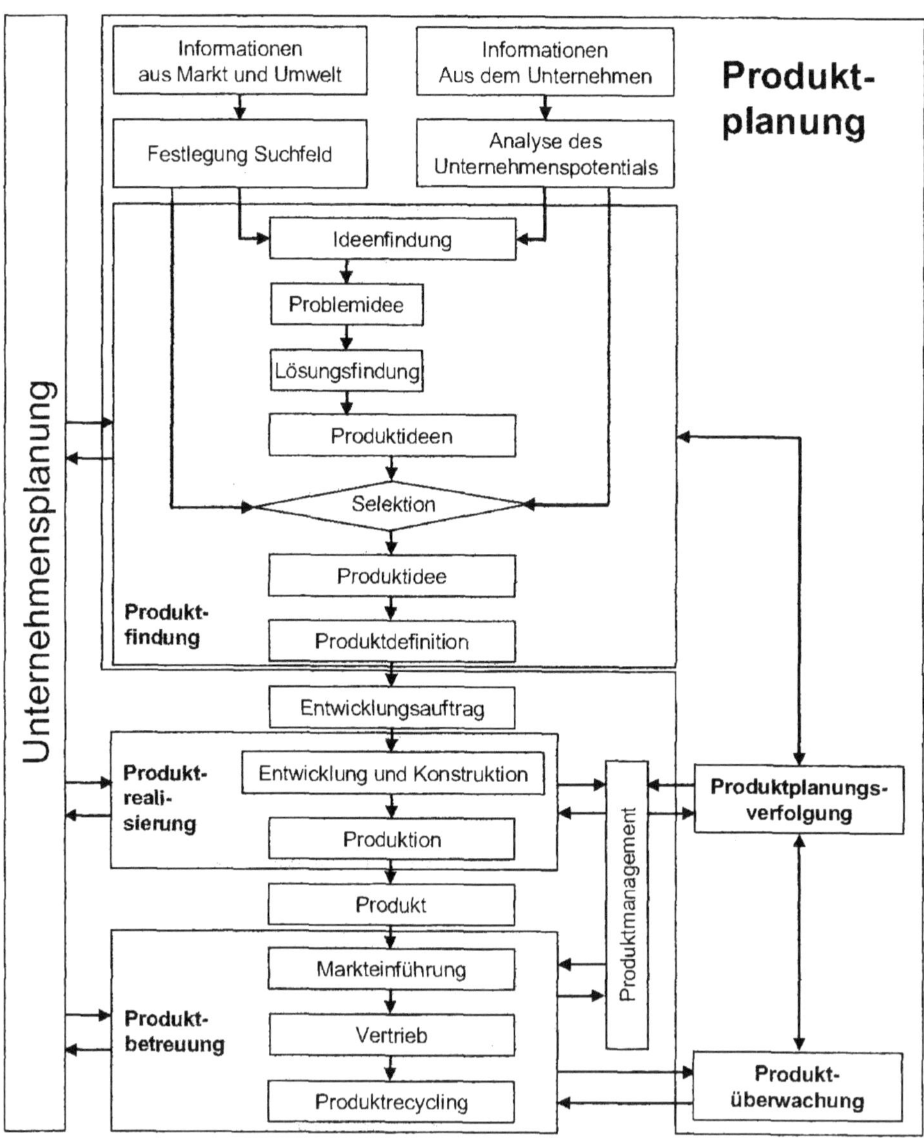

Abb. 2.3 Vorgehen bei der Produktplanung. (Nach Richtl. VDI 2220 [Sei05])

Dabei handelt es sich um einen Leitfaden zur Orientierung. Je nach Größe des Unternehmens können die einzelnen Aktivitäten festen Einrichtungen in der Organisationsstruktur zugeordnet werden oder es handelt sich nur um einzelne Mitarbeiter in verschiedenen Bereichen, die sich von Zeit zu Zeit in Projektteams zusammenfinden.

Für die systematische Durchführung der **Situationsanalyse** steht eine bewährte Methode zur Verfügung, die Portfolio-Technikgenannt wird. Sie dient dazu, unternehmensspezifische Daten zu sammeln und sie unternehmensexternen Daten zuzuordnen. Eine entsprechende grafische Darstellung wird als Portofolio-Matrix bezeichnet. Die Aussagekraft der kurz Portfolio genannten Betrachtung muss allerdings mit Vorsicht benutzt werden, weil es sich immer nur um ein Parameterpaar handelt. Gegebenenfalls müssen verschiedene, unter den Aspekten Markt- und Technologiesituation erstellt werden.

Für die Analyse der Marktsituation ist der Vergleich des eigenen Betriebs mit dem Marktführer besonders interessant. Als Ergebnis liefert diese Methode z. B. die in Abb. 2.4 dargestellte Matrix. Hier wird in vier Quadranten eine Objekt-Kategorisierung vorgenommen, was nicht zwingend ist, aber oft benutzt wird.

Unter den englischsprachigen Bezeichnungen ist Folgendes zu verstehen:

- „Stars“ haben einen hohen Umsatz (Marktanteil) und eine günstige Perspektive,
- „Cash Cows“ (Melkkühe) besitzen eine günstige Kostenstruktur und erwirtschaften hohe Gewinne,
- „Question Marks“ sind Zweifelsfälle, die eine Entscheidung erfordern, ob sie durch entsprechende Maßnahmen entweder zu Stars oder zu Cash Cows entwickelt werden können,
- „Poor Dogs“ (Notfälle) stehen eigentlich auf der „Abschussliste“.

Der Begriff „Ernten“ unter den Handlungsempfehlungen bedeutet, dass man versuchen soll, das entsprechende Produkt noch eine Weile mit minimalem Aufwand zu vermarkten

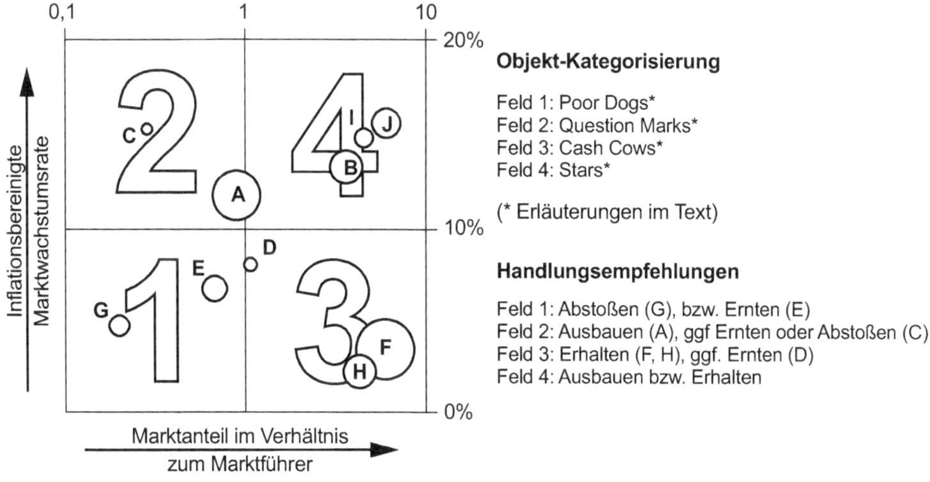

Abb. 2.4 Marktportfolio eines Produkts. [PaBe13]

und es dann kurzfristig aus dem Programm zu nehmen. Gegebenenfalls kann man auch darüber nachdenken, ob es gelingt, es an einen anderen Hersteller zu verkaufen und man dadurch vielleicht noch Lizenzeinnahmen erzielen kann.

Weitere Methoden, das eigene Produkt mit dem Wettbewerb zu vergleichen, sind das so genannte **Benchmarking** und die technisch/wirtschaftliche Bewertung nach Richtlinie VDI 2225.

Auch beim Benchmarking ist man in der Regel bestrebt, sich mit dem Marktführer zu vergleichen, damit der angestrebte Innovationsschub groß genug ausfällt und man dadurch möglichst selbst zum Marktführer wird. Der Vergleich muss sich hierbei nicht auf Produkte beschränken, es kann sich auch um Prozesse oder Organisationsformen handeln, das erhöht natürlich den Aufwand der Untersuchung unter Umständen erheblich. Der Begriff „Benchmark" entstammt dem Vermessungswesen und kann am ehesten mit „Bezugspunkt" übersetzt werden. Da sich die Methode natürlich nicht mit wenigen Sätzen erklären lässt, wird hier der Hinweis auf das entsprechende Lehrbuch von *Siebert* und *Kempf* gegeben [SiKe08], aus dem die folgende Definition stammt:

> „Benchmarking ist ein ständiger Prozess des Strebens eines Unternehmens nach Verbesserung seiner Leistung und nach Wettbewerbsvorteilen durch Orientierung an den Bestleistungen in der Branche oder anderen Referenzleistungen".

Eine sehr effektive Vorgehensweise des Benchmarkings von Produkten ist das so genannte Reverse-Engineering. Dabei wird das eigene Produkt und das des Marktführers in die Einzelteile zerlegt und diese miteinander verglichen. Angestrebt wird dabei vor Allem, natürlich unter Beibehaltung der notwendigen Funktionen, einen Weg zur Kostenreduzierung durch Redesign (konstruktive Überarbeitung = Änderungs- oder Variantenkonstruktion) zu finden (s. a. Abschn. 1.4). Zur Unterstützung für das Erlernen oder Anwenden dieser Methode kann man sich an das Informationszentrum Benchmarking (IZB) in Berlin wenden.

Auch die Methode der technisch/wirtschaftlichen Bewertung kann dazu benutzt werden, das eigene Produkt mit dem Wettbewerb zu vergleichen und dadurch Verbesserungspotenzial zu erkennen. In diesem Zusammenhang sei auch auf die Richtlinien VDI 2224 und 2235 hingewiesen, in denen besonders die wirtschaftlichen Aspekte des Konstruierens behandelt werden.

Die Vorgehensweise entspricht in Teilen der Nutzwertanalyse, die in allen in Abschn. 1.3 erwähnten Lehrbüchern der Konstruktionsmethodik ausführlich behandelt wird. Es werden Bewertungskriterien formuliert, die dann mit einer allerdings verkürzten Skala (0–4 statt 0–10) und ohne Gewichtung bewertet werden. Die Kenngrößen x für den technischen Wert und y für den wirtschaftlichen, sind auf einen Ideal- oder Höchstwert bezogen und liegen deshalb auf einer Skala von 0 bis 1 in einem so genannten Stärkediagramm auf den beiden Koordinatenachsen. Je nach Lage der entsprechenden Punkte für die x/y-Wertepaare der

Abb. 2.5 Einordnung eines Produkts im Stärkediagramm. (Nach Richtl. VDI 2225)

verschiedenen Produkte ergeben sich Bewertungen, die im auch s-Diagramm genannten Schaubild (Abb. 2.5) qualitativ nachvollzogen werden können.

Bei genauerer Betrachtung erkennt man eine gewisse Ähnlichkeit mit dem Portfolio, auch hier liegen die besten Lösungsvarianten im Quadranten oben rechts.

Ist beim Vorgehen bei der **Produktplanung** (Abb. 2.3) der Punkt erreicht, an dem das neue oder gründlich zu verbessernde technische Erzeugnis konkret erkennbar wird (**Produktdefinition**), geht es darum, die folgenden Aspekte möglichst gut abzusichern:

- die Kundenanforderungen richtig und vollständig zu erkennen,
- die Anforderungen durch die entsprechenden Bereiche des Unternehmens in Produktmerkmale und Qualitätsziele umzusetzen.

Die Methode, die diesen Forderungen am ehesten entspricht, ist das Quality Function Deployment (**QFD**). Sie führt die Bereiche, die an Produktplanung, -entwicklung und -realisierung beteiligt sind, systematisch und schrittweise zusammen und hilft, die Ursachen für die Entstehung von Fehlern zu minimieren.

QFD wurde von *Akao* [Aka92] schon vor ca. 50 Jahren in Japan entwickelt und wird seit ca. 30 Jahren auch in Deutschland angewendet. In der Praxis orientiert man sich vorwiegend an der Vorgehensweise nach ASI (American Supplier Institute). In der Richtlinie VDI 2247 werden die beiden Vorgehensweisen unterschieden:

- den Produktentwicklungsphasen folgend,
- Problemschwerpunkte berücksichtigend.

Der erste Punkt ist aus der Sicht des Konstrukteurs bedeutsamer als der zweite. Die Vorgehensweise gliedert sich in vier Phasen, die nacheinander zu durchlaufen sind, nämlich:

1. Produktplanung,
2. Teileplanung,
3. Prozessplanung,
4. Produktionsplanung,

wobei immer das Arbeitsergebnis der vorherigen Phase die Vorgaben für die Folgende liefert. Weitere Einzelheiten sind Tab. 2.1 zu entnehmen.

Zur konkreten Bearbeitung werden formale Strukturen benutzt, die sicherstellen sollen, dass man nicht die Übersicht verliert. In diesen so genannten Charts, die auch House of Quality genannt werden, erfasst man systematisch die Kundenwünsche und strukturiert und gewichtet sie. Die Entstehung einer Anforderungsliste wird dadurch entscheidend unterstützt. Weitere Details sind den vorstehend angegebenen Richtlinien und der Literatur [PaBe13, Ehr17] zu entnehmen. Es muss allerdings noch erwähnt werden, dass der Aufwand für die Einführung und Benutzung der Methode erheblich ist, einige Zeit in Anspruch nimmt und in der Regel zumindest am Anfang einer professionellen Betreuung bedarf.

Vielleicht nicht die bedeutendste, aber die reizvollste Quelle für Aufgabenstellungen ist eine eigene, innovative Idee des Konstrukteurs. Ein völlig neues Produkt zu schaffen oder einem bereits existierenden zu neuen Funktionen oder Anwendungszwecken zu verhelfen, ist die Krönung seiner Tätigkeit. Hier verschafft er sich sozusagen seine Aufgabenstellung selbst. Leider liegt die Entscheidung, ob die neue Idee realisiert werden soll, nicht oder nur selten beim Urheber alleine. Normalerweise ist es unerlässlich, dass eine Reihe von

Tab. 2.1 Die Inhalte der vier Phasen des QFD. (Nach Pfeifer[Pfe96])

Eingangsgrößen	Phasen	Ausgangsgrößen
Kundenforderungen, Qualitätsforderungen von Kunden und Markt	**1. Produktplanung** Kundenforderungen erfassen und lösungsneutrale Qualitätsforderungen an die Konstruktion ableiten	Konstruktionsanforderungen, Merkmale der Produkte
Merkmale der Produkte	**2. Teileplanung** Qualitätsforderungen an die Konstruktion werden zu Qualitätsforderungen an Teilsysteme und Bauteile	Merkmale der Teile
Merkmale der Teile	**3. Prozessplanung** Qualitätsforderungen an die Teile werden für Produktionsprozesse ausgewählt und mit Prozessparametern festgelegt	Merkmale der Prozesse
Merkmale der Prozesse	**4. Produktionsplanung** Aus den Produktionsprozessen werden Qualitätssicherungsmaßnahmen abgeleitet und die Parameter der Maßnahmen festgelegt	Merkmale der Produktionsmittel (Arbeits- und Prüfanweisungen)

Entscheidungsprozessen durchlaufen wird, bis es schließlich zu der Entscheidung kommt, dass das neue oder verbesserte Produkt in das Programm des Unternehmens aufgenommen werden soll. Oft geht mit diesem Vorgang auch noch die Frage einher, ob es sinnvoll sein könnte, ein Schutzrecht zu beanspruchen. Ob es sich dabei um ein Patent oder ein Gebrauchsmuster handelt und welchen Umfang es haben soll, ist nicht zuletzt eine Kostenfrage. In jedem Fall ist es sinnvoll, sich von einem Fachanwalt beraten zu lassen.

Mit weitaus größerer Wahrscheinlichkeit kommen Aufgabenstellungen aus der Fertigung oder Montage. Verbesserungsbedarf, der meist Änderungen am Produkt erfordert, wird logischerweise am häufigsten in diesen Bereichen erkannt. Der Konstrukteur tut deshalb gut daran, mit den Kollegen, die dort tätig sind, einen regelmäßigen Kontakt zu pflegen.

Damit es nicht der Initiative des Einzelnen überlassen ist, wie es zu Verbesserungen am Produkt oder auch an den Prozessen, die zum Produkt führen, kommt, ist das Unternehmen in seiner Organisationsstruktur gefordert. Seit vielen Jahren gibt es Bemühungen, die mithilfe formalisierter Vorgänge dazu beitragen sollen, dieses Ziel zu realisieren. Die umfassendste Methode, die hierzu entwickelt wurde, stammt aus Japan und wird KAIZEN genannt. Streng genommen handelt es sich nicht um nur eine Methode, wie z. B. die Wertanalyse, sondern um ein Managementkonzept. Die wörtliche Übersetzung des Namens bedeutet Veränderung (KAI) zum Besseren (ZEN). Eine ausführliche Erläuterung, um was es im Einzelnen geht, kann dem Buch von *Maasaki Imai* entnommen werden [MaI92]. Welche Aktivitäten innerhalb des Betriebes davon erfasst werden, zeigt Abb. 2.6.

Abb. 2.6 Der KAIZEN-Schirm. [MaI92]

Zusammengefasst geht es darum, mit den einzelnen unter dem Schirm benannten Maßnahmen die folgenden Ziele zu erreichen:

- Prozessorientierung,
- Qualitätssteigerung,
- Produktivitätssteigerung.

Dass nicht alles neu ist was dort steht, sieht man daran, dass das betriebliche Vorschlagswesen, das auch in Deutschland bereits eine lange Tradition hat, ebenfalls genannt wird. In diesem Zusammenhang ist auch noch zu erwähnen, dass neben dem KAIZEN in Europa seit Jahren unter der Bezeichnung „kontinuierlicher Verbesserungsprozess“ (KVP) eine ähnliche Philosophie bekannt ist. Es hat sich leider gezeigt, dass das Hauptproblem, mit diesen Arbeitsweisen Fortschritte zu erzielen, in den Köpfen der Betroffenen liegt und zwar auf allen Ebenen der Organisationsstruktur des Betriebes. Ein wesentliches Werkzeug, das Verständnis für diese Arbeitsweise zu fördern, ist die ständige Weiterbildung der Mitarbeiter. Außerdem hat es sich bewährt, so genannte Qualitätszirkel zu etablieren, in denen sich Kollegen aus verschiedenen Hierarchieebenen treffen und die Probleme des Arbeitsprozesses besprechen, um zu gemeinsamen Lösungen zu finden. Weitere Ausführungen müssen der Kürze halber an dieser Stelle unterbleiben. Die Kernbotschaft des KAIZEN lautet:

> „Kein Tag soll im Unternehmen vergehen, ohne dass irgendeine (wenn auch noch so kleine) Verbesserung erreicht wurde“.

Weitere Methoden, aus denen Aufgabenstellungen für den Konstrukteur stammen können, sind:

- ABC-Analyse,
- Wertanalyse (WA),
- Nutzwertanalyse (NWA),
- FMEA.

Sie werden in den bereits erwähnten Lehrbüchern des methodischen Konstruierens zum Teil ausführlich erläutert, deshalb sollen die in der Tab. 2.2 aufgelisteten Merkmale an dieser Stelle genügen.

Fazit

Der Kontakt zum Anwender und Informationen über den Wettbewerb liefern dem Konstrukteur die wichtigsten Informationen zur Weiterentwicklung des Produktes.

Tab. 2.2 Hauptmerkmale der Methoden ABC-Analyse, WA, NWA und FMEA

Methode	Zweck	Merkmale	Aufwand
ABC-Analyse	z. B.: Bedeutung/Rangfolge von Einzelprodukten ermitteln Häufigkeit des Vorkommens von Varianten und deren Umsatzanteil	Einfache Durchführung mithilfe von Listen und Pareto- Diagrammen	Niedrig
Wertanalyse (WA)	Zuordnung von Funktionen und deren Kosten ermitteln und dadurch gezielt optimale Lösungen finden, z. B. auch für Baukästen Hauptzweck: Nutzenoptimierung, Produktivitätssteigerung, Qualitätsoptimierung	Teambildung notwendig Arbeitsplan nach DIN 69910 bzw. VDI-Richtl. 2800 Maßgeblich	Hoch Schulung der Mitarbeiter erforderlich, ggf. externer Moderator Notwendig
Nutzwertanalyse (NWA)	Objektive Auswahl der besten Lösung aus einer Auswahl von Lösungsvarianten Schwachstellenanalyse möglich Verbesserungsbedarf in Teilbereichen von Lösungsvarianten ermitteln	Teambildung empfehlenswert Strukturiertes formales Vorgehen mit Dokumentation notwendig	Mittel bis hoch (Je nach Umfang und Struktur des Produktes)
FMEA	Ermittlung von potenziellen Fehlermöglichkeiten am Produkt und Gefahren und deren Folgen bei seinem Gebrauch	Vorgehen nach DIN 25448 Anwendung hauptsächlich bei gefährlichen oder gefährdeten Produkten (oft auf Grundlage gesetzlicher Bestimmungen)	Hoch Schulung erforderlich.

2.2 Methodenbaukasten

Wie bereits erwähnt, begann die auf wissenschaftlicher Basis betriebene Entwicklung des Ingenieurwesens vor ca. 150 Jahren. Davor waren es besonders begabte Praktiker, die es schafften, durch handwerkliches Geschick mithilfe physikalischer Erkenntnisse innovative Produkte zu entwerfen und herzustellen (oder herstellen zu lassen) und damit den technischen Fortschritt voranzutreiben. Einer der ersten war *Rethenbacher* (s. a. [PaBe13]), der die auch heute noch ohne Weiteres akzeptablen Prinzipien für eine gute Konstruktion formulierte:

- hinreichende Stärke,
- kleine Verformung,

- geringe Abnutzung (aufgrund von geringem Reibungswiderstand),
- geringer Materialaufwand (und dadurch leichte Ausführung),
- leichte Aufstellung (einfache Montage),
- wenig Modelle (wenige Varianten).

Die weitere Entwicklung in Theorie und Praxis, die immer noch andauert, hat dann zu umfangreichen Erkenntnissen und entsprechenden Dokumentationen (und auch Lehrbüchern) geführt. Für die Vermittlung des Ingenieurwissens und dessen Umsetzung in die Praxis sind diese von großer Bedeutung, wegen des Stoffumfangs wirken sie aber oft abschreckend. Auf den kürzesten Nenner gebracht, geht es um drei Bereiche:

- Übersicht dadurch zu schaffen, dass man komplexe Konstruktionen in überschaubare Teile zerlegt, um, ohne den Zusammenhang und den eigentlichen Zweck (Wesenskern) aus dem Auge zu verlieren, die Aufgabe zu bewältigen (Systemtheorie). Grundlage dafür ist die Definition von Einzelfunktionen und die hierarchische Zuordnung zu Teilfunktionen und schließlich der Gesamtfunktion (Funktionenstruktur). Diese Gliederung lässt es zu, dass bei gleichbleibender Gesamtfunktion auf den darunter liegenden Ebenen Varianten unter verschiedenen Aspekten in Betracht gezogen werden können (Abb. 2.7).
- Den Arbeitsablauf folgerichtig und zielstrebig zu gestalten und durchzuführen (dargestellt in Abb. 1.3 und 1.5).
- Geeignete Werkzeuge in Gestalt von Methoden zu finden, die bei Bedarf helfen, effizient zu optimalen Ergebnissen zu gelangen. Hierzu dient der „Methodenbaukasten“ auf den im Folgenden eingegangen wird.

Zur Unterstützung des Konstrukteurs in den einzelnen Arbeitsschritten gibt es eine Vielzahl von Methoden, die im Laufe der Zeit entwickelt wurden und nicht ausschließlich aus technisch geprägten Bereichen stammen.

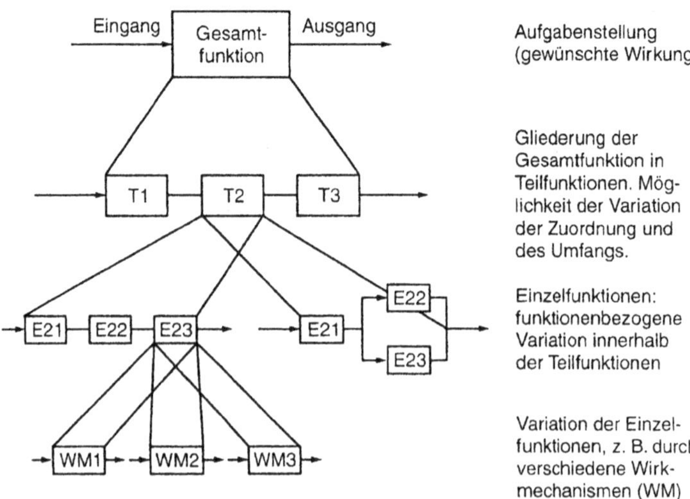

Abb. 2.7 Prinzipieller Aufbau eines technischen Systems. [Nae18]

Da niemand alle Methoden kennen kann, sollte man sich der angebotenen Informationsquellen bedienen. Da ist zunächst die Richtlinie VDI 2223 zu nennen, in der eine umfangreiche Matrixdarstellung zu finden ist, die die Arbeitsschritte bzw. Phasen und die ihnen zugeordneten, am besten geeigneten Methoden, ausweist. Eine gleichartige Übersicht befindet sich auch im Lehrbuch von *Pahl/Beitz* [PaBe13]. In beiden Quellen findet man auch umfangreiche Hinweise auf Literaturstellen, denen man detaillierte Erläuterungen zu Art und Anwendung der Methoden entnehmen kann. Ein weiteres Beispiel eines so genannten Methodenbaukastens ist in Tab. 2.3 dargestellt, hier sind die einzelnen Methoden den vier Phasen des Konstruktionsprozesses zugeordnet.

Als kleine Hilfestellung für die Auswahl einer geeigneten Methode können die folgenden Fragen dienen:

- Was genau soll die Methode leisten?
- Wie viel Zeit und Geld steht zur Verfügung?
- Gibt es im Betrieb bereits Kenntnisse zu bestimmten Methoden oder ist Beratung/ Schulung erforderlich?
- Sind die erforderlichen Hilfsmittel vorhanden?

Wie bereits in Abschn. 2.1 erörtert wurde, sind die Quellen, aus denen Konstruktionsaufgaben stammen können, sehr unterschiedlich. Aber auch der Umfang einer Aufgabe kann sehr verschieden ausfallen. Je nachdem, ob es sich um ein völlig neues technisches Erzeugnis, um eine Änderung oder Anpassung eines bereits vorhandenen Produkts oder lediglich um eine Variante (z. B. in Form oder Größe) handelt. Es ist natürlich auch unbedingt erforderlich, eine möglichst gute Kundenorientierung unter Berücksichtigung der

Tab. 2.3 Beispiel für einen Methodenbaukasten. [Nae18]

Methoden (Werkzeuge)	Planen	Konzipieren	Entwerfen	Ausarbeiten
Trendstudien, Marktanalyse (QFD, ABC-Analyse, Target Costing, Wertanalyse (WA), Benchmarking, Reengineering)	●	●		
Kreativitätstechniken (Brainstorming, Synektik, Mind Map)	●	●		
Iteration	○	●	●	○
Bewertungsmethoden (Nutzwertanalyse, techn./ wirtsch. Vergleich (VDI-R. 2225), Dominanzmatrix)		●	●	○
Ordnungssysteme (Morphologischer Kasten, Kataloge)		●	●	
Funktionenstruktur (FAST-Diagramm, Soll-/ Iststruktur)	●	●	○	
Arbeits-/Zeitplanung (Netzplan, Projektmanagement)	●	●	●	●
Datenintegration (CAD, Rapid Prototyping)		○	●	●
Baustruktur (Montagegruppen)			○	●

● besonders geeignet, ○ geeignet

Konkurrenzsituation zu erzielen, dabei aber das Potenzial des eigenen Betriebs (Produktionsmöglichkeiten, Know-how) nicht zu überfordern.

In der Regel ist es erforderlich, sich einer präzise und vollständig formulierten Anforderungsliste schrittweise zu nähern. Im ersten Kontakt des Konstrukteurs mit dem Kunden und/oder dem Vertrieb des eigenen Betriebs entsteht meistens zunächst eine relativ kurze und oft im Einzelnen noch vage beschriebene Aufgabenstellung. Als schnelle Hilfe zum Einstieg in das weitere Vorgehen soll die Tab. 2.4 dienen. Die Fragestellungen im oberen

Tab. 2.4 Methodische Vorgehensweise in Abhängigkeit von der Konstruktionsart

<table>
<tr><td colspan="3">Aufgabenstellung</td></tr>
<tr><td colspan="3">Fragen zur Präzisierung der Aufgabenstellung:</td></tr>
<tr><td colspan="3">1. Was genau ist das Problem/die Aufgabe?
2. Gibt es ein Lastenheft?
3. Ist an der Aufgabenstellung irgendetwas unklar?
4. Lässt sich die Gesamtaufgabe in Teilaufgaben gliedern?
5. Wer kann mit spezifischem Know How helfen?
6. Mit wem kann/sollte man zusammenarbeiten?
7. Gibt es besondere Vorgaben/Einschränkungen (Restriktionen)?
8. Wie ist die Terminsituation?
9. Wie hoch dürfen die Kosten werden?</td></tr>
<tr><td colspan="3">Weiteres Vorgehen je nach der erforderlichen Konstruktionsart (näheres s. Lit. [PaBe13, Ehr17, Con18, Nae18])</td></tr>
<tr><td>1. Variantenkonstruktion</td><td>2. Anpassungskonstruktion</td><td>3. Neukonstruktion</td></tr>
<tr><td>1. Soll eine Steigerung der Leistung oder der Beanspruchung erzielt werden?
2. Geht es um eine Baureihe?
3. Wenn ja, wie groß soll der Stufensprung werden?
4. Welche Dokumente zum Produkt gibt es (Werkstattzeichnungen, CAD-Dateien, Arbeitspläne, etc.)?
5. Gibt es Werksnormen, Änderungsdienst, Sachmerkmalskataloge?
6. Checkliste der geforderten Produkteigenschaften anfertigen (vereinfachte Anforderungsliste).
7. Im Methodenbaukasten sind hauptsächlich die Phasen Planen und Ausarbeiten von Bedeutung.</td><td>1. Was genau soll geändert werden (Gestalt, Werkstoff, Funktion, Fertigungsverfahren)?
2. Geht es um einen Baukasten?
3. Gab es schon ähnliche Aufgaben an bereits vorhandenen Produkten?
4. Team bilden mit Mitarbeitern aus Konstruktion, Einkauf und Fertigung.
5. Anforderungsliste nach Leitlinie (näheres s. o. a. Lit.) erstellen.
6. Methodenbaukasten ab Gestaltungsphase zu Rate ziehen.
7. Falls nur für Teilfunktionen eine Neukonstruktion erforderlich istk., Team wie für Neukonstruktion bilden und Methodenbaukasten ab Konzeptphase zu Rate ziehen.</td><td>1. Betrifft die Neukonstruktion das gesamte Produkt?
2. Falls ja, Team bilden mit Mitarbeitern aus Konstruktion, Einkauf, Fertigung, Marketing und Controlling. Methodenbaukasten ab Planen klären zu Rate ziehen und alle folgenden Phasen methodisch abarbeiten.
3. Falls nur Teile des Produkts betroffen sind, nach Punkt 7. für Anpassungskonstruktion verfahren.</td></tr>
</table>

Teil der Tabelle sind übrigens auch für den Einstieg in die Organisation eines Projekts geeignet. Der untere Teil soll helfen, für die unterschiedlichen Konstruktionsarten, die in der Konstruktionsmethodik definiert sind, schnell die geeignete Vorgehensweise zu bestimmen.

Fazit

Es ist nicht zwingend erforderlich, für jede Konstruktionstätigkeit so genannte Konstruktionsmethoden einzusetzen, es ist aber klug, sich drüber zu informieren, welche Methode für den jeweiligen Arbeitsschritt empfohlen wird.

2.3 Weitere Quellen

DIN-Normen (Deutsches Institut für Normung): Wiedergegeben mit Erlaubnis des DIN Deutsches Institut für Normung e. V. Maßgebend für das Verwenden der DIN-Norm ist deren Fassung mit dem neuesten Ausgabedatum, die bei der Beuth Verlag GmbH, Burggrafenstraße 6, 10787 Berlin, erhältlich ist.

Abb. 2.2 aus Richtlinie VDI 2220 wiedergegeben mit Erlaubnis des Verein Deutscher Ingenieure e. V. VDI-Richtlinien: VDI-Verlag, Düsseldorf

Literatur

[Aka92] Akao, Y.: QFD – Quality Function Deployment. Landsberg Verlag Moderne Industrie, Landsberg (1992)

[Con18] Conrad, K.-J.: Grundlagen der Konstruktionslehre, 7. Aufl. Hanser, München (2018)

[Ehr17] Ehrlenspiel, K.: Integrierte Produktenwicklung, 6. Aufl. Hanser, München (2017)

[MaI92] Imai, M.: Kaizen. Wirtschaftsverlag Langen Müller Herbig, München (1992)

[Nae18] Naefe, P.: Methodisches Konstruieren, 3. Aufl. Springer Fachmedien, Wiesbaden (2018)

[PaBe13] Pahl, G., Beitz, W.: Konstruktionslehre, 8. Aufl. Springer, Berlin/Heidelberg (2013)

[Pfe96] Pfeifer, T.: Praxishandbuch Qualitätsmanagement. Hanser, München (1996)

[Sei05] Seidel, M.: Methodische Produktplanung Informationsmanagement im Engineering, Bd. 1. Universitätsverlag Karlsruhe, Karlsruhe (2005)

[SiKe08] Siebert, G., Kempf, S.: Benchmarking, 3. Aufl. Hanser, München (2008)

3 Von der Idee zum fertigen Produkt

Vorab: Die folgenden Ausführungen stellen den komplexen und vielschichtigen Prozess der Produktentstehung vereinfacht dar, um eine gute und übersichtliche Zugänglichkeit für den Leser zu erreichen. Es wird eine an die Richtlinie VDI 2221 angelehnte Beschreibung gewählt, weitere in der Literatur beschriebene Modelle und Philosophien werden beschrieben und diskutiert. Das Ziel ist, eine praxistaugliche, nicht zu theoretische Darstellung, die dem Studierenden, aber auch dem Praktiker eine wirkliche Hilfestellung sein kann.

Wir sind umgeben von Produkten. Sie entstehen, um die Bedürfnisse der Menschen zu befriedigen: Das Auto, um uns eine schnelle und bequeme Fortbewegung zu ermöglichen, das Mobiltelefon, das die Erfüllung unseres Wunschs nach Kommunikation vereinfacht oder die wertvolle Armbanduhr, die mehr der Eigendarstellung als der Anzeige der Uhrzeit dient. Außerdem dienen viele andere klassische technische Erzeugnisse dazu, uns das Leben angenehmer zu gestalten. Um bei behaglicher Temperatur im Haus leben zu können, wird eine Heizung benötigt, für deren Betrieb Ventile wichtig sind. Zur Herstellung der Einzelteile eines Ventils dienen Maschinen, z. B. Drehmaschinen. Also ist auch die Drehmaschine ein Produkt, das letztendlich zur Bedürfnisbefriedigung des Menschen entwickelt wurde (s. Abb. 3.1).

Der Ausgangspunkt für die Entstehung eines Produkts ist die Vorstellung davon, also die Produktidee und diese wiederum ist der Auslöser für den **Produktentstehungsprozess (PEP).** Unter diesem Oberbegriff werden die vielen kleinen aber notwendigen Schritte bei der Produktentwicklung zusammenfasst.

P. Naefe, J. Luderich, *Konstruktionsmethodik für die Praxis*,
https://doi.org/10.1007/978-3-658-31187-2_3

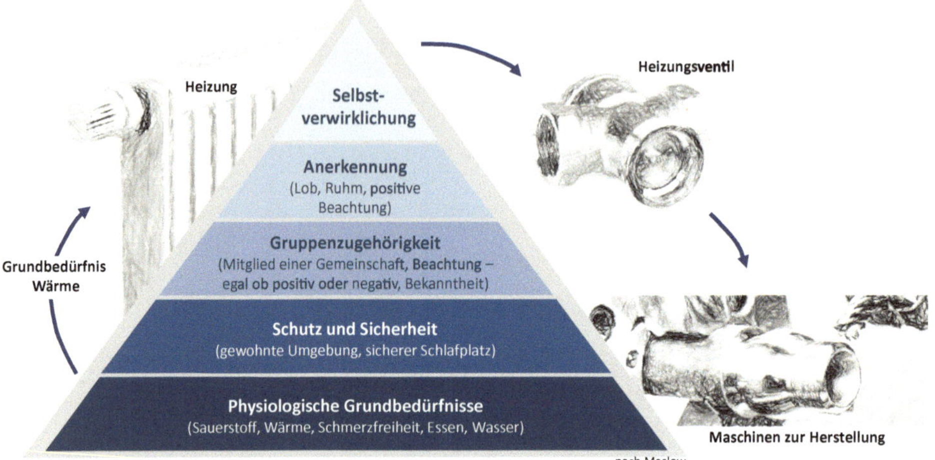

Abb. 3.1 Produkte haben den Zweck, die Bedürfnisse des Menschen zu befriedigen. (Bedürfnispyramide nach *Maslow*)

3.1 Der Produktentstehungsprozess

Der Produktentstehungsprozess beginnt mit der Klärung der Anforderungen an das angestrebte Produkt und verläuft, über verschiedene Entwicklungsschritte und eventuell erforderliche Erprobungsstufen, bis hin zur Produktherstellung. Funktion und Form des angestrebten Produkts entstehen dabei in vielen Teilschritten, selten ganz geradlinig, sondern oft mit Iterationen (in Vor- und Rückschritten). Die folgende Darstellung ist daher als idealisierte Vorstellung eines in der Praxis oft komplexen (oder komplizierten) und mehrschichtigen Prozesses zu verstehen.

Im Folgenden wird der Produktentstehungsprozess aus der Sicht des entwickelnden Ingenieurs betrachtet (s. Abb. 3.2), der Schwerpunkt liegt also auf der Realisierung der Produktfunktion und weniger auf der Produktform bzw. der produktsprachlichen Funktion. Die Gestaltung der beiden letztgenannten Aspekte fällt in das Arbeitsgebiet von Produktdesignern. Die Zusammenarbeit mit ihnen kann, je nach Branche und Produkt, von großer Bedeutung sein, soll aber hier nicht näher behandelt werden.

Startpunkt für den entwickelnden Ingenieur ist die Übertragung einer Entwicklungsaufgabe, die aus einem Kundenauftrag, aus der Produktplanung oder aus Qualitäts- oder Optimierungsaufgaben resultieren kann. Für den Entwickler ist die Quelle insoweit von Bedeutung, als hierdurch Umfang und Qualität der zur Verfügung stehenden Informationen, aber auch der Zugang zu ihnen bestimmt wird. In jedem Fall beginnt für das Entwicklungsteam mit der Übernahme einer Entwicklungsaufgabe die Phase I „Planen". In dieser Phase werden die Voraussetzungen für eine erfolgreiche Projektbearbeitung geschaffen. Sie bildet die Basis für alle folgenden Arbeiten und ist gerade bei der Entwicklung komplexer Maschinen von grundsätzlicher Bedeutung für eine funktions-, kosten- und termingerechte Lösung. Eine detaillierte Behandlung der einzelnen Arbeitspunkte in der Planungsphase findet sich in Abschn. 7.2.

Spätestens jetzt, häufig aber schon parallel zur Produktplanung, starten wichtige, die Entwicklung begleitende Prozesse. Hier ist an erster Stelle das Projektmanagement zu nennen, siehe Abschn. 3.3.1. Weiterhin das Kostenmanagement, das im technischen Bereich neben den Produktkosten (z. B. definiert durch die Herstellkosten) auch die Berücksichtigung und Optimierung der entstehenden Kosten über den gesamten Lebenszyklus eines Produktes (engl.: „total cost of ownership" und „life cycle costing") betrachtet (s. Abschn. 3.3.2). Um vorausschauend auf patentrechtliche und gesetzliche Randbedingungen eingehen zu können, sollten schon während der Produktplanung, spätestens aber mit dem Beginn der Produktentwicklung die entsprechenden begleitenden Prozesse gestartet werden. In Abschn. 3.3.4 wird auf diese Thematik vertiefend eingegangen.

Auf Basis der in der Planungsphase erarbeiteten initialen Anforderungsliste beginnt die Lösungsfindung in Phase II „Konzipieren". In der Praxis überlappen sich Arbeiten aus den Phasen Planen und Konzipieren häufig, da wichtige Ergebnisse der Phase Planen, neben den funktionellen Anforderungen (Anforderungsliste), die Abschätzung der zu erwartenden Kosten und des Zeitbedarfs ist. Diese Informationen sind aber erst mit ausreichender Genauigkeit zu ermitteln, wenn zumindest grundlegende Vorstellungen über die anzustrebenden Prinziplösungen vorliegen. Häufig werden daher Vorentwicklungen, Studien oder

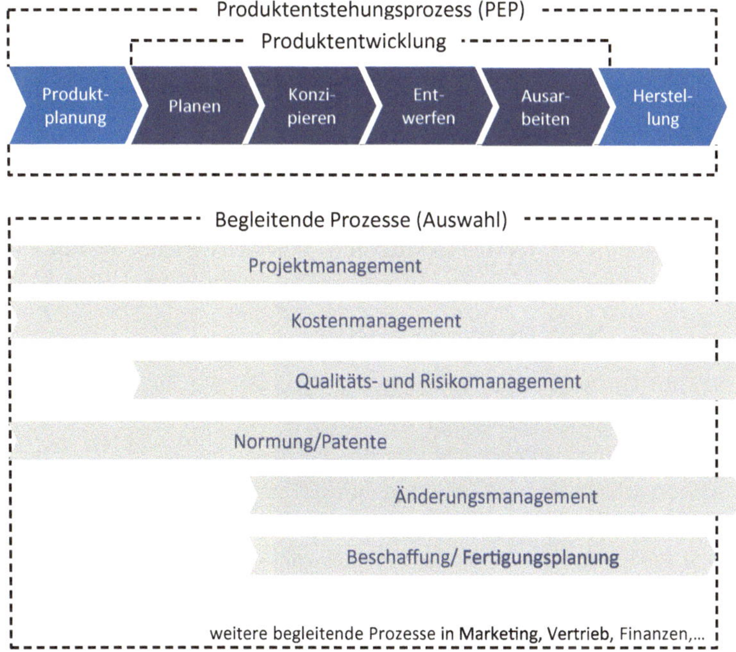

Abb. 3.2 Der Produktentstehungsprozess und begleitende Prozesse

der Bau von Versuchsmustern parallel zur Planungsphase durchgeführt. Abgeschlossen wird die Planungsphase in der Regel mit einem Meilenstein (s. hierzu Abschn. 3.3.1), er dient dazu, anhand der erarbeiteten Anforderungsliste die voraussichtlichen Kosten und Zeitaufwände zu überprüfen und zur Freigabe vorzulegen.

Beispiele für die praxisnahe Anwendung der Konstruktionsmethodik in der Phase Konzipieren, finden sich in Kap. 7. Ziel dieser Phase ist es ein „optimales" Konzept für das zu entwickelnde Produkt zu finden. An dieser Stelle soll daher nur auf das Ziel der Arbeiten in dieser Phase eingegangen werden. Häufig wird hier in der Literatur von dem Erreichen einer „optimalen Lösung" gesprochen. Aber: **Was ist eine optimale Lösung und mit welchen Bewertungs- und Entscheidungsprozessen wird sie gefunden?**

Der Techniker hat bei dem Begriff „optimale Lösung" sicher zuerst einmal die technisch optimale Lösung vor Augen, der Vertrieb die Lösung mit dem höchsten Umsatzpotenzial, der Unternehmer die Lösung, die ihm den höchsten Gewinn erwirtschaftet. Es gibt also ganz offensichtlich sehr verschiedene Sichtweisen, die für einen möglichst geradlinigen Entwicklungsprozess abgeglichen werden müssen. Das übergeordnete Mittel hierzu ist die Anforderungsliste. In ihr spiegeln sich, außer den Forderungen und Wünschen des Kunden, auch die wirtschaftlichen Interessen des Unternehmens z. B. durch Vorgabe von Kosten, Stückzahlen und Terminen wider.

Eine „optimale Lösung" wird nicht nur über technische Aspekte definiert, sondern ganz maßgeblich auch über die Randbedingungen. Vor allem Zeit und Kosten. Ein aus technischer Sicht „so gut wie nötig" ist daher aus Unternehmenssicht in vielen Fällen einem „so gut wie möglich" vorzuziehen.

Die Anforderungsliste ermöglicht daher eine erste Orientierung im Bewertungs- und Entscheidungsprozess. Sie gibt vor, welche Ziele mindestens erreicht werden müssen und welche Eigenschaften wünschenswert sind. Einerseits ist daher die Anforderungserfüllung (Festforderungen) Ausschlusskriterium, anderseits erlaubt die unter Umständen unterschiedliche Erfüllung der Wunschforderungen eine weitergehende Sortierung der Lösungen.

Erfüllen verschiedene Lösungen die Vorgaben der Anforderungsliste, so folgt im nächsten Schritt eine Vor- oder Grobauswahl. Hier werden weitere Kriterien berücksichtigt, die dazu dienen, das absolut Ungeeignete auszuscheiden und die offensichtlich besseren Ansätze zu bevorzugen. Nur die überlegen erscheinenden Lösungen werden dann weiterverfolgt und ggf. einem detaillierten Bewertungsverfahren unterzogen (s. Abb. 3.3).

Wichtige Kriterien für eine Vor- oder Grobauswahl sind:

- Herstellkosten.
- Entwicklungsaufwand – sind die zu erwartenden Entwicklungskosten und -zeiten dem Projektziel angemessen?

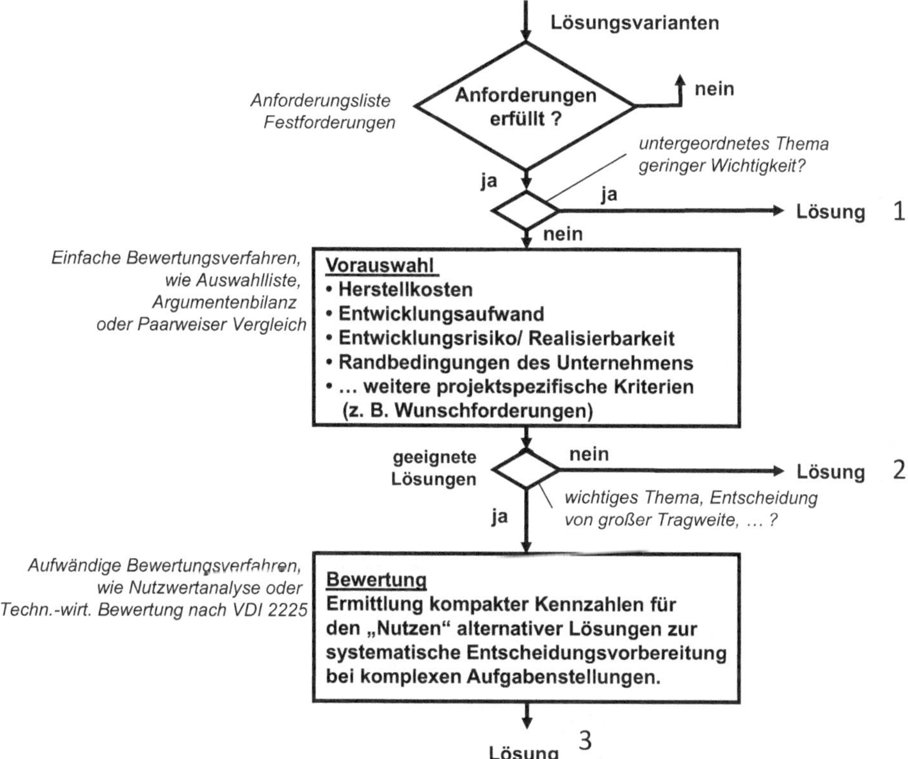

Abb. 3.3 Der Bewertungs- und Entscheidungsprozess

- Entwicklungsrisiko/Realisierbarkeit – kann die Lösung unter den vorgegebenen Randbedingungen (Zeit, Kosten, etc.) realisiert werden bzw. ist gegebenenfalls die technische Machbarkeit vorab zu klären?
- Randbedingungen des Unternehmens – werden die gegebenen Randbedingungen, z. B. Fertigungsmöglichkeiten, Verwendung von vorhandenen Modulen, etc. angemessen berücksichtigt?

Hinzu kommen Kriterien, die sich aus der Aufgabenstellung selbst ergeben. Ziel ist es, mit wenigen Kriterien eine Vorauswahl zu treffen, die die Lösungsanzahl auf eine handhabbare Größe reduziert. Aus diesen kann dann mit Hilfe von weiteren Bewertungsverfahren, wie z. B. der Nutzwertanalyse, eine „optimale Lösung" ermittelt werden. Bewertungsverfahren wie die Nutzwertanalyse oder die Bewertung nach Richtlinie VDI 2225 sind aber aufwändig und erfordern im Allgemeinen die Einbeziehung einer ausreichend großen Anzahl kompetenter Mitarbeiter, um ein aussagekräftiges Ergebnis zu erreichen.

Nicht bei jeder Aufgabenstellung ist der Aufwand für den Einsatz von aufwändigen Bewertungsverfahren gerechtfertigt. Bei untergeordneten Themen geringer Wichtigkeit genügt es häufig, wenn die gefundene Lösung die Anforderungen erfüllt. Sie kann dann ohne weitere Bewertung umgehend gewählt werden (Abb. 3.3: Lösung (1)). Bei Themen mittlerer Bedeutung genügt der Einsatz von einfachen Bewertungsverfahren, die dann mit angemessenem Aufwand zum Resultat führen (Abb. 3.3: Lösung (2)). In Abhängigkeit von der Bedeutung und der Tragweite einer Entscheidung wird so fallweise entschieden, welche Stufen zu durchlaufen sind.

Diese Ausführungen machen deutlich, dass die Identifikation der „optimalen Lösung" nicht einfach ist und häufig einen großen Aufwand erfordert. In der Praxis wird dieser Aufwand daher nur bei besonders wichtigen Entscheidungen im vollen Umfang betrieben. Dabei hängt die Einschätzung, ob eine Entscheidung wichtig ist, sehr stark von der vorliegenden Aufgabenstellung ab. Die Auswahl einer einfachen Verbindungslösung zwischen zwei Bauteilen kann für ein Serienprodukt mit Produktionsmengen im Millionenbereich eine eingehende Untersuchung (z. B. bezüglich Fertigung, Montage, Service, Recycling) mit Bewertung rechtfertigen, während bei einer Sondermaschine, nur auf der Konstruktionserfahrung basierend, eine funktionell ausreichende Lösung ohne den Einsatz eines Bewertungsverfahrens ausgewählt wird.

Zusammenfassend lässt sich sagen, dass eine „optimale Lösung" immer nur für eine definierte Aufgabe, mit definierten Randbedingungen, zu einem bestimmten Zeitpunkt ermittelt werden kann. Ganz leicht kann dieser Zusammenhang bei einem Blick auf den Automobilmarkt nachvollzogen werden. Die dort angebotenen Lösungen stellen aus Sicht des jeweiligen Herstellers die für ihn momentan optimale Lösung für einen bestimmten Einsatzbereich dar. Da sie mit der Zeit veralten, werden sie regelmäßig durch zeitgemäße Lösungen ersetzt.

Eine „optimale Lösung" für eine bestimmte Aufgabe kann immer nur mit definierten Randbedingungen zu einem definierten Zeitpunkt angegeben werden. Da die Bewertungen auf menschlichen Einschätzungen beruhen, hat das Bewertungsergebnis die Eigenschaft eines relativen Optimums.

Am Ende der Phase Konzipieren liegt dieses als Prinziplösung vor. Auf dieser Basis werden dann in den nächsten Phasen der Entwurf und schließlich die technische Dokumentation erstellt. Das methodische Vorgehen in diesen Phasen wird in den Abschn. 7.3, 7.4 und 7.5 an einem Praxisbeispiel erläutert.

Dieser hier so geradlinig beschriebene Ablauf ist in der Praxis nur sehr selten realisierbar. Es sind immer wieder Vor- oder Rücksprünge (Iterationen) notwendig. Zum Beispiel sollte die grundsätzliche Machbarkeit eines Konzepts oder Entwurfs unter fertigungstechnischen Gesichtspunkten frühzeitig sichergestellt sein. Entwickelte Komponenten, Teilsysteme und schließlich das Gesamtsystem müssen im Laufe der Entwicklung immer wieder überprüft werden, damit das entwickelte Produkt dann final allen Anforderungen genügt und vom Kunden akzeptiert bzw. abgenommen wird.

Das Vorgehen im Rahmen eines Entwicklungsprojektes wird weiterhin heute stark durch das Zusammenspiel der verschiedenen fachlichen Domänen (u. a. Mechanik, Elektro- und Informationstechnik) beeinflusst. In den verschiedenen Fachbereichen haben sich verschiedene Vorgehensmodelle entwickelt, die ggf. zu berücksichtigen sind.

Im folgenden Kapitel sollen daher wichtige Vorgehensmodelle kurz vorgestellt und diskutiert werden.

3.2 Vorgehensmodelle in der Produktentwicklung

Viele Unternehmen sind seit Jahren durch immer kürzer werdende Entwicklungszyklen und verstärkten Wettbewerb gefordert. Sie müssen ihre eingesetzten Prozesse, Methoden und Werkzeuge immer wieder hinterfragen und optimieren, da die effektive und effiziente Durchführung von Entwicklungsprojekten einen wichtigen Beitrag zur Stärkung ihrer Wettbewerbsposition leistet.

Bisher haben wir das Vorgehen bei der Produktentwicklung als einen einfachen, seriellen Prozess (Wasserfallmodell) kennengelernt (s. Abb. 1.4). Diese Betrachtungsweise ist besonders übersichtlich und erleichtert das Verständnis erheblich, so dass sie im gesamten Buch Verwendung findet. Allerdings ist diese Vorgehensweise nicht immer optimal, so dass sich in der Vergangenheit eine Reihe von weiteren Vorgehensmodellen entwickelt haben, die im Folgenden vorgestellt und diskutiert werden.

Grundsätzlich können die Vorgehensmodelle in der Produktentwicklung in **traditionelle und agile Konzepte** unterschieden werden, s. Abb. 3.4. Zusätzlich haben sich in jüngster Zeit noch Mischformen dieser beiden Vorgehensmodelle entwickelt, die traditionelles und agiles Vorgehen kombinieren und als hybride Vorgehensmodelle bezeichnet werden [Tim17].

Unter traditionellen Vorgehensmodellen versteht man plangetriebene Projektabläufe, wie sie z. B. vom Wasserfallmodell her bekannt sind. Bei agilen Vorgehensmodellen erfolgt die Planung immer iterativ in kleinen Schritten. Der gesamte Projektablauf wird, wenn überhaupt, nur grob geplant.

Die Frage nach dem „idealen Vorgehensmodell" ist übrigens nicht einfach zu beantworten. Sie muss immer vor dem Hintergrund der unternehmens- und projektseitigen Randbedingungen betrachtet werden. Auch wenn sich viele Unternehmen von agilen Vorgehensmodellen kürzere Innovationszyklen versprechen, erweisen sich in der Praxis traditionelle Ansätze und Hybridmodelle immer wieder als die effektiveren und effizienteren Konzepte im Bereich des Maschinenbaus.

3.2.1 Traditionelle Vorgehensmodelle

Traditionelle Vorgehensmodelle, auch mit Begriffen wie klassisch oder konventionell bezeichnet, arbeiten mit plangetriebenen Projektabläufen. Zu Beginn des Entwicklungsprojekts werden Ziele (Anforderungen) definiert und Pläne zu deren Erreichung aufgestellt. Während des Projektablaufs werden die Pläne umgesetzt und Planabweichungen mini-

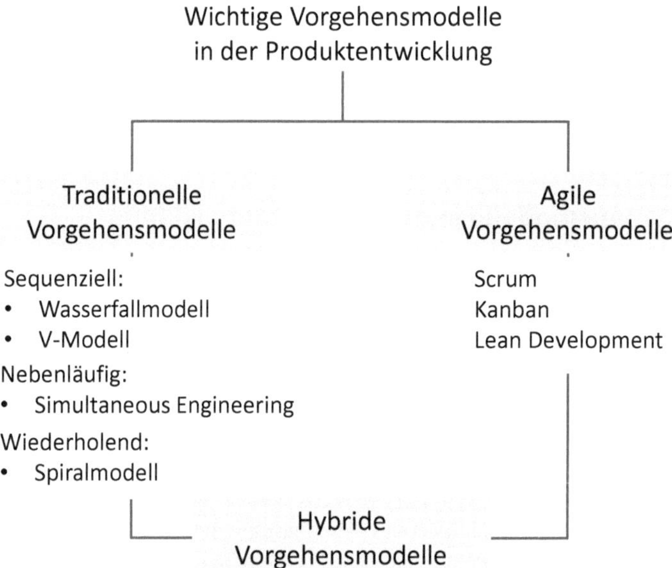

Abb. 3.4 Vorgehensmodelle in der Produktentwicklung

miert. Die zugrunde liegende Annahme ist, dass die Entwicklung erfolgreich sein wird, wenn der Plan erfüllt werden konnte.

Traditionelle Vorgehensmodelle haben sich seit vielen Jahren bewährt und führen in vielen Fällen zu hervorragenden Entwicklungsergebnissen

Das Wasserfallmodell ist das bekannteste Vorgehensmodell und beschreibt ein schrittweises Vorgehen. Benannt nach der grafischen Darstellungsform, die einem kaskadierenden Wasserfall ähnelt, ist das sequenzielle Durchlaufen der einzelnen Phasen ein wichtiges Kennzeichen (s. Abb. 3.5).

Für jede Phase ist zu definieren, was darin erreicht werden soll und welche Dokumente zu erstellen sind. Zum Beispiel müssen initiale Versionen von Anforderungsliste, Produkt- und Projektstrukturplan in der Phase „Planen" angefertigt werden. Erst, wenn eine Phase vollständig abgeschlossen ist, wird die nächste begonnen.

Die Vorteile des Wasserfallmodelles sind seine klare und einfache Struktur. Komplexität durch die Parallelisierung von Phasen wird vermieden. Der Projektfortschritt ist klar zu erkennen und es gibt eindeutige Vorgaben was wann erreicht sein soll. Es kann von daher auch heute als das „Basis-Vorgehensmodell" angesehen werden und ist weit verbreitet.

Die eindeutige Bedingung, dass eine Phase erst abgeschlossen sein muss, bevor die nächste Phase beginnen kann, soll die Entwicklungsqualität absichern. Hierfür wird eindeutig definiert und überprüft, was am Ende jeder Phase vorliegen muss. Ein solches Vor-

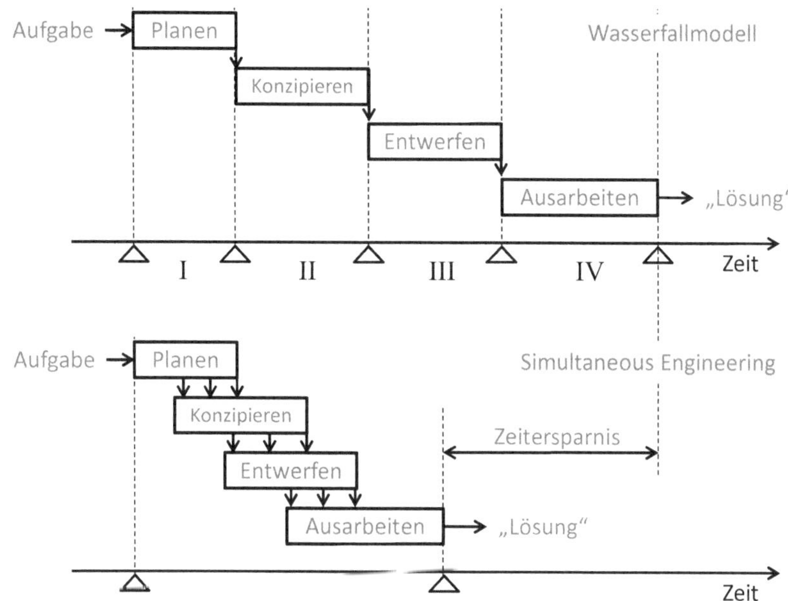

Abb. 3.5 Wasserfallmodell und Simultaneous Engineering (Concurrent Engineering, Integrierte Produktentwicklung) im Vergleich

gehen wird auch als **Stage-Gate-Prinzip** bezeichnet. Für jede Phase (Stage) wird definiert, welche Themen zu bearbeiten sind und welche Ergebnisse zu realisieren sind. Am Phasenende sind sog. Meilensteine angeordnet, die auch als Tor (Gate) zu verstehen sind durch die nur treten darf, wer alle Phasenziele erreicht hat. Nur bei einem positiven Ergebnis darf die nächste Phase begonnen werden.

Die Überprüfung an den Meilensteinterminen erfolgt häufig durch ein hierfür zusammengestelltes Review-Team, das gegenüber der Unternehmensleitung die Freigabe des Phasenübergangs verantwortet. Wurden nicht alle Themen erfolgreich bearbeitet, kann der Phasenübergang oder auch die gesamte Projektfortsetzung verweigert werden.

Das **V-Modell** ist das zweite wichtige sequenzielle Vorgehensmodell. Ähnlich dem Wasserfallmodell organisiert es den Entwicklungsprozess in Phasen. Zusätzlich zu diesen Entwicklungsphasen definiert das V-Modell auch explizit das Vorgehen zur Qualitätssicherung (Verifizieren und Validieren), indem den einzelnen Entwicklungsphasen Testphasen gegenüber gestellt werden.

Unter **Verifizierung** wird der eindeutige Nachweis (in der Regel durch Messung) verstanden, dass eine bestimmte Anforderung erfüllt ist. Sie beantwortet daher die Frage, ob das Entwicklungsergebnis richtig im Sinne der Anforderung ist. Unter **Validierung** versteht man den Nachweis, dass der im Lastenheft dokumentierte Kundenwunsch erfüllt wurde. Sie beantwortet daher die Frage, ob das für den Kunden Richtige entwickelt wurde.

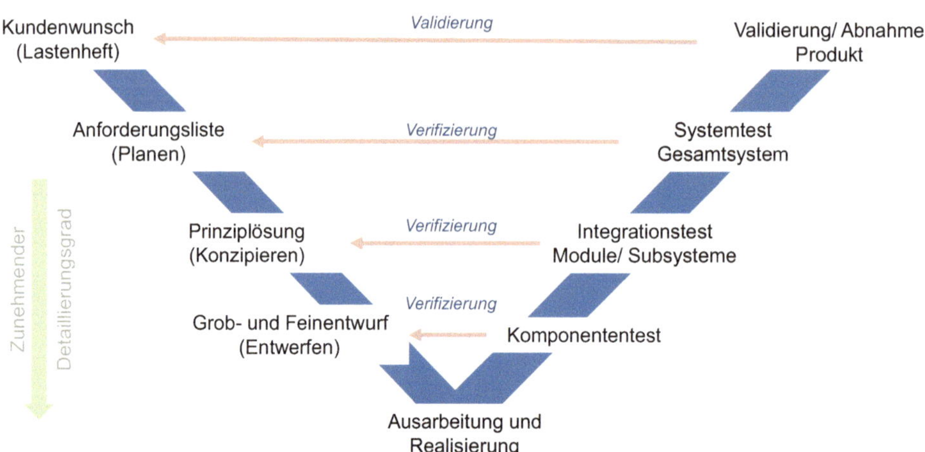

Abb. 3.6 Beim V-Modell werden die einzelnen Phasen sequenziell durchlaufen. Dabei durchläuft das Projekt zuerst absteigend den linken und anschließend aufsteigend den rechten Ast des „V"

Das V-Modell kommt ursprünglich aus der Softwareentwicklung und ist heute in verschiedenen Varianten bekannt. Namensgebend für dieses Modell ist seine geometrische Gestalt, s. Abb. 3.6. Auf dem linken Ast wird, ausgehend von den Kundenanforderungen, das zu entwickelnde Produkt immer weiter spezifiziert. Von der Prinziplösung über den Grob- bis zum Feinentwurf. Nach der Ausarbeitung des Produktes wird der aufsteigende rechte Ast verfolgt. Erst werden die Komponenten, anschließend die Module und Subsysteme und letzendlich das Gesamtsystem getestet. Am Ende erfolgt die Validierung der Kundenanforderungen und die Abnahme des Produktes.

In Branchen und bei Produkten bei denen Sicherheitsanforderungen einen besonderen Stellenwert besitzen, wie z. B. in Medizintechnik oder der Luft- und Raumfahrt, wird das V-Modell gerne eingesetzt. Durch die feste Integration von Verifizierung und Validierung in das Vorgehensmodell ist der vollständige Nachweis der Anforderungserfüllung quasi implizit gegeben.

Auch bei der Entwicklung von Mechatronischen Produkten wird das V-Modell in der Richtlinie VDI 2206 empfohlen, um der gestiegenen Komplexität durch die heute selbstverständliche Integration von mechanischen, elektrischen und informationstechnischen Komponenten gerecht werden zu können, s. Abb. 3.7. Ausgangspunkt sind dabei die Anforderungen, die später auch den Maßstab für die Validierung des Produktes darstellen.

Auf Basis der Anforderungen wird ein domänenübergreifendes Lösungskonzept unter Berücksichtigung der Möglichkeiten von Mechanik, Elektro- und Informationstechnik erarbeitet – der **Systementwurf**. Dieses Konzept beschreibt die wesentlichen physikalischen und logischen Wirkungsweisen des Produkts und wird unter Beteilligung aller relevanten Fachrichtungen entwickelt. Anschließend erfolgt nach Richtlinie VDI 2206 die weitere Konkretisierung meistens domänenspezifisch. Also getrennt in den Berei-

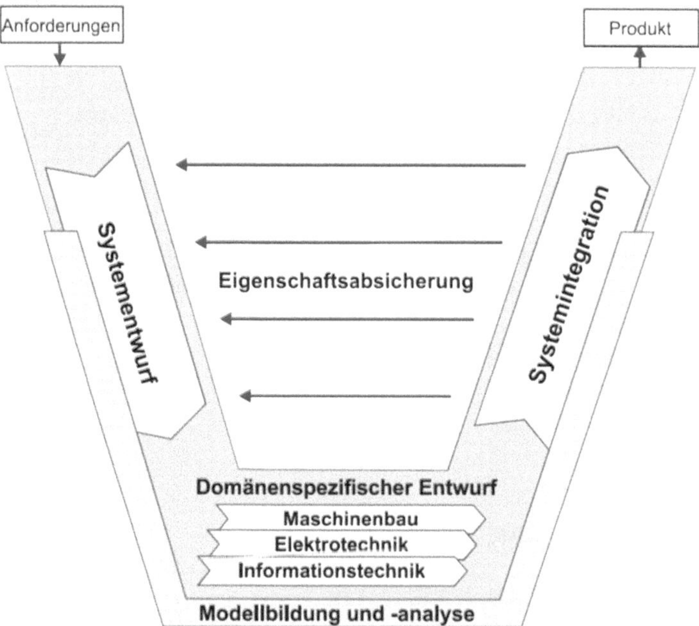

Abb. 3.7 V-Modell als Makrozyklus bei der Entwicklung mechatronischer Produkte (Richtlinie VDI 2206)

chen Maschinenbau, Elektro- und Informationstechnik. Im Rahmen der **Systemintegration** werden die in den einzelnen Domänen erarbeiteten Ergebnisse zu einem Gesamtsystem integriert.

Während des Entwicklungsablaufs muss der Entwurfsfortschritt im Rahmen der Eigenschaftsabsicherung fortlaufend überprüft werden. Mittels dieser Verifizierung ist sicherzustellen, dass die tatsächlichen mit den gewünschten Eigenschaften übereinstimmen. Der gesamte Prozess kann dabei durch rechnergestützte Modellierung und Simulation unterstützt werden.

Ergebnis eines durchlaufenen Zyklus des V-Modells ist das „Produkt", wobei es sich hierbei um einen bestimmten Reifegrad (Funktionsmuster, Prototyp, Vorserienmuster etc.) des geplanten Endprodukts handeln kann. Bei der Anwendung des V-Modells in der Praxis ist zu berücksichtigen, dass die zeitliche Abfolge der Teilschritte von der logischen Reihenfolge abweichen kann.

Simultaneous Engineering ist der bekannteste Vertreter nebenläufiger (paralleler oder teilparalleler) Vorgehensmodelle. Kennzeichnend für dieses Vorgehensmodell ist der Verzicht auf die rein sequenzielle Bearbeitung von Phasen. Immer dann, wenn ausreichend Informationen aus einer vorhergehenden Phase vorliegen, wird mit der parallelen Bearbeitung der nächsten Phase begonnen.

Es geht im Kern darum, die Entwicklungs- und Fertigungszeit für ein Produkt (time to market) möglichst kurz zu gestalten. Um das zu erreichen, strebt man eine möglichst hohe

Effizienz in allen zu durchlaufenden Prozessen an. Das gelingt, wenn die folgenden Regeln eingehalten werden:

- Möglichst wenige schleifenförmige Vorgänge (Iterationen) zulassen.
- Nur die absolut notwendigen Arbeitsschritte durchführen.
- Eine größtmögliche Parallelisierung von Prozessabläufen anstreben.

In Abb. 3.5 ist der Vergleich zwischen dem klassischen Wasserfallmodell und einer zumindest teilweisen, parallelen Bearbeitung der Phasen dargestellt.

Die weitgehende Parallelisierung der Vorgänge eröffnet erhebliche Potenziale zur Reduktion der Durchlaufzeit und besitzt noch weitere wichtige Vorteile. Hier ist vor allem die frühzeitige Rückkoppelung von Ergebnissen späterer Phasen zu nennen. Nachteilig wirkt sich aus, dass die Klarheit und Einfachheit des Wasserfallmodells verloren geht. Das Entwicklungsrisiko erhöht sich. Fehler früher Phasen sind schon in spätere Phasen eingeflossen und müssen aufwändig korrigiert werden.

Das beschriebene Vorgehen bedeutet außerdem, dass man den Produktentstehungsprozess daraufhin überprüfen muss, wie es ermöglicht werden kann, einzelne Schritte zumindest zum Teil parallel ablaufen zu lassen. Dazu ist es erforderlich, dass:

- die Produktgestaltung es erlaubt, einzelne Strukturen mit eindeutigen Schnittstellen abzugrenzen,
- die Prozessschritte so definiert werden können, dass ihre Einzelziele für alle Beteiligten klar erkennbar sind,
- die fraglichen Prozessschritte zumindest zum Teil voneinander unabhängig durchlaufen werden können.

Damit die geschilderte Arbeitsweise gelingt, ist in der Regel ein erhöhter Aufwand an Koordination zwischen allen Beteiligten erforderlich. Dies ist eine für das Projektmanagement typische Aufgabe, dessen Bedeutung dadurch hervorgehoben wird, dass es in Abb. 3.2 unter den begleitenden Prozessen die erste Stelle einnimmt.

Um die Entwicklungsarbeiten parallelisieren zu können, ist es wichtig schon frühzeitig eine möglichst große Klarheit bezüglich einer sinnvollen Produktstruktur zu erreichen. Bei Weiterentwicklungen von bestehenden Produkten (Konstruktionsart: Anpassungskonstruktion) ist dies häufig gut möglich. Am Beispiel eines 3D-Druckers (Abb. 3.8), wird eine sinnvolle Vorgehensweise erläutert. Es handelt sich hierbei um eine vereinfachte Darstellung aus einer studentischen Gruppenarbeit [KM18 15], die im Rahmen eines Entwicklungsprojekts angefertigt wurde.

Von dem im Bild gezeigten Drucker sollte eine neue, leistungsfähigere Version entwickelt werden, die auf den gleichen Lösungsprinzipien basiert, aber durch eine erhöhte Druckgenauigkeit und verkürzte Druckzeiten den erhöhten Kundenansprüchen gerecht wird. Der hochdynamische 3D-Drucker-Markt erfordert, dass die „time to market" möglichst kurz ausfällt, um keine Marktanteile an konkurrierende Unternehmen zu verlieren.

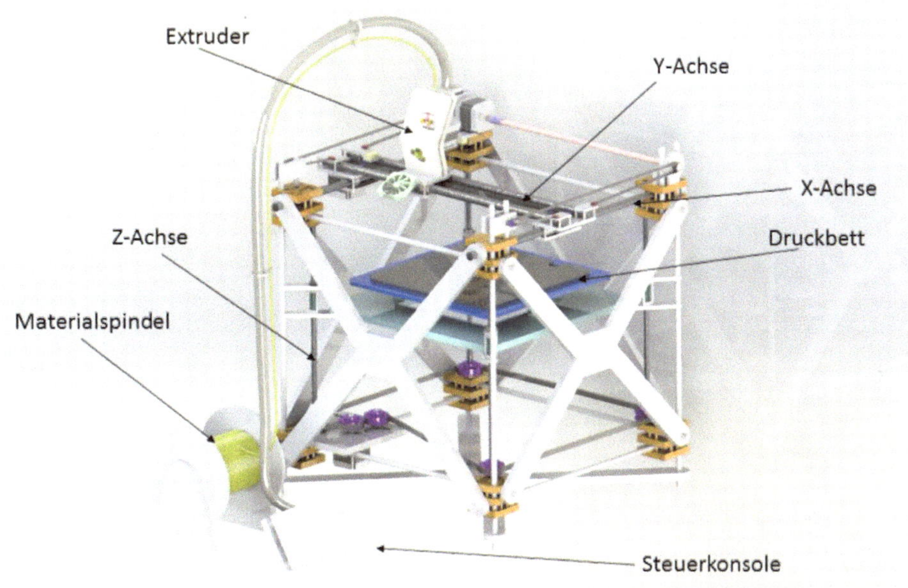

Abb. 3.8 3D-Drucker. (Technologie: Fused Deposition Modeling – FDM) [KM18 15]

Zur Reduktion der Entwicklungszeit wird eine möglichst hohe Parallelisierung angestrebt.

Wichtige Schritte zur Parallelisierung von Entwicklungsarbeiten sind in Abb. 3.9 dargestellt. Dabei ist das vorrangige Ziel, eine geeignete Produktstruktur mit wenigen, eindeutig definierten Schnittstellen zu entwerfen. Weiterhin ist insbesondere bei Einbindung von externen Dienstleistern oder Lieferanten, bei Entwicklungstätigkeiten an verschiedenen Orten oder auch nur in getrennten Bereichen des Unternehmens die Sicherstellung der Kompatibilität der Entwicklungsergebnisse von entscheidender Bedeutung.

Für unser Beispiel bedeutet die Realisierung dieser Absicht, dass schon in der Phase Planen eine initiale, modular aufgebaute Produktstruktur (s. a. Abschn. 7.2) entworfen wird. Da das Vorgängermodell bekannt und die Prinziplösungen beibehalten werden sollen, ist dies gut möglich. Es ergibt sich für unser Beispiel eine Gliederung in die folgenden fünf Module:

- Extruder mit Materialzufuhr,
- Bewegungsachsen (X, Y, Z),
- Druckbett mit Heizung (Objektträger),
- Steuerung, Elektrik und Software,
- Grundaufbau (tragende Struktur) und Gehäuse.

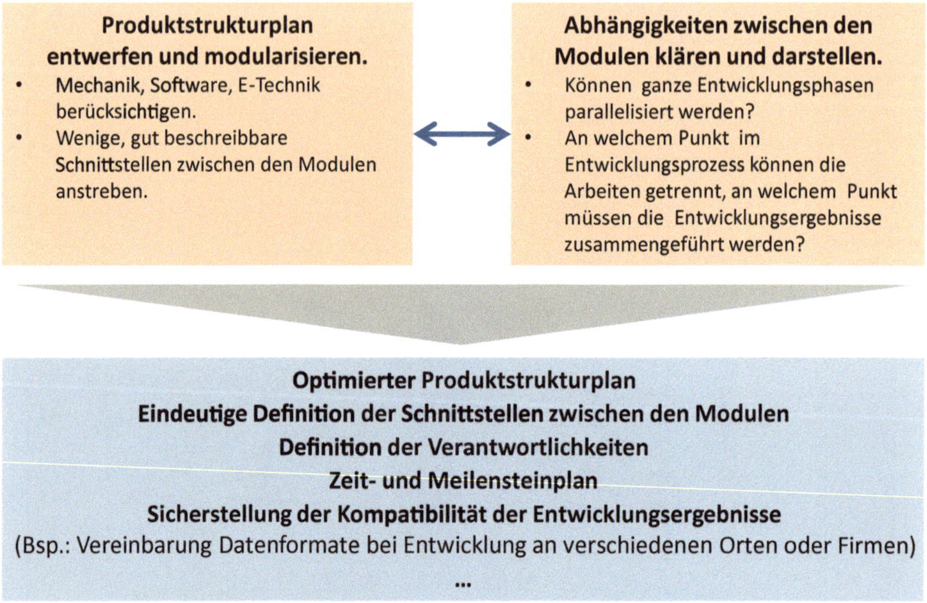

Produktstrukturplan entwerfen und modularisieren.
- Mechanik, Software, E-Technik berücksichtigen.
- Wenige, gut beschreibbare Schnittstellen zwischen den Modulen anstreben.

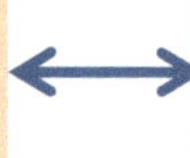

Abhängigkeiten zwischen den Modulen klären und darstellen.
- Können ganze Entwicklungsphasen parallelisiert werden?
- An welchem Punkt im Entwicklungsprozess können die Arbeiten getrennt, an welchem Punkt müssen die Entwicklungsergebnisse zusammengeführt werden?

Optimierter Produktstrukturplan
Eindeutige Definition der Schnittstellen zwischen den Modulen
Definition der Verantwortlichkeiten
Zeit- und Meilensteinplan
Sicherstellung der Kompatibilität der Entwicklungsergebnisse
(Bsp.: Vereinbarung Datenformate bei Entwicklung an verschiedenen Orten oder Firmen)
...

Abb. 3.9 Vorgehensweise zur Parallelisierung von Entwicklungsarbeiten

Die Systemgrenzen dieser Module werden so gewählt, dass die Anzahl der Schnittstellen zwischen ihnen gering ist und die Schnittstellen möglichst gut definierbar sind. Zum Beispiel umfasst das Modul „Extruder mit Materialzufuhr" alle zur Realisierung des Materialaufschmelzens, der Strangformung, des Materialtransports und der Materiallagerung notwendigen mechanischen, elektrischen, elektronischen und informationstechnischen Komponenten. Es kann daher, nach Klärung der Anforderungen und Schnittstellen, weitgehend unabhängig entwickelt werden. Die Arbeiten an diesem Modul besitzen nur niedrige Abhängigkeiten zu den anderen Modulen, die sich im Wesentlichen auf die frühzeitige Abstimmung der Anforderungen und Kollisionsbetrachtungen beziehen. Aufgrund des mechatronischen Charakters dieses Moduls ist allerdings eine enge interdisziplinäre Zusammenarbeit erforderlich.

Um die Abhängigkeiten zwischen den Modulen darzustellen, kann die Matrix aus Abb. 3.10 verwendet werden. Für eine Einordnung der Parallelisierbarkeit wurden als Kriterien die Entwicklungsphasen verwendet. Zum Beispiel kann nach Klärung der Anforderungen und Schnittstellen die Entwicklung von Steuerung, Elektrik und Software weitgehend parallelisiert werden. Erst in der Ausarbeitungsphase fließen die Ergebnisse dann planmäßig zusammen.

Diese weitgehende Parallelisierung von Entwicklungsarbeiten schließt die Kommunikation und den Informationsaustausch zwischen den Entwicklern keinesfalls aus. Im Gegenteil. Gute Kenntnisse über die Fortschritte bei den anderen Modulen sind sehr wichtig um Fehlentwicklungen zu vermeiden. Auch kann es immer wieder zu neuen Erkenntnissen bei der Entwicklung einzelner Module kommen, die unplanmäßige Maßnahmen bei

Hauptmodule 3D-Drucker		a	b	c	d	e
a	Extruder mit Materialzufuhr	X				
b	Bewegungsachsen (X, Y, Z)	1	X			
c	Druckbett mit Heizung	1	3	X		
d	Steuerung, Elektrik und Software	1	1	1	X	
e	Grundaufbau und Gehäuse	3	3	3	2	X

Abhängigkeiten:

5	Sehr hoch – Entwicklung uss seriell erfolgen
4	Hoch – weitgehende Parallelisierung bis zur Prinziplösung
3	Mittel – weitgehende Parallelisierung bis zum Vorentwurf
2	Niedrig – weitgehende Parallelisierung bis zum Gesamtentwurf
1	Sehr niedrig – weitgehende Parallelisierung bis in die Ausarbeitungsphase hinein
0	Keine – Entwicklung kann vollständig parallel erfolgen

Abb. 3.10 Durch die frühzeitige Modularisierung des zu entwickelnden Produktes können die Möglichkeiten zur Parallelisierung von Arbeiten rechtzeitig erkannt werden

anderen Modulen erfordern. Ist z. B. eine höhere Motorleistung für die Achsbewegungen nötig, so muss diese Information natürlich umgehend zum Modul Steuerung, Elektrik und Software gelangen, damit auch hier entsprechende Anpassungen durchgeführt werden.

Die Parallelisierung von Prozessen ist dabei allerdings keinesfalls nur auf die Produktentwicklung begrenzt. Simultaneous oder Concurrent Engineering richtet sich auch auf eine zielgerichtete, interdisziplinäre Zusammen- und Parallelarbeit über den gesamten Produktlebenslauf und umfasst dementsprechend auch Unternehmensbereiche wie Produktion und Vertrieb sowie die Einbindung von Lieferanten und Kunden. In Kap. 6 wird dieser Punkt an einem Beispiel ausführlich erläutert.

Unabhängig vom eingesetzten Vorgehensmodell wird ein verkaufsfähiges Produkt häufig nicht in einem Entwicklungszyklus erreicht. Es werden bewusst mehrere **Zyklen** geplant, um über Labormuster, Funktionsmuster und Prototyp schließlich zu dem angestrebten Produkt zu gelangen. **Wiederholende Vorgehensmodelle,** wie das Spiralmodell berücksichtigen diesen Umstand, [Tim17]. Sie sind immer dann besonders geeignet, wenn

- das Entwicklungsprojekt mit hohen Unsicherheiten versehen ist (Neukonstruktionen),
- ausreichende Erfahrungen in diesem Technikbereich fehlen oder
- die Anforderungen instabil sind.

In diesen Fällen helfen wiederholende Vorgehensmodelle, die technischen Unsicherheiten schrittweise abzubauen und/oder ein klares Bild von den Kundenwünschen zu erhalten.

Abb. 3.11 zeigt ein wiederholendes Vorgehensmodell am Beispiel des V-Modells aus der Richtlinie VDI 2206.

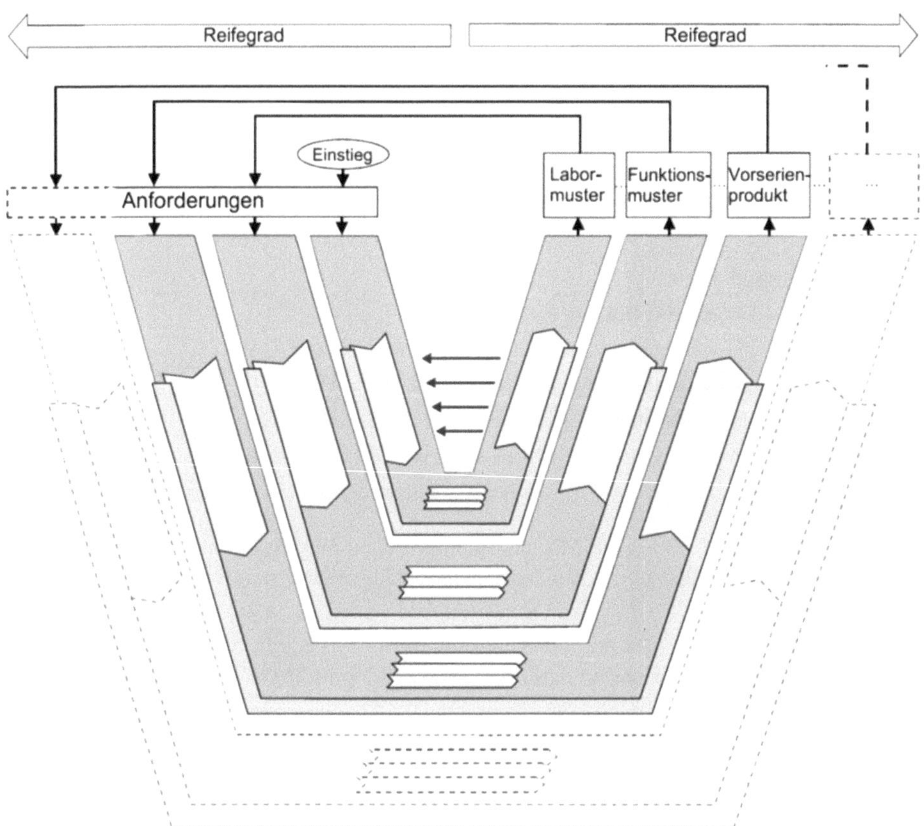

Abb. 3.11 Zur Erreichung eines zufriedenstellenden Reifegrades müssen häufig wiederholende Zyklen durchlaufen werden (s. a. Abb. 3.6 und 3.7) (Richtlinie VDI 2206)

Sich wiederholende Abläufe sind bei allen vorgestellten Vorgehensmodellen möglich. Sie müssen nur von Anfang an entsprechend eingeplant werden. So kann es das Ziel eines in Form eines Wasserfallmodelles durchgeführten Projektes – analog zu dem in Abb. 3.11 gezeigten V-Modell – sein ein Labormuster zu realisieren und zu verifizieren, um dann in weiteren Projekten zu dem angestrebten Produkt zu gelangen.

Abschließend zur Darstellung traditioneller Vorgehensmodelle werden einige wichtige Aspekte übergreifend diskutiert, die in mehr oder weniger ausgeprägter Form bei allen Modellen wichtig sind.

Verifizieren und Validieren: Unabhängig vom Vorgehensmodell ist es bei jedem Entwicklungsprojekt elementar wichtig, erreichte Teilergebnisse (Komponenten, Teilsysteme, Softwaremodule, Elektronikplatinen,…) immer wieder bezüglich ihrer Eignung (Anforderungen) zu verifizieren. Im V-Modell wird diesem Thema in besonderer Weise Rechnung getragen. In den anderen Vorgehensmodellen sind entsprechende Testphasen einzuplanen.

Iterationen: Iterationsschleifen sind typisch für jede Art von Entwicklung. Es ist selten möglich mit einem „ersten Wurf" das Ziel optimal zu treffen. Jede Iteration kostet aber Zeit und Geld. Unter wirtschaftlichen Gesichtspunkten wird daher versucht sie auf ein Minimum zu reduzieren. Ein Weg die Iterationszahl zu reduzieren, ist das modellbasierte Vorgehen bei der Entwicklung. Hierbei wird das System digital modelliert und die zu erwartenden Eigenschaften des Systems vorab simuliert und auf dieser Basis das System optimiert. Dieses Vorgehen verbessert das Verständnis für das Systemverhalten und kann in erheblichem Umfang Zeit und Kosten sparen.

Logische und zeitliche Reihenfolge: Bei der Anwendung der vorgestellten Modelle ist in der Praxis zu berücksichtigen, dass die zeitliche Abfolge der Teilschritte von der logischen Reihenfolge abweichen kann. So kann es zur Absicherung der „Machbarkeit" sinnvoll sein, kritische Teilsysteme oder Module fast bis zu Serienreife zu entwickeln, bevor mit der Entwicklung des davon abhängigen Teilsystems begonnen wird. Das ändert übrigens bei der Anwendung des Stage-gate-Prinzips nichts an den Inhalten der Meilensteine bzw. Gates, diese bleiben unverändert.

Flexibilität/Agilität: In manchen Veröffentlichungen wird der Eindruck erweckt, dass bei traditionellen Vorgehensmodellen das gesamte Projekt in allen Details vorab geplant werden kann. In der Praxis ist das in der Regel nicht der Fall, da insbesondere bei Neu- und Anpassungskonstruktionen zuviele Aspekte unbekannt sind bzw. sich erst im Laufe des Projektes ergeben, s. Abb. 3.12. Darum spricht man auch von „dynamischen" und „initialen" Dokumenten, wie im Fall der Anforderungsliste, dem Projekt- sowie dem Produktstrukturplan. Das Entwicklungsteam und insbesondere der Projektleiter muss auch bei der Verwendung von traditionellen Vorgehensmodellen flexibel und agil (Duden: „von großer Beweglichkeit zeugend; regsam und wendig") auf neue Erkenntnisse oder sich ändernde Randbedingungen reagieren.

Bei der Entwicklung moderner Maschinen ist die **domänenspezifische Zusammenarbeit** zwingend, da ohne Informatik, Elektrotechnik und die kommunikationstechnische An- und Einbindung nur die wenigstens Produkte marktgerecht realisiert werden können. Die Entwicklung mechatronischer Produkte ist daher im Maschhinenbau die Regel.

3.2.2 Agile Vorgehensmodelle

Agile Produktentwicklung liegt im Trend. Hintergrund ist der Wunsch, im hoch kompetitiven internationalen Umfeld schnell, flexibel und innovativ zu bleiben. Gleichzeitig sollen

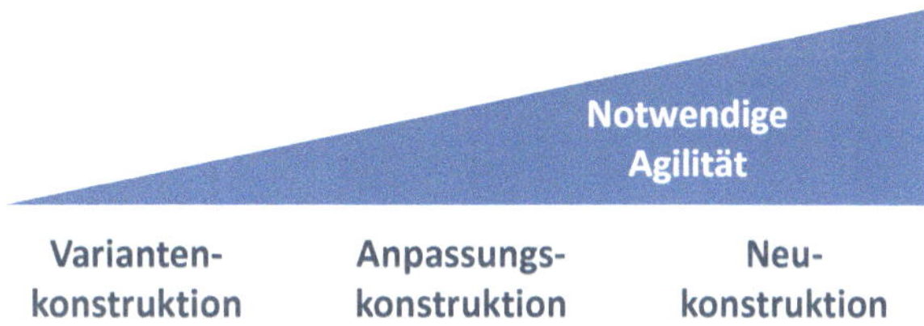

Abb. 3.12 Die notwendige Agilität wird ganz maßgeblich auch durch die Aufgabenstellung bestimmt. Neukonstruktionen ohne agiles Handeln sind nicht vorstellbar

Prozesse und Strukturen in der Produktentwicklung stetig optimiert werden, um die Reife der Entwicklungsergebnisse kontinuierlich zu verbessern. Dabei ist festzustellen, dass es *die* agile Produktentwicklung nicht gibt. Es gibt viele verschiedene agile Vorgehensmodelle, denen gemeinsam ist, dass sie durch **agile Werte** und agiles Handeln geprägt sind.

Bevor wir uns mit dem bekannten agilen Vorgehensmodell Scrum befassen, ist es daher sinnvoll sich die Gemeinsamkeiten und Grundwerte dieser Modelle sowie die Abgrenzung zu traditionellen Vorgehensmodellen näher anzusehen.

Wie wir schon gesehen haben, sind traditionelle Vorgehensmodelle plangetrieben. Es wird versucht die gesamte Produktentwicklung vorherzusehen, in einem Plan abzubilden und diesen dann konsequent zu befolgen. Agiles Denken geht im Gegensatz dazu davon aus, dass sich der Projektablauf zu Beginn des Projektes nicht ausreichend genau vorhersehen lässt und die Abbildung in einem Gesamtplan nicht zielführend ist. Agile Projekt planen daher iterativ, das heißt in kleinen Schritten. Der aktuelle Schritt wird dann abgearbeitet und der nächste Schritt geplant bis das Entwicklungsziel erreicht ist. Der gesamte Projektablauf wird, wenn überhaupt, nur grob geplant. Detaillierte Pläne gibt es nur für die nächsten Schritte.

Es ist wichtig zu verstehen, dass sich agile Vorgehensmodelle nur auf Basis von agilen Werten und Prinzipien umsetzen lassen. Abb. 3.13 illustriert diesen Zusammenhang.

Die Anwendung agiler Vorgehensmodelle ohne Berücksichtigung der agilen Werte und Prinzipien führt nicht zur Agilität.

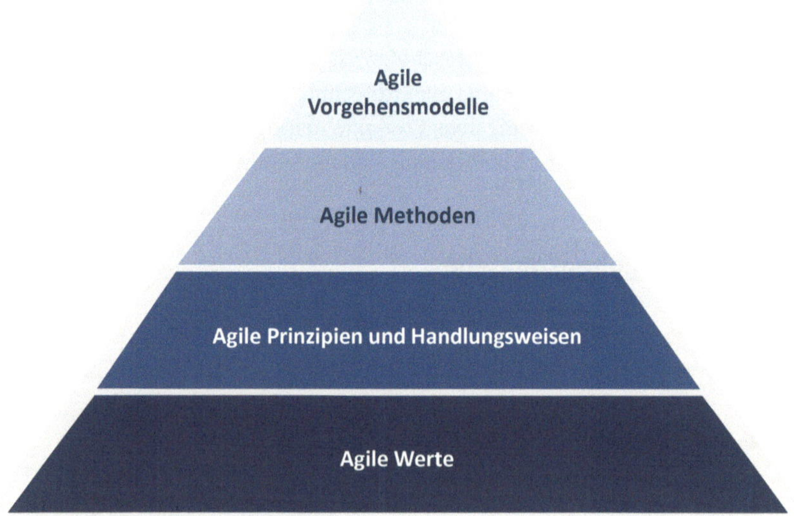

Abb. 3.13 Aufbauend auf den agilen Werten konkretisieren agile Prinzipien und Methoden das Vorgehen im Projekt. Zusammengefasst werden Werte, Prinzipien und Methoden in agilen Vorgehensmodellen zu einem stimmigen Gesamtkonzept

Der kleinste gemeinsame Nenner aller agilen Vorgehensmodelle sind die **agilen Werte**, die 2001 im **Agilen Manifest** (Agile Manifesto) für die Softwareentwicklung erstmals festgehalten wurden, [Beck01]. Ins Deutsche übersetzt und ausgeweitet auf die allgemeine Produktentwicklung, definiert es die folgenden vier Werte:

Individuen und Interaktionen haben Vorrang vor Prozessen und Werkzeugen.

Menschen und deren Zusammenarbeit werden höher bewertet als Prozesse oder Tools, da es immer Menschen sind, die auf Anforderungen reagieren und den Produktentwicklungsprozess vorantreiben. Im umgekehrten Fall würden sich diese Menschen stur an vorgegebene Abläufe halten und dabei weniger auf Veränderungen und Kundenbedürfnisse eingehen können.

Funktionsfähige Produkte haben Vorrang vor ausgedehnter Dokumentation.

Im Mittelpunkt steht das funktionierende Produkt und damit die Fokussierung auf den Kunden und seine Wünsche. Alle Tätigkeiten, die nicht zu einem Entwicklungsfortschritt führen (bei der Softwareerstellung vor allem die Dokumentation) sollen auf das notwendige Maß begrenzt werden.

Zusammenarbeit mit dem Kunden hat Vorrang vor Vertragsverhandlungen.

Agile Produktentwicklung ist mehr darauf bedacht, dem Kunden und seinen Anforderungen entgegenzukommen, als Vertragsverhandlungen zu führen.

Reagieren auf Änderungen hat Vorrang vor strikter Planverfolgung.

Bei der Produktentwicklung und insbesondere bei der Softwareentwicklung ist mit häufigen Änderungswünschen zu rechnen. Dabei kann es erforderlich sein, einen vorher festgelegten Plan auch grundlegend zu ändern.

Diese agilen Werte sind wie ein Mantra zu verstehen. Sie bieten keine genaue Anleitung, sondern sind dazu da, Entwicklern immer wieder die wirklich wichtigen Aspekte bei der Produktentwicklung ins Gedächtnis zu rufen:

- arbeitet im Team,
- fokussiert euch auf die technische Aufgabenstellung,
- denkt an den Kunden,
- seid flexibel für Änderungen!

Alle anderen, zweifelsohne ebenfalls wichtigen Facetten der Entwicklung haben sich diesen Punkten unterzuordnen.

Als Konkretisierung der agilen Werte und als Hilfestellung bei der Umsetzung in der Praxis wurden zwölf Prinzipien definiert, die in Leitsätzen dokumentiert sind, s. Abb. 3.14. Sie liefern zusätzliche Informationen und weiten die Ideen der Werte aus. Es handelt sich hierbei aber nicht um eine tatsächliche Anleitung – diese will das Manifest nicht liefern.

Basierend auf den dargestellten Werten und Prinzipien der agilen Produktentwicklung soll als agiles Vorgehensmodell **Scrum** näher betrachtet werden. Neben Scrum gibt es eine ganze Reihe weiterer Vorgehensmodelle, die im Rahmen dieses Buches nicht weiter be-

Stichwort	Leitsatz agiles Manifest	Anmerkung
Kunden-zufriedenheit	Unsere höchste Priorität ist es, den Kunden durch frühe und kontinuierliche Auslieferung wertvoller Software zufrieden zu stellen.	Durch frühe und stetige Verfügbarkeit von Entwicklungsergebnissen soll der Kunde jederzeit zufrieden gestellt werden.
Flexibilität	Heiße Anforderungsänderungen selbst spät in der Entwicklung willkommen. Agile Prozesse nutzen Veränderungen zum Wettbewerbsvorteil des Kunden.	Agile Teams bewerten Änderungen grundsätzlich als etwas Positives, selbst wenn diese erst spät im Entwicklungsprozess auftauchen.
Auslieferung	Liefere funktionierende Software regelmäßig innerhalb weniger Wochen oder Monate und bevorzuge dabei die kürzere Zeitspanne.	Eine kurze time-to-market bzw. die schnelle Verfügbarkeit von Entwicklungsergebnissen ist wichtig. Nutze z. B. Rapid Prototyping.
Zusammenarbeit	Fachexperten und Entwickler müssen während des Projektes täglich zusammenarbeiten.	Kein „nebeneinander her arbeiten", sondern Austausch und Kommunikation in kurzen Abständen.
Unterstützung	Errichte Projekte rund um motivierte Individuen. Gib ihnen das Umfeld und die Unterstützung, die sie benötigen und vertraue darauf, dass sie die Aufgabe erledigen.	Motivierte Individuen sind der Schlüssel zum Erfolg. Sie brauchen neben einer geeigneten Umgebung die Unterstützung durch Vorgesetzte und ausreichend große Handlungsspielräume.
Gesprächskultur	Die effizienteste und effektivste Methode, Informationen an und innerhalb eines Entwicklungsteams zu übermitteln, ist im Gespräch von Angesicht zu Angesicht.	Die direkte Kommunikation ist der Nutzung von email, Telefon, etc. vorzuziehen.
Erfolge	Funktionierende Software ist das wichtigste Fortschrittsmaß.	Der Erfolg eines Teams lässt sich am Entwicklungsergebnis messen.
Nachhaltigkeit	Agile Prozesse fördern nachhaltige Entwicklung. Die Auftraggeber, Entwickler und Benutzer sollten ein gleichmäßiges Tempo auf unbegrenzte Zeit halten können.	Entwicklungsaufgaben sind so zu bemessen sein, dass die Beteiligten nicht überfordert werden.
Qualität	Ständiges Augenmerk auf technische Exzellenz und gutes Design fördert Agilität.	Das Erreichen einer hohe Entwicklungsqualität ist ein grundlegendes Ziel.
Einfachheit	Einfachheit -- die Kunst, die Menge nicht getaner Arbeit zu maximieren -- ist essenziell.	Alles Vermeidbare wegzulassen, führt zu einem schlankeren Prozess und zu besseren Ergebnissen.
Organisation	Die besten Architekturen, Anforderungen und Entwürfe entstehen durch selbstorganisierte Teams.	Nur wenn man Teams ermöglicht, sich selbst zu organisieren, sind außergewöhnliche Ergebnisse zu erwarten.
Retrospektive	In regelmäßigen Abständen reflektiert das Team, wie es effektiver werden kann und passt sein Verhalten entsprechend an.	Um die Arbeit des Teams stetig zu verbessern, ist es wichtig, dass die Mitglieder sich regelmäßig hinterfragen, über die Arbeitsweise austauschen und ihr Vorgehen daraufhin anpassen.

Abb. 3.14 Prinzipien der agilen Produktentwicklung – in Anlehnung an das agile Manifest, [Beck01]

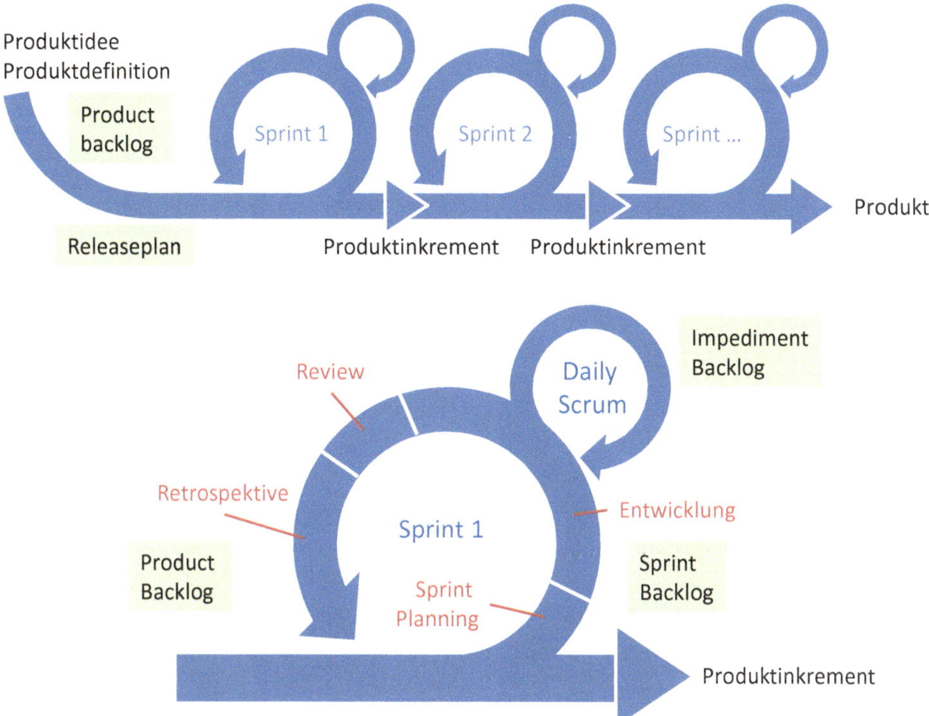

Abb. 3.15 Vorgehensmodell Scrum mit Übersicht über die Aktivitäten und Artefakte

handelt werden können. Zu nennen sind hier z. B. Kanban oder Lean Development, die u. a. in [Tim17] ausführlich dargestellt werden.

Scrum ist ein Vorgehensmodell, das aus der agilen Software-Entwicklung stammt, aber heute auch in der allgemeinen Produktentwicklung, also der Entwicklung von physischen Produkten Anwendung findet. Es geht davon aus, dass viele Entwicklungen aufgrund ihrer Komplexität nicht im Voraus detailliert planbar sind. Aus diesem Grund erfolgt die Planung nach dem **Prinzip der schrittweisen Verfeinerung**, Abb. 3.15.

Die Stärken von Scrum basieren auf einem überschaubaren Rahmenwerk mit nur wenigen Rollen, Artefakten und Ereignissen (Meetings). Eine unternehmens- und projektspezifische Weiterentwicklung oder Kombination mit anderen Verfahren ist möglich.

Zum Verständnis von Scrum ist das Verständnis des Rahmenwerks (Rollen, Artefakte und Ereignisse) wichtig. Scrum kennt drei **Rollen** – den Product Owner, Scrum Master und das Entwickler-Team. Die Charakteristika dieser Rollen, ihre Verantwortlichkeiten und Befugnisse werden in Abb. 3.16 übersichtlich dargestellt.

Der **Product Owner** ist für den wirtschaftlichen Erfolg des Produkts verantwortlich. Er repräsentiert die aus Sicht der Geschäftsleitung wichtigen Kundenwünsche, priorisiert sie und fasst sie im **Product Backlog** zusammen. Er vertritt die Kundeninteressen, sollte aber nicht mit dem Kunden identisch sein, da er gleichzeitig auch für den wirtschaftlichen

	Product Owner	Scrum Master	Entwickler-Team
Eigenschaften/ Kompetenzen	Produkt- und Kundenverständnis	Scrum und Coaching Kompetenz	Interdisziplinäre fachliche Kompetenzen
Verantwortung	Wertmaximierung des Produktes. Product Backlog.	Ordnungsgemäße Durchführung von Scrum. Beseitigung von Hindernissen für das Team.	Entwicklung und Realisierung des Produktinkrementes.
Befugnisse	Erstellen und Priorisieren der Einträge des Product Backlogs.	Einführung und Weiterentwicklung von Scrum.	Selbstorganisation. Festlegung, wie das Product Backlog umgesetzt wird.

Abb. 3.16 Rollen innerhalb des Scrum Teams – Product Owner, Scrum Master und Entwickler-Team

Erfolg des Produkts aus Unternehmenssicht zuständig ist. Außer dem Product Owner darf niemand (!) Produktanforderungen an das Entwickler-Team stellen.

Das **Product Backlog** ist ein dynamisches Dokument und unterliegt regelmäßig Änderungen. Dabei werden die Anforderungen im Product Backlog in Form von **User Stories** und **Epics** beschrieben. Eine User Story wird aus der Sicht einer bestimmten Rolle (z. B. des Anwenders) geschrieben. Typisch sind Formulierungen wie: „Als Anwender möchte ich die Maschine mit einem Touchpad bedienen können".

Anforderungen, die erst einmal nur grob skizzierbar sind und deren Größe und Komplexität noch nicht abschätzbar sind, werden in Form eines Epic (große, noch vage User Story) beschrieben.

Diese Art der Beschreibung wird gewählt, da bei agil durchgeführten Projekten davon ausgegangen wird, dass die Anforderungen anfangs nicht vollständig, klar und eindeutig definiert werden können. Daraus resultierende Unsicherheiten werden akzeptiert und durch die Verwendung von Epics wird sichergestellt, dass keine wichtigen Punkte vergessen werden. Sobald ausreichende Kenntnisse vorliegen, werden die Epics dann im Detail ausgearbeitet.

Um ein sinnvolles Arbeiten zu ermöglichen, wird regelmäßig vom Entwickler-Team in Kooperation mit dem Product Owner ein definiertes Arbeitspaket mit höher priorisierten Punkten dem Product Backlog entnommen und in kleinere Arbeitspakete (Tasks) heruntergebrochen. Im **Sprint Planning** Meeting wird durch das Entwickler-Team der Aufwand für diese Tasks geschätzt und in einer weiteren Liste, dem **Sprint Backlog**, festgehalten.

Die eigentliche Entwicklung des Produkts ist in **Sprints** unterteilt, die jeweils zwischen einer Woche und max. 30 Tage (typisch 2 bis 4 Wochen) dauern können. In einem Sprint werden alle Produkt-Anforderungen umgesetzt, die zuvor in dem Sprint Backlog eingetragen worden sind. Dieses Arbeitspaket, das **Produktinkrement**, wird durch das Team vollständig in Funktionalität umgesetzt (inklusive Verifizierung und notwendiger Dokumentation).

Essenziell ist, dass der Sprint Backlog während des Sprints nicht durch neue Anforderungen modifiziert werden darf. Alle anderen Punkte des Product Backlogs können vom

Product Owner in Vorbereitung für den nachfolgenden Sprint verändert bzw. neu priorisiert werden.

Das **Entwickler-Team** besitzt keine hierarchischen Strukturen, besteht meistens aus 3–9 Mitgliedern und setzt die vom Product Owner übermittelten Anforderungen eigenverantwortlich um. Dabei bestimmt alleine das Team wie die Umsetzung erfolgen soll. Es werden also keine Aufgaben durch einen Projektleiter oder Entwicklungsleiter zugewiesen. Während des Sprints arbeitet das Team daran, die Tasks aus dem Sprint Backlog in ein lieferfähiges Produkinkrement, also einen vollständig fertigen Anwendungsteil, umzusetzen. Das Team gleicht sich in einem täglichen, streng auf 15 Minuten begrenzten Informations-Meeting, dem **Daily Scrum** ab. Hierdurch ist jedes Teammitglied über die Arbeitspunkte der anderen und evtl. aufgetretene Probleme informiert.

Am Ende des Sprints präsentiert das Team in einem sogenannten **Review-** Meeting das entwickelte Produktinkrement. Ziel dieses Meetings ist es, möglichst viel Feedback zu erhalten, ob die Entwicklungsergebnisse den Erwartungen entsprechen. Nach dem Review findet die Sprint-**Retrospektive** statt. Hier werden vom Entwickler-Team und dem Product Owner Erfahrungen ausgetauscht, um Verbesserungsmöglichkeiten im Prozess und Vorgehen zu erkennen, die im nächsten Sprint umzusetzen sind. Das Feedback des Reviews und der Retrospektive fließt in das Sprint Planning Meeting vor dem nächsten Sprint ein. So schließt sich der Kreis, Abb. 3.15.

Der **Scrum Master** moderiert alle Ereignisse (Meetings) und sorgt dafür, dass das Team ungestört seiner Arbeit nachgehen kann. Er ist kein Teammitglied und auch nicht weisungsbefugt. Seine Aufgabe ist es, dass während des gesamten Entwicklungsprozesses die Scrum-Regeln eingehalten werden. Zusätzlich macht er den Projektfortschritt mithilfe geeigneter Reporting-Mechanismen transparent.

Bei Scrum sind insgesamt fünf Artefakte von Bedeutung. Neben den erwähnten Product Backlog, Sprint Backlog und Produktinkrement, sind es der Releaseplan und das Impediement Backlog. Der **Releaseplan** ist ein Übersichtsplan, aus dem ersichtlich wird, in welchem Sprint welche User Stories umgesetzt werden sollen. Er gibt dem Product Owner eine Vorstellung wieviele Sprints benötigt werden bzw. wann die Fertigstellung der Entwicklung zu erwarten ist.

Im **Impediment Backlog** notiert der Scrum Master während des Daily Scrums alle Hindernisse, die dem Entwickler-Team während seiner Arbeit begegnen. Es hilft dabei die Beseitigung/Reduktion der Hindernisse nachzuhalten und soll gleichzeitig die langfristige Erfahrungssicherung unterstützen.

3.2.3 Vergleich traditioneller und agiler Vorgehensmodelle

Kennzeichnend für **traditionelle Vorgehensmodelle** ist das plangetriebene Vorgehen. Ausgehend von Lasten- und Pflichtenheft wird das gesamte Entwicklungsprojekt bis zum Abschluss durchdacht und in einem Plan beschrieben.

Vorteilhaft ist, dass der Entwicklungszyklus von der Idee bis zur Markteinführung ganzheitlich betrachtet wird und dabei die unterschiedlichen Ebenen der Entwicklung und Realisierung einbezogen werden. Die Anforderungen werden systematisch ermittelt und umgesetzt. Die Produktarchitektur wird Top-Down entwickelt, also vom Groben ins Detail. Dabei unterstützen die Prozesse der traditionellen Produktentwicklung Nachweisführung und Rückverfolgbarkeit. Änderungen bleiben durch Änderungsmanagement nachvollziehbar. Nicht zuletzt gibt die klare Vorgehensweise den Mitarbeitern Struktur und Orientierung. Insbesondere bei großen Projekten mit vielen Mitarbeitern ist das ein wichtiger Vorteil.

Traditionelle Vorgehensmodelle sind in der Praxis durch die notwendigen Planänderungen häufig recht unflexibel. Schnelle Reaktionen auf geänderte Marktbedingungen oder Kundenwünsche werden hierdurch gehemmt. Weiterhin werden Themen wie exploratives Lernen und kontinuierliche Auslieferungen (z. B. von Software- oder Produktversionen) kaum abgebildet.

Agile Vorgehensmodelle unterscheiden sich durch den iterativ-lernenden Ansatz von der traditionellen Produktentwicklung. Sie eignen sich besonders gut, um auf geänderte Anforderungen zu reagieren, da die Entwicklungszyklen (z. B. Sprints) mit typischerweise zwei bis vier Wochen kurz angelegt sind. Die Anforderungen werden in der Regel nur mit Kurzbeschreibungen (z. B. Product Backlog) festgehalten und erst kurz vor Beginn der eigentlichen Entwicklung ausformuliert (z. B. Sprint Backlog).

Vorteilhaft ist, dass agile Vorgehensmodelle durch häufige Abstimmung und Anpassung sehr flexibel auf geänderte Kundenwünsche und Marktanforderungen reagieren können. Anforderungen werden priorisiert, der Fokus der Entwicklung wird auf die wichtigsten Themen bzw. die wichtigsten Produkteigenschaften gerichtet. Lernprozesse und iteratives Annähern an eine unklare Problemstellung sind Bestandteil der Methode. Das flexible und iterative Vorgehen schafft Raum für neue Ideen und Impulse.

Allerdings finden Zuverlässigkeit und Güte der Produktentwicklung bei agilen Ansätzen wenig Berücksichtigung. Produkte erreichen zwar schnell die Reife von funktionalen Prototypen, aber es besteht das Risiko, dass eine nicht ausreichende Entwicklungsqualität häufige Nachbesserungen erforderlich macht. Sind Updates bei der Softwareentwicklung noch vertretbar, so sind Nachbesserungen im Bereich Mechanik oder Elektronik schwierig und häufig kostenintensiv.

Ein einfaches Schemata zur Charakterisierung und zur Unterstützung bei der Auswahl von Vorgehensmodellen zeigt Abb. 3.17. Anhand der Kriterien Komplexität des Entwicklungsprojektes und Unsicherheiten bezüglich der Anforderungen werden besonders geeignete Vorgehensmodelle vorgeschlagen.

Diese kurzen Ausführungen zeigen, dass weder traditionelle noch agile Vorgehensmodelle alleine den aktuellen Anforderungen an Schnelligkeit, Innovationen, Flexibilität und Qualität in der Produktentwicklung gerecht werden. Abhängig vom Produktspektrum im Unternehmen und/oder den aktuellen Projektanforderungen gilt es den besten Weg für das Unternehmen bzw. das Entwicklungsprojekt zu finden. Dabei wird dieser Weg immer häufiger das Beste aus beiden Welten verbinden und aus einem intelligenten Mix agiler und traditioneller Modelle und Arbeitsweisen bestehen.

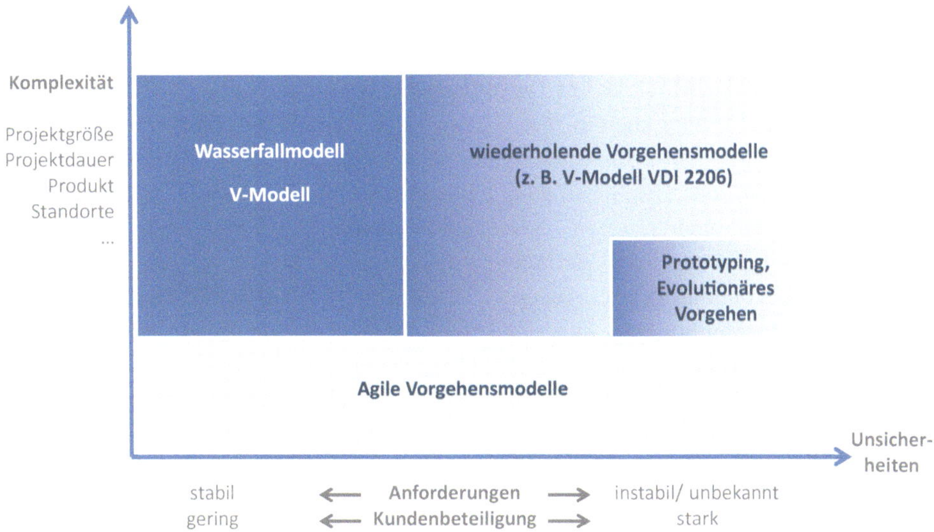

Abb. 3.17 Einordnung von traditionellen und agilen Vorgehensmodellen in Abhängigkeit von Komplexität und Unsicherheiten. In Anlehnung an [Ebe14]

Bei der erfolgreichen Kombination aus traditioneller und agiler Produktentwicklung können dabei sowohl agile Elemente in traditionelle Vorgehensmodelle, als auch traditionelle Elemente in agile Vorgehensweise integriert werden. Es entstehen sogenannte **hybride Vorgehensmodelle**, wie sie z. B. in [Tim17] ausführlich beschrieben werden.

Im Rahmen dieses Buches legen wir die Vorgehensweisen der traditionellen Produktentwicklung zugrunde, da diese aufgrund der häufig hohen Komplexität der Produkte im Maschinenbau in der Praxis immer noch eine große Bedeutung haben und uns für die Lehre besonders geeignet erscheinen.

3.3 Begleitprozesse des PEP

In der Darstellung der Produktplanung als Gesamtprozess (s. Abb. 2.3) erscheint der Produktentstehungsprozess (PEP), hier Produktrealisierung genannt, in Abb. 3.2 als eine Folge von Schritten. Damit soll deutlich gemacht werden, aus welcher Vielfalt von Einzelaktivitäten er besteht und welche Fähigkeiten notwendig sind, um ein Produkt zu erzeugen.

Neben dem Hauptprozess PEP ist aber eine Reihe von Nebenprozessen erforderlich, um die Gesamtaufgabe zu bewältigen. Diese so genannten begleitenden Prozesse können im Bild nicht detailliert beschrieben werden, weshalb ihre nähere Erläuterung in den folgenden Abschnitten erfolgt. Sie sind natürlich nicht alle gleichbedeutend, es ist aber je nach Produkt und Unternehmen zu prüfen, welche Aktivitäten in welchem Umfang wahrgenommen werden müssen. Auf jeden Fall sind aber die drei Prozesse Projekt-, Kosten- und Risikomanagement immer in Betracht zu ziehen.

3.3.1 Projektmanagement

So wie in verschiedenen bildlichen Darstellungen des Entwicklungs- und Konstruktionsprozesses [PaBe13] wird auch in Abb. 3.2 ein enger Zusammenhang des Produktentstehungsprozesses mit dem **Projektmanagement** dadurch verdeutlicht, dass es bei den Begleitprozessen die erste Position einnimmt. Es hat allerdings nicht nur bei der Entwicklung neuer technischer Erzeugnisse eine besondere Bedeutung, sondern ist außerdem eine nahezu **universell anwendbare Methode** für die Abwicklung aller möglichen Arbeitsabläufe. Es gibt ein umfangreiches Angebot an Lehrbüchern zu diesem Thema (z. B. *Jakoby* [Jak15]), auf das hier nur hingewiesen werden kann. Noch besser als das Lesen eines oder mehrerer Bücher ist es aber, sich einer Schulung zu unterziehen, über deren Art und Umfang man sich bei der Deutschen Gesellschaft für Projektmanagement (GPM) oder dem VDI informieren kann. Eine weitere Hilfe, besonders für die betriebliche Praxis, bietet das Projekthandbuch des WEKA-Verlages oder das des Rationalisierungskuratoriums der deutschen Wirtschaft (RKW).

3.3.1.1 Projektdefinition

Bei der Frage, was der Begriff „Projekt" eigentlich bedeutet, ist es am besten, auf die DIN 69901 zu verweisen, in der die grundsätzlichen Festlegungen zur Projektarbeit nachzulesen sind.

Die dort gegebene Definition lautet:

> Ein **Projekt** ist ein Vorhaben, das im Wesentlichen durch die Einmaligkeit der Bedingungen in ihrer Gesamtheit gekennzeichnet ist.

Im Einzelnen lassen sich diese Bedingungen wie folgt beschreiben:

- Zielvorgabe,
- Zeitliche, finanzielle, personelle oder andere Beschränkungen,
- Abgrenzung gegenüber anderen Vorhaben,
- projektspezifische Organisation.

Dazu die Definition des Projektmanagements aus derselben Norm:

„Gesamtheit von Führungsaufgaben, -organisation, -techniken und -mittel für die Abwicklung eines Projekts."

Interessant an der durch die Norm gegebenen Definition des Projekts ist, dass der ursprünglich in der älteren Version enthaltene Begriff der Komplexität nicht mehr auftaucht. Die Regeln des Projektmanagements können also auch mit Gewinn auf einfache Aufgabenstellungen angewendet werden. Sicher ist, dass sich aus der Definition eine Fülle von Anforderungen an die Unternehmensführung, das etablierte Management und an die Leitung und die Mitarbeiter des Projekts ergeben.

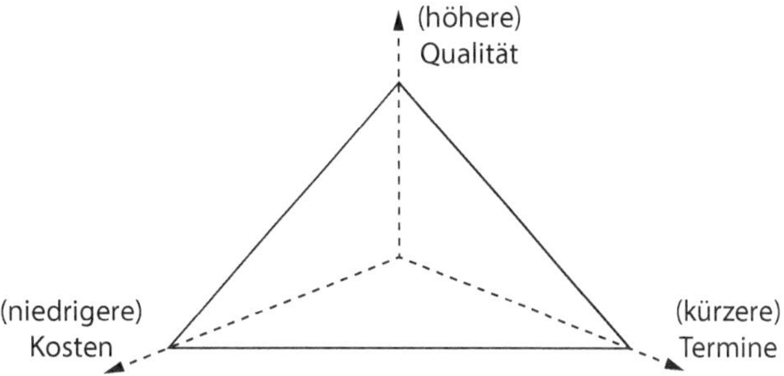

Abb. 3.18 Das „magische Dreieck“ des Managements. [Jak15]

Der Vollständigkeit halber hier auch noch die Definition dessen, was **kein Projekt** ist, sie ist dem Lehrbuch von *Jakoby* entnommen. Nicht-Projekte zeichnen sich durch die folgenden Eigenschaften aus:

unklare Ziele, ausschließlich Routinetätigkeiten, nur ein Arbeitsschritt, kein Zeitlimit, unbegrenzte Mittel (die beiden Letztgenannten kommen in der Praxis nicht vor).

Auf den Unterschied zwischen dem in jedem Betrieb vorhandenen „Management“ und dem „Projektmanagement“ wird hier nicht weiter eingegangen. Auf die Frage, was denn der Begriff „managen“ eigentlich bedeutet, steht die Antwort zur Verfügung: „Es kommt darauf an, in einer begrenzten Zeit, mit begrenzten Mitteln ein definiertes Ziel zu erreichen“. Mithilfe des so genannten „magischen Dreiecks“ (s. Abb. 3.18) kann die Antwort noch ein wenig einprägsamer gegeben werden.

Die drei Zielkriterien Termine, Kosten und Qualität stehen in einem engen gegenläufigen Zusammenhang. Hebt man den Anspruch an die Qualität an, werden sicher auch die Kosten steigen und der zeitliche Aufwand größer. Will man die Kosten oder den zeitlichen Aufwand senken, so leidet gewiss die Qualität des Ergebnisses. Da das Attribut „magisch“ im Ingenieurwesen sicher ein wenig deplatziert wirkt, wird in der Fachliteratur meistens der Begriff „Zieldreieck“ verwendet. Es sei noch erwähnt, dass das Zieldreieck kein mathematisch anwendbares Werkzeug ist, es ist aber gut geeignet, die Zusammenhänge des Projektmanagements deutlich zu machen. In manchen Darstellungen ist zusätzlich noch der Begriff „optimales Ergebnis (Produkt)“ in das Zentrum des Dreiecks eingezeichnet, das soll einen zusätzlichen Hinweis darauf geben, dass man die drei Zielkriterien als Einflussgrößen in einem Optimierungsprozess betrachten muss.

3.3.1.2 Bestandteile des Projektmanagements

Zum Verständnis dessen, worin das Wesen des Projektmanagements hauptsächlich besteht, lassen sich die folgenden drei Aspekte anführen:

1. Vorgehensweise
   Das Vorhaben strukturieren (die Gesamtaufgabe in übersichtliche Teilaufgaben gliedern).
   Aufgabenstellung (insgesamt und im Detail) analysieren.
   Ziel (auch Teilziele) eindeutig festlegen.
   Verantwortung für alle Beteiligten genau definieren.

Zeit- und Kostenkontrolle regelmäßig durchführen und eine Trendanalyse machen.
den jeweils aktuellen Stand des Projekts offenlegen (d. h. eine kontinuierliche Dokumentation ist Pflicht).
Risiken möglichst früh erkennen (und Gegenmaßnahmen ergreifen).
Störungen umgehend bereinigen.

2. Teamarbeit (bei umfangreichen und/oder komplexen Aufgaben unabdingbar)
   Team für das Projekt mit überschaubarer Anzahl an Personen (5–7) bilden.
   Es werden sich ergänzende Fähigkeiten gebraucht.
   Teammitglieder auf das gemeinsame Ziel verpflichten (Motivation).
   Engagement für den gemeinsamen Arbeitseinsatz sicherstellen.
   Gegenseitige Verantwortlichkeit deutlich machen.
   Kommunikation im Team und vom Team nach Außen fördern (letzteres nur mit gemeinsam abgestimmtem Inhalt).
3. Projektleiter (die wichtigsten Persönlichkeitsmerkmale)
   Der Mensch steht im Mittelpunkt.
   Führung durch Überzeugung.
   Kontrolle und Kritik erfolgen ergebnis- nicht personenorientiert.
   Eigeninitiative wird gefördert.
   Delegation von Aufgaben erfolgt mit klaren und überprüfbaren Zielvorgaben.

Insbesondere unter Ziffer 1 erkennt man einige Punkte, die in ähnlicher Formulierung auch in der VDI-Richtlinie 2221 vorkommen. Dadurch wird wiederum deutlich, dass erfolgreiche Projektarbeit auch in der richtigen Auswahl und Anwendung von geeigneten Methoden besteht.

Bleibt noch auf die Tatsache hinzuweisen, dass es nicht in jedem Unternehmen selbstverständlich ist, dass die Methoden des Projektmanagements allgemein bekannt oder sogar tägliche Praxis sind. Es ist deshalb unter Umständen erforderlich, erst einmal darüber nachzudenken, wie man eine projektorientierte Arbeitsweise in die bestehende Arbeitsorganisation einführen will. Der wichtigste Punkt dabei ist, dass ein solches Vorhaben von der obersten Führungsebene gewollt und unterstützt werden muss und der Betriebsrat einzubinden ist. Wenn keine oder nur wenig Kenntnisse über das Wesen der Projektarbeit vorhanden sind, ist es sinnvoll über die Unterstützung durch einen externen Berater nachzudenken. Außerdem ist noch ein Grundsatz zu beachten, der mit dem „menschlichen Faktor" zu tun hat:

> Konflikte sind sofort und ohne Vorbehalte zu bereinigen. Verborgene oder „unter den Teppich gekehrte" Probleme sind neben der Missachtung der Unternehmenskultur häufige Gründe für das Scheitern von Projekten!

Es bleibt noch der Hinweis, dass für eine erfolgreiche Projektarbeit die Benennung des **Projektleiters (der Projektleiterin)** als erstes erfolgen muss. Er/sie ist ja bereits mit der Suche nach den geeigneten **Teammitgliedern** gefordert. Der erste Konflikt bestünde sonst darin, dass der/die für den Erfolg des Projektes Verantwortliche mit einem oder mehreren Mitarbeitern im Team konfrontiert würde, die er/sie nicht akzeptieren kann.

3.3.1.3 Projektplanung

Die Entwicklung eines technischen Erzeugnisses umfasst, bei allen mittleren und größeren Entwicklungsprojekten, eine anfangs oft nicht überschaubare Menge von Arbeiten. Auch der für die einzelnen Arbeitspunkte zu investierende Aufwand (Zeit, Kosten, Kapazitäten) ist zu Beginn eines Projekts häufig nur grob abschätzbar. Gerade Neukonstruktionen, die mit der größten Planungsunsicherheit behaftet sind, erfordern eine besonders gründliche Planung. Im Folgenden werden die wichtigsten Planungsunterlagen kurz erläutert, wobei je nach Branche und Aufgabenstellung noch weitere Unterlagen hinzukommen können.

Bei jedem Projekt ist bei der Initiierung im ersten Schritt der Projektrahmen festzulegen. Das erfolgt im üblicherweise vorher stattfindenden Gespräch mit der Geschäftsleitung und bei der Übermittlung der ersten Informationen nur in Grundzügen. Zu den grundlegend zu klärenden und zu definierenden Punkten gehören:

- Die Klärung des/der Projektziele – was soll am Ende des Projekts erreicht worden sein?
- Die Erfassung der Anforderungen
  - festgehalten in der Anforderungsliste oder Spezifikation.
- Die Klärung vorhandener Vorstellungen von Struktur und Aufbau des Produktes
  - dokumentiert z. B. in einem Produktstrukturplan.
- Die zu bearbeitenden Aufgaben
  - übersichtlich darzustellen z. B. im Projektstrukturplan.
- Die benötigten Ressourcen
  - Personalkapazität, Finanzmittel, Fertigungseinrichtungen, Logistik.
- Zeitrahmen
  - Terminplan, Meilensteine (Ein Meilenstein ist ein festgelegtes, termingebundenes Sachergebnis, das zur Gliederung und Überwachung des Projektablaufes dient, in der Regel liegt er zwischen den Projektphasen, bei größeren Arbeitsinhalten kann er auch innerhalb angeordnet werden.).
- Kostenrahmen
  - für Projektmanagement, Entwicklungs- und Herstellkosten.

Zusammen mit der Projektbeschreibung werden diese und weitere Punkte in vielen Fällen bei internen Projekten in einer Projektdefinition zusammengefasst und den zuständigen Stellen zur Genehmigung vorgelegt. Handelt es sich um einen externen Auftraggeber, ist ein vollständiger, fachlich, kaufmännisch und juristisch belastbarer Auftrag zu formulieren. Auf Basis des Lastenheftes, in dem die Kundenanforderungen dargelegt

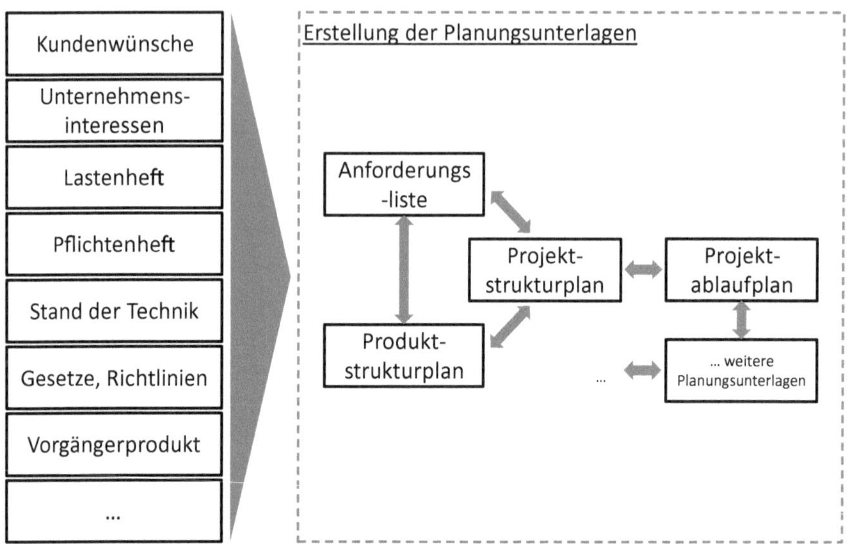

Abb. 3.19 Planungsunterlagen zur Strukturierung eines Projektes und zur Ablauf- und Terminplanung

werden, wird dann das Pflichtenheft erarbeitet, auf dessen Basis dann auch eine Anforderungsliste erstellt wird.

Zur Strukturierung des Projekts werden der Produkt- und der Projektstrukturplan verwendet. Zusammen mit der Anforderungsliste bilden diese beiden Pläne zentrale Planungsdokumente für jedes Entwicklungsprojekt, Abb. 3.19. Hinweise bzgl. der Erstellung des Produktstrukturplans finden sich in Abschn. 7.2. Diese zentralen Planungsunterlagen ergänzen sich und bilden ein „Planungsdreieck“, aus dem dann auch weitere Unterlagen abgeleitet werden können.

Es hat sich in der Praxis bewährt, für die Planung des Projekts den Ablauf in Phasen einzuteilen. Dabei ist es hilfreich, sich an die auch in der Konstruktionsmethodik empfohlene Regel zu halten, nämlich die Vorgehensweise „vom Groben zum Detaillierten“ zu beachten, um so schnell wie möglich eine hohe Transparenz zu erzielen und Risiken rechtzeitig zu erkennen. Diesem Grundsatz dient das Vorgehen in vier Phasen.

Phasen der Projektplanung

Phase 1 (Definition): Ziele festlegen, Strategie auswählen,
Phase 2 (Planung): Spezifikationen schreiben, Zeitplan entwickeln,
Phase 3 (Durchführung): Leistung überwachen, Korrekturen durchführen,
Phase 4 (Abschluss): Ergebnis abliefern, Verwaltungsangelegenheiten zu Ende bringen, Ergebnis bewerten, d. h. Lehren für zukünftige Projekte ziehen.

Das hat denn Sinn, sich zunächst den prinzipiellen Ablauf klar zu machen und ganz bewusst Zäsuren (Unterbrechungen, Haltepunkte) in das geplante Vorgehen einzubauen

1. Ziele formulieren	
	Sinn-Ebene, strategische Ebene, taktische Ebene; Motive, Werte, Wünsche.
2. Aktivitäten analysieren	
	Analyse der Aktivitäten; in Listen sammeln (⇒ To-Do-Liste).
3. Aufwand schätzen	
	Zeitbedarf und Kapitalbedarf schätzen; mit den verfügbaren Budgets vergleichen.
4. Entscheiden	
	Was ist wichtig? Was ist dringlich? (⇒ ABC-Analyse)
5. Planen	
	Reihenfolge der Arbeiten; feste Termine berücksichtigen; Pufferzeiten frei halten.
6. Ausführen	
	Wo treten Abweichungen auf? Sind Planänderungen nötig?
7. Auswerten	
	Was wurde erledigt? Was ist liegen geblieben? Was sind Ursachen für Abweichungen?

Abb. 3.20 Checkliste für erfolgreiches Management. [Jak15]

(Meilensteine). Diese dienen dazu, bei bestimmten Anlässen über die Weiterführung des Projekts nachzudenken und Entscheidungen zu treffen. Wichtig ist, dass das ursprünglich definierte Ziel zunächst nicht infrage gestellt wird, stellt sich aber heraus, dass es nicht erreicht werden kann, muss die gesamte Planung überarbeitet werden. Das ist nichts anderes, als das schleifenförmige (iterative) Vorgehen wie im Konstruktionsprozess, bei dem ja auch die neuen Erkenntnisse in einer Folgephase dazu dienen, die Voraussetzungen in der vorher durchlaufenden Phase neu zu überdenken. Das geht natürlich nur, wenn der Projektverlauf nachvollziehbar ist, d. h. es eine schriftliche Dokumentation gibt, für die der Projektleiter zu sorgen hat.

Eine übersichtliche Zusammenfassung der notwendigen Planungsaktivitäten liefert die in Abb. 3.20 dargestellte Liste.

Insbesondere auf die Definition eines Zieles ist bei dieser Gelegenheit besondere Aufmerksamkeit zu lenken. Im Lehrbuch von *Jakoby* wird eine einprägsame Form der Zielfindung erwähnt, die unter dem Begriff „S M A R T" zusammengefasst wird (s. Abb. 3.21).

Eine zusätzliche Hilfe bei der Planung eines Projekts und in der Frage nach der Vorgehensweise kann aus der Richtlinie VDI 2800 (Wertanalyse) entnommen werden. In dem dort beschriebenen Ablaufplan sind sehr detaillierte Beschreibungen enthalten, die einem noch wenig erfahrenen Projektverantwortlichen wichtige Hinweise liefern können.

3.3.1.4 Projektdurchführung

Ein weiterer wesentlicher Bestandteil der Projektarbeit ist die **Kontrolle**, d. h. der Vergleich von **Soll- zu Istverläufen**. Nur so ist es dem Projektleiter möglich, rechtzeitig zu erkennen, wie es um sein Projekt steht und er/sie kann, bei Bedarf, entsprechende **Maßnahmen** einleiten.

Kriterium	Merkmal	Gegenteil
Spezifisch	klar definiert, nachvollziehbar, präzise, konkret, verständlich	vage und allgemein
Messbar	Kriterien für Zielerreichung	Nicht überprüfbar, interpretierbar
Attraktiv	positiv und aktiv formuliert, motivierend, aktionsorientiert	„vermeiden“
Realistisch	erreichbar, beeinflussbar gegebenenfalls in Teilziele aufbrechen	unerreichbar
Terminiert	fester, spätester Zielerreichungszeitpunkt	open end

Abb. 3.21 Die Kriterien für eine „SMARTe“ Zielplanung. [Jak15]

Kontrolle

Zur Ausübung der Kontrolle kann sich der Projektleiter verschiedener Möglichkeiten bedienen:

- informelles Gespräch (formlos, ohne Terminabsprache, einzeln od. mit mehreren),
- formelles Einzelgespräch (mit Einladung und Termin),
- Besprechungen des Projektteams (mit Einladung und Tagesordnung),
- schriftliche Berichte anfordern (evtl. in der Projektplanung vorsehen).

Die Ausübung der Kontrollfunktion seitens des Projektleiters erfordert, insbesondere bei Einzelgesprächen, ein gewisses Fingerspitzengefühl. Manchmal ist es auch erforderlich, eine gewisse Scheu vor dem Ansprechen von Fakten zu überwinden. Allzu schnell reagieren Mitarbeiter, Kollegen oder Geschäftspartner mit Unbehagen oder sogar Unwillen auf Fragen nach dem Erbringen von vereinbarten Leistungen. Es gilt aber für den Projektleiter für die gesamte Dauer des Projekts eine Feststellung, die angeblich von *Lenin* stammt:

> Vertrauen ist gut, Kontrolle ist besser.

Damit er/sie die Übersicht behält, ist es ratsam, sich bei der Kontrolle formaler Werkzeuge zu bedienen. Die wichtigsten sind:

- Für einfache, übersichtliche Projekte genügt ein Kontrollblatt, in dem der Fortschritt des Projekts in tabellarischer Form festgestellt und festgehalten wird. Es dient dem Projektleiter auch dazu, jederzeit mit belegbaren Angaben gegenüber dem Auftraggeber Auskunft geben zu können.
- Bei weniger übersichtlichen und/oder umfangreichen Projekten ist eine grafische Darstellung des Projektverlaufes übersichtlicher. Ein Beispiel für einen solchen Verlauf ist in Abb. 3.22 dargestellt. Wenn zu dem geplanten Verlauf (Sollwerte) von Zeit und Kosten die tatsächlich festgestellten Istwerte eingetragen werden, macht dieses Diagramm deutlich, wann und in welchem Umfang Abweichungen entstanden sind. Damit ist es dann möglich, eine so genannte **Trendanalyse** durchzuführen.

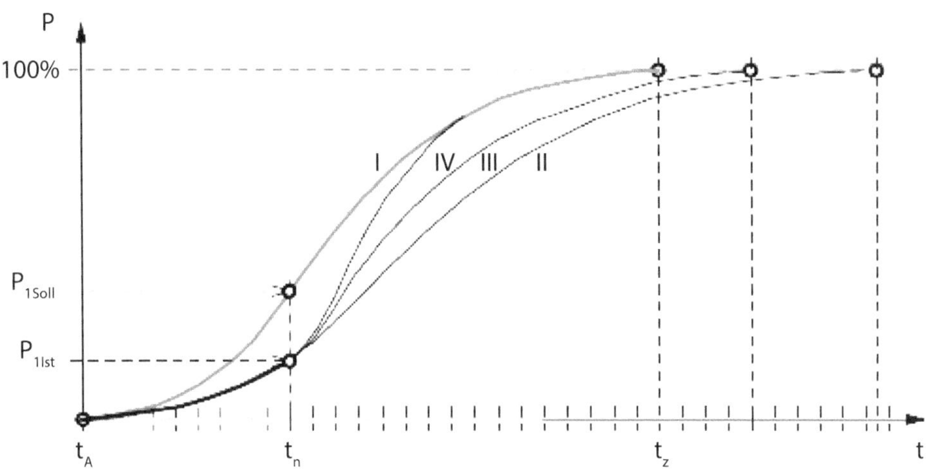

Abb. 3.22 Reaktionen auf Soll-/Istabweichungen und deren mögliche Folgen. P: Summe der aktuell verbrauchten Mittel, t: im Projekt abgelaufene Zeit (t_n: Betrachtungszeitpunkt), I: ursprünglich geplanter P/t-Verlauf. [Jak15]

Trendanalyse

Der Begriff „Trendanalyse" bedeutet nichts anderes, als dass der Projektleiter anhand von Istwerten von Zeit zu Zeit (z. B. am Ende von Arbeitsabschnitten oder bei Meilensteinen) die Abweichungen zu den geplanten Sollwerten feststellt und versucht, den möglichen Verlauf für die Zukunft herauszufinden. Nur so ist er/sie in der Lage, geeignete Maßnahmen beizeiten zu erkennen und diese auch rechtzeitig in die Wege zu leiten. Die Trendanalyse ist für den Projektleiter das wichtigste Werkzeug. Egal ob mit EDV-Hilfe oder manuell erstellt, er/sie sollte es in jedem Fall, auch bei einfachen Projekten immer benutzen.

Es gibt tausend Gründe dafür, warum etwas nicht so gelaufen ist, wie es sollte, und es gibt noch weitaus mehr Entschuldigungen seitens der am Projekt Beteiligten warum es dazu gekommen ist. Der Projektleiter ist derjenige, der sich im Notfall etwas einfallen lassen muss. Unterstützung kann auch die einschlägige Literatur nur begrenzt bieten. Am besten ist es immer, den Tatsachen ins zu Auge sehen und Probleme sofort angehen.

Je nachdem mit welchem Aufwand Korrekturmaßnahmen betrieben werden, um den Abweichungen (II bis IV) entgegenzuwirken, gelingt es, den ursprünglich angestrebten Zieltermin (t_z) noch zu erreichen (IV), oder eine Terminüberschreitung in Kauf nehmen zu müssen (II und III). Im Beispiel wird dargestellt, dass das geplante Budget dabei nicht überschritten wird (P = 100 %), das ist natürlich keineswegs immer der Fall.

Projektabschluss

Ein oft vernachlässigter aber sehr wichtiger Aspekt des Projektmanagements ist der in Phase 4 der Planung erwähnte Punkt „**Projektabschluss**". Während der Beginn (die Einführung) eines Projekts üblicherweise mit einem gewissen Aufwand erfolgt und damit

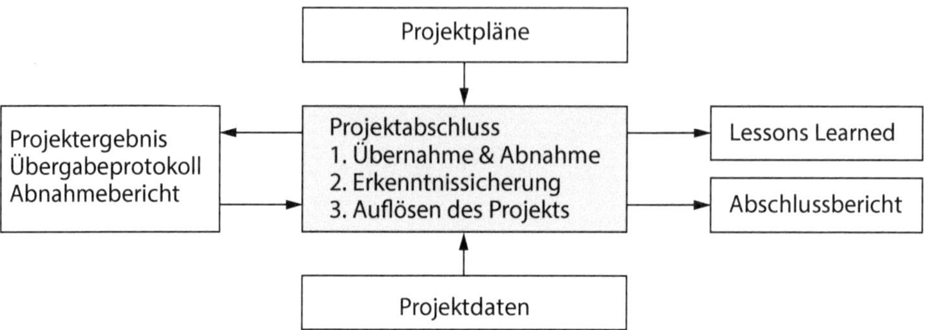

Abb. 3.23 Aktivitäten des Projektabschlusses. [Jak15]

einige Aufmerksamkeit im Unternehmen hervorruft, wird dem Abschluss (leider) meist wenig Beachtung zuteil.

Der Projektleiter ist gut beraten, wenn er/sie den Projektabschluss mit derselben Sorgfalt durchführt, die er/sie auch in den anderen Phasen an den Tag legt. Die in Abb. 3.23 dargestellten Punkte können hier der Kürze halber nicht alle ausführlich behandelt werden. Das Wichtigste sind aber die folgenden Anmerkungen:

- Die Übergabe an den Auftraggeber und die so genannte Abnahme durch ihn steht natürlich an erster Stelle. Es muss geklärt und schriftlich niedergelegt sein, dass alle vereinbarten Leistungen vollständig und ordnungsgemäß erbracht wurden. Am besten führt man eine Inbetriebnahme durch, an der die Verantwortlichen teilnehmen.
- Es muss eine Sicherung der im Projekt gemachten Erfahrungen in schriftlicher Form erfolgen. Dadurch ist sichergestellt, dass bei ähnlichen Vorhaben die Planung mit größerer Genauigkeit erfolgen kann.
- Das Projekt muss „offiziell“ für beendet erklärt werden. Am besten erfolgt dies sowohl im eigenen Unternehmen als auch beim Auftraggeber in der Form einer „öffentlichen“ Verlautbarung. Das hat nicht zuletzt den Vorteil, dass die Teammitglieder sicher sein können, dass sie ohne schlechtes Gewissen wieder in ihre ursprünglichen Tätigkeiten zurückkehren können. Denn um im Team mitarbeiten zu können, wurden sie ja daraus ganz oder teilweise „abgeworben“.

Alle diese Vorgänge müssen also, genau wie die übrigen für die Durchführung des Projektes erforderlichen Aktivitäten, Gegenstand der Projektplanung sein.

3.3.2 Kostenmanagement

Die Beachtung von Kostenaspekten ist für den Konstrukteur und Entwickler heute ein wesentlicher Teil seiner Arbeit. Kosten müssen bei vielen Entscheidungsvorgängen berücksichtigt werden und sind u. a. in Form der Produkt- und Entwicklungskosten ganz maßgeblich für den Unternehmenserfolg. Die folgenden Ausführungen beschäftigen sich daher mit den grundlegenden, für die Arbeit des Produktentwicklers wichtigen Zusammenhängen.

Das Gebiet des **Kostenmanagements** ist umfangreich. Zunächst soll daher auf Literatur eingegangen werden, aus der wichtige Hinweise zum Thema Kosten entnommen werden können. In jedem Lehrbuch der Konstruktionsmethodik z. B. [Ehr17, Nae18, PaBe13] und des Projektmanagements [Jak15] wird auf das Thema Kosten und Kostenmanagement eingegangen. Wie bereits angedeutet, in den zuerst angeführten Literaturstellen allerdings in erster Linie auf die Produkt(herstell)kosten und zwar aus der Sicht des Konstrukteurs. Ein weiteres Lehrbuch, das aber auf jeden Fall als Lektüre empfohlen werden kann, ist das von *Ehrlenspiel, Kiewert* und *Lindemann* mit dem Titel: „Kostengünstig Entwickeln und Konstruieren“ [EKL05].

Schon seit vielen Jahren ist bekannt, dass in der Produktentwicklung bis zu 70 % der Produktkosten festgelegt werden (s. a. Richtlinie VDI 2235). Die kostenoptimale Realisierung von Produkten ist daher eine Kernaufgabe der Produktentwicklung, die grundlegende Kenntnisse der Kostenbegriffe und der Kostenrechnung erfordert.

> Das kostenorientierte Arbeiten in Konstruktion und Produktentwicklung ist entscheidend für den Unternehmenserfolg. Es gibt keine technische Aufgabe ohne Kostenaspekte.

Aus Unternehmenssicht sind grundsätzlich die Gesamtkosten eines Produktes wichtig. Dies bedeutet bei der Kostenbetrachtung die Berücksichtigung aller möglichen Kostenkategorien in allen Produktlebenszyklusphasen. Also aller Kosten, die ein Produkt während seiner gesamten „Lebenszeit“, d. h. den Phasen:

- Produktentstehung,
- Nutzung,
- Deproduktion (Entsorgung).

verursacht. Diese Lebenszykluskosten (z. B. Entwicklungskosten, Herstellkosten, Trainingskosten, Logistikkosten, Wartung- und Inspektionskosten, Rückbau- und Entsorgungskosten, etc.) dienen als Entwurfsparameter und werden in der Anforderungsliste als Zielkosten vorgegeben.

Auch, wenn der gesamte Lebenszyklus eines Produkts aus Kostensicht berücksichtigt und optimiert werden muss, sind doch die Herstellkosten bei den meisten Produktentwicklungen der dominierende Kostenfaktor. Sie werden daher bei den folgenden Ausführungen in den Mittelpunkt der Betrachtung gestellt.

Es gibt verschiedene Methoden der Kostenkalkulation. Im Maschinen- und Anlagenbau ist die sogenannte „differenzierte Zuschlagskalkulation“ üblich, Abb. 3.24. Die Her-

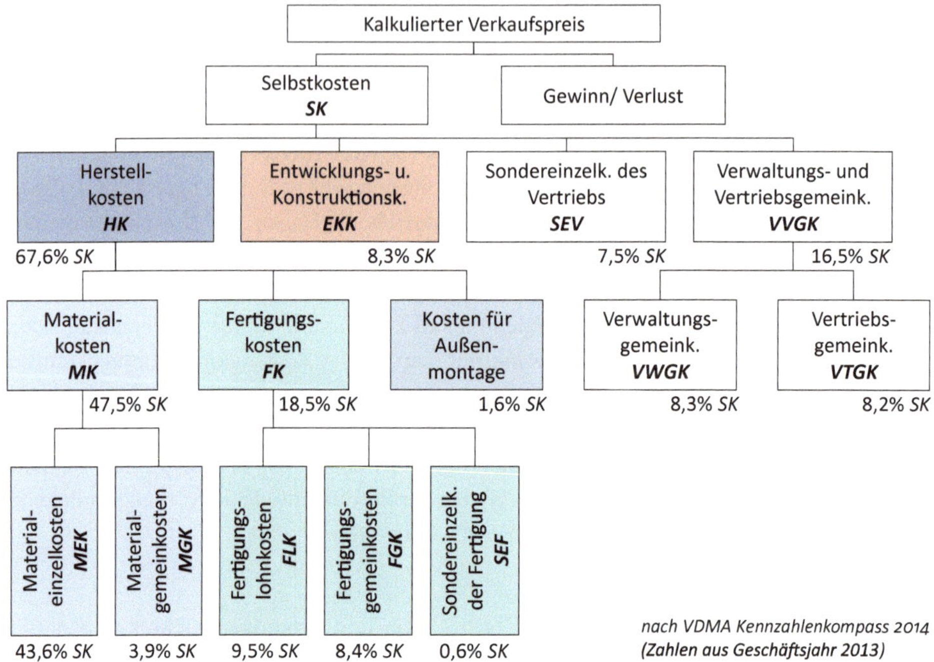

Abb. 3.24 Differenzierte Zuschlagskalkulation

stellkosten *HK* bestimmen sich hier im Wesentlichen aus den Material- und Fertigungskosten – unter Berücksichtigung der Gemeinkostenanteile. Die Entwicklungskosten *EKK* werden separat betrachtet und fließen zusammen mit den Herstellkosten über die Selbstkosten in den Verkaufspreis mit ein.

Betrachtet man die in Abb. 3.24 angegebenen durchschnittlichen Anteile der Herstell- und Entwicklungskosten an den Selbstkosten, so wird der dominierende Einfluss dieser beiden Faktoren deutlich. Mit einem Anteil von >2/3 der Selbstkosten bestimmen sie maßgeblich den minimal möglichen Verkaufspreis und beeinflussen damit auch ganz wesentlich den Erfolg des Produktes am Markt.

Schon zu Beginn einer Produktentwicklung muss es daher klare Vorstellungen von den maximal zulässigen Herstellkosten geben. Zu deren Bestimmung kann die Methode der Zielkostenrechnung (engl.: target costing) eingesetzt werden [PaBe13], die ein Vorgehen in drei Schritten beschreibt:

- Zielkosten ermitteln. Grundsätzlich sind hier die Gesamtkosten über den gesamten Produktlebenszyklus interessant. Aus den Gesamtkosten werden dann die Herstellkosten abgeleitet, die hier vorrangig interessieren.
- Zielkostenspaltung (auf Komponenten, Baugruppen oder Funktionen), um als konkrete Entwicklungsziele handhabbar zu werden.
- Zielkosten realisieren.

Im Gegensatz zur klassischen Kostenrechnung beantwortet die Zielkostenrechnung nicht die Frage: „Was wird ein Produkt kosten?“, sondern die Frage: „Was darf ein Produkt kosten?“ Der Produktpreis wird daher nicht am Ende der Entwicklung festgelegt, sondern sofort am Anfang. Er ist, meistens in Form der Herstellkosten, genauso wie technische und funktionelle Anforderungen eine eindeutige Vorgabe für den Entwickler, die es einzuhalten gilt.

Neben den klassischen Funktions-, Qualitäts- und Terminzielen der Entwicklung sind heute auch Kostenziele wichtige Vorgabeparameter, die in der Anforderungsliste dokumentiert werden. Die Kosten müssen während des Entwicklungsprozesses jederzeit transparent sein und konsequent verfolgt werden.

Um einen sinnvollen Zielpreis, d. h. wettbewerbsfähigen Marktpreis, festzulegen, wird häufig eine intensive Marktforschung betrieben. Die Vorlieben der potenziellen Kunden werden ermittelt und es wird versucht einen Zusammenhang zwischen der Produktfunktionalität und Produktqualität und dem am Markt realisierbaren Preis herzustellen. Es wird so deutlich, für welche Funktionen der Kunde bereit ist einen höheren Preis zu bezahlen und welche Produkteigenschaften ihm vielleicht zu „teuer“ sind. Die zulässigen Kosten für die verschiedenen Produktfunktionen werden so frühzeitig definiert.

Liegt nun eine klare Zielvorgabe für die Kosten, insbesondere die Herstellkosten vor, so ist der nächste Schritt die Herstellkosten während der gesamten Entwicklung transparent zu machen und konsequent zu verfolgen, um ihre Einhaltung sicherstellen zu können. Dazu werden die Kosten anhand von verschiedenen Kriterien unterschieden und in Form einer Kostenstruktur dargestellt [Ehr17, PaBe13]. Je nach Aufgabenstellung ist die Strukturierung auf eine der folgenden Arten sinnvoll:

- Kosten für Produktfunktionen. Für einen 3D-Drucker könnten das z. B. die Kosten für die Realisierung einer linearen Bewegung oder das Aufschmelzen des zu druckenden Materials sein. Konsequent auf alle Funktionen einer Maschine umgesetzt, gelangt man so zu der Funktionskostenmatrix, wie sie auch in der Wertanalyse eingesetzt wird [EKL05].
- Kosten nach Baugruppen und Komponenten. Hier bietet sich die Verwendung des Produktstrukturplans an, um eine Übersicht über die Kostenstruktur zu erhalten.
- Kosten von A-, B- und C-Teilen. Sinnvoll einzusetzen z. B. im Rahmen einer ABC-Analyse, mit dem Ziel der Kostenoptimierung bestehender Konstruktionen. Dabei werden die Aktivitäten in Abhängigkeit ihrer Bedeutung aufgeführt. A-Komponenten (sehr wichtig) werden vor B-Komponenten (wichtig) und C-Komponenten (weniger wichtig) in Bezug auf Einsparpotenziale untersucht.
- Material- und Fertigungskosten. Hier sind vielfältige weitere Analysen möglich, z. B. die Untersuchung von Fertigungskosten aus Rüst- und Einzelzeiten, die Aufteilung in Zukauf- und Eigenfertigungsteilen, etc.

Am Anfang einer Neukonstruktion wird es in den meisten Fällen sinnvoll sein, die Kosten mittels des Produktstrukturplans oder der Funktionenstruktur der zu entwickelnden Maschine zu planen. Dabei werden die zulässigen Herstellkosten, z. B. mit Hilfe der Ergebnisse des target costing oder auf Basis von Kostenstrukturen bekannter Maschinen, auf die einzelnen Funktionen oder Baugruppen verteilt.

Bei Entwicklungsbeginn werden die Kosten für einzelne Baugruppen oder Funktionen häufig nur näherungsweise abschätzbar und mit den Zielkosten abgleichbar sein. Diese Kostenschätzungen sind bei fortschreitendem Projekt immer weiter zu präzisieren und in der Kostenstruktur sichtbar zu machen. Kommt es zu Überschreitungen der Zielkosten, sind umgehend Maßnahmen zur Kostenreduktion einzuleiten.

Einfluss auf die Herstellkosten kann in allen vier Phasen des Produktentwicklungsprozesses genommen werden. Dabei ist der „Hebel“ von Maßnahmen, die in frühen Phasen eingeleitet werden generell viel größer, als zu späteren Zeitpunkten. Werden zum Beispiel unnötige oder überzogene Anforderungen frühzeitig erkannt und korrigiert oder ein kostenoptimiertes Konzept gewählt, so sind die Auswirkungen viel stärker, als durch z. B. die Wahl von optimierten Fertigungsverfahren zu erreichen ist.

Es gibt eine Vielzahl von Kosteneinflussfaktoren (s. Abb. 3.25), neben vielen anderen Aspekten gelten dabei auch die grundlegenden Regeln der Konstruktionslehre:

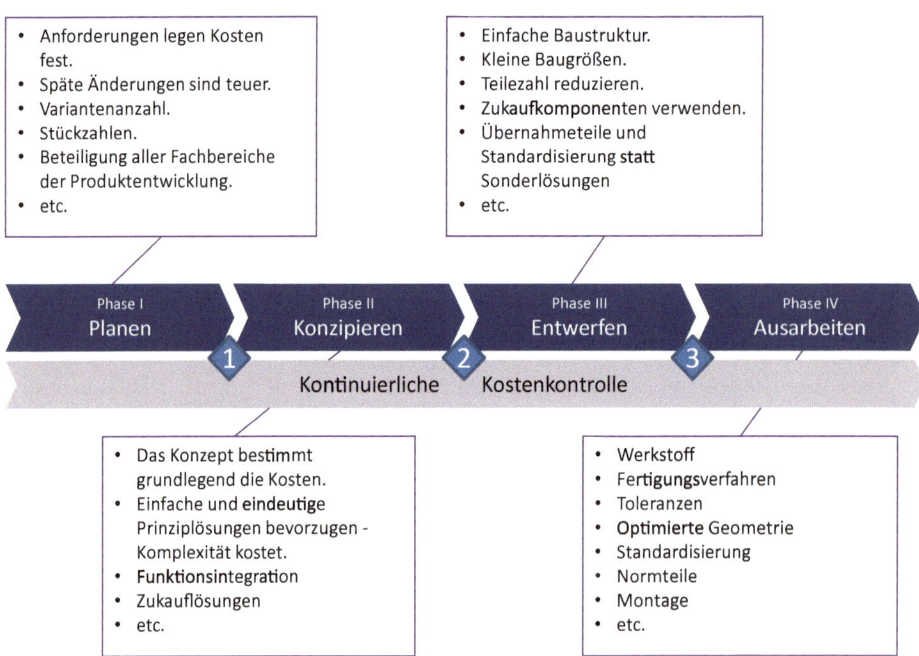

Abb. 3.25 In allen Phasen des Produktentwicklungsprozesses kann Einfluss auf die Kosten genommen werden

- Einfache und eindeutige Konstruktionen reduzieren die Komplexität und vermeiden Komplexitätskosten. Diese entstehen nicht nur bei der Herstellung, sondern auch in anderen Unternehmensbereichen, z. B. bei Qualitätsprüfungen, bei Wartung und Service (beeinflussen die Ausfallwahrscheinlichkeit) und Änderungen.
- Reduzierte Teilezahl anstreben. Jedes Teil erzeugt Kosten. Kosteneinsparungen entstehen durch vereinfachte Montage, geringere Lagerhaltungskosten (auch für Ersatzteile), weniger Prüfkosten im Qualitätswesen, etc.
- Bauteilgröße reduzieren. Weniger Materialeinsatz, weniger Bearbeitungskosten.
- Klein- und Leichtbau führen im Allgemeinen zu Kostensenkungen. Ausgenommen sind extreme Ausprägungen, wie z. B. Leichtbau für die Luft- und Raumfahrt oder extreme Miniaturisierungen.
- Stückzahlen erhöhen. Durch die Verwendung von Norm- und Zukaufteilen oder die Übernahme von Teilen aus anderen Konstruktionen (Gleichteile) sind signifikante Kosteneinsparungen zu erzielen. Kosteneinsparungen entstehen dabei unter Anderem auch durch reduzierte Entwicklungskosten.
- Geringere Toleranzanforderungen bzw. fehlertolerante Konstruktionen reduzieren die Fertigungs- und Prüfkosten.
- Einfache Wirkflächengeometrien (Ebene, Zylinder, Kegel, Sphäre) sind auch einfacher herstellbar und daher günstiger.
- Einfache Bewegungsabläufe bevorzugen. Drehbewegungen sind meistens kostengünstiger zu realisieren als Linearbewegungen.
- Funktionsvereinigung bzw. Integralbauweise kann stückzahlabhängig erheblich Kosten sparen.

Wichtiger Erfolgsfaktor für das Kostenmanagement ist, dass bereits zu Beginn der Produktentwicklung bindende Kostenvorgaben mit steuerndem Charakter für die Entwickler vorliegen. In Kombination mit einer transparenten Kostenstruktur des zu entwickelnden Produkts wird so bereits während der Entwurfs- und Konstruktionsphase überprüfbar, ob mit den geplanten Lösungen die Kostenziele erreichbar sind.

3.3.3 Qualitäts- und Risikomanagement

Qualitätsmanagement

Der Begriff „**Qualitätsmanagement**" steht im Grunde für das Ende der Entwicklung eines Prozesses, an dessen Beginn die **Qualitätsprüfung** stand. Letzteres hatte zum Ziel, jedes Produkt nach Fertigstellung einem genau vorgegebenen Prüfvorgang zu unterziehen und so sicherzustellen, dass alle geforderten Merkmale auch tatsächlich erfüllt werden.

Mit dieser kurzen Einleitung werden zwei elementare Fragestellungen des ursprünglich als **Qualitätssicherung** bezeichneten Vorgangs angesprochen:

- Was ist überhaupt **Qualität**?
- Wo beginnt eigentlich der Weg, der zu dem Ziel „gesicherte Qualität" führt?

Zum ersten Punkt kann gesagt werden, dass „Qualität" kein absoluter Begriff ist. Sie ist vielmehr das Ergebnis eines Optimierungsprozesses, der durch den Anspruch (des Kunden) einerseits bestimmt wird und andererseits durch den Aufwand (Kosten) den der Hersteller betreiben muss, um diesem Anspruch genügen zu können. Das Ganze läuft also auf eine Vereinbarung zwischen Kunde und Lieferant hinaus, in der die anzustrebende Qualität und der dafür erforderliche Preis genau festgelegt werden.

Den zweiten Punkt zu erörtern, erfordert einen erheblich größeren Aufwand, es läuft nämlich darauf hinaus, die Entwicklungsgeschichte des Qualitätsmanagements (QM) möglichst vollständig zu beschreiben. Da dies in diesem Rahmen viel zu aufwändig wäre, können nur die wichtigsten Aspekte des QM erörtert werden. Eine fundamentale Erkenntnis, sozusagen der Auslöser der Entwicklung ist der Satz:

Qualität kann man nicht herbeiprüfen, man muss sie herstellen!

Damit wird klar, was das Qualitätsmanagement leisten soll. Es müssen Maßnahmen ergriffen werden, beginnend mit der Ermittlung der Markt-/ Kundenforderungen über die Konstruktion und Fertigung bis zur Endabnahme, die sicherstellen, dass die Eigenschaften des Produktes reproduzierbar gewährleistet werden. Ein Teil dieser Maßnahmen wird durch die Methoden unterstützt, die bereits in Abschn. 2.1 beschrieben wurden. Der Vollständigkeit halber sei auf das Lehrbuch von *Pfeifer* [Pfe96] und noch einmal auf die Richtlinie VDI 2247 verwiesen, außerdem auf die Normen ISO 9000:2005, 9001:2008 und 9004:2009, zusätzlich noch die ISO 10006:2003, die speziell für das Projektmanagement verfasst wurde.

In den Normen der Reihe 9000 werden acht Grundsätze beschrieben, die für das erfolgreiche Leiten und Lenken einer (betriebsinternen) Organisation im Hinblick auf die Qualität zu beachten sind. Die wichtigsten Aspekte sind:

- Alle am Prozess beteiligten Personen müssen wissen, wofür sie stehen und die Verantwortung dafür übernehmen.
- Das Unternehmen muss sowohl den Kunden als auch die Lieferanten in die Prozesskette einbeziehen.
- Eine ständige Verbesserung bzw. Anpassung der Organisation ist kein Zeichen für ein fehlerhaftes Konzept, sondern Bestandteil des Systems.

Zusammenfassend und zur Verdeutlichung der Struktur des Qualitätsmanagements können die zwei folgenden Bilder dienen. Die Abb. 3.26 zeigt die „Bausteine“, aus denen es zusammengesetzt ist.

Am Beginn steht die **Qualitätsplanung**, mit der Erfassung der Kundenwünsche, gegebenenfalls unterstützt durch QFD und/oder ein Lastenheft (Checkliste), wodurch zunächst die formale Vollständigkeit der Anforderungen sichergestellt wird. Deren inhaltliche Vollständigkeit und die Verständlichkeit sind für die Erstellung des Pflichtenhefts, das für den Auftragnehmer maßgeblich ist, notwendig.

Die **Qualitätslenkung** muss gewährleisten, dass der Prozess den Vorgaben gemäß abläuft und das vorgegebene Ziel erreicht wird. Das geschieht durch die Erfassung der tatsächlich erreichten Werte und durch die Veranlassung von Korrekturen bei der Feststellung von Abweichungen. Außerdem besteht zwischen Änderungsmanagement und Qualitätslenkung eine direkte Verbindung. Hier ist aber in erster Linie die Änderung oder Ergänzung von Anforderungen gemeint, die im Laufe einer Auftragsabwicklung immer wieder vorkommen können.

Die Abb. 3.27 dient dazu, die Zusammenhänge, insbesondere das Prozessmodell des **Qualitätsmanagementsystems**, noch deutlicher zu machen.

Die Grundsätze der ISO 9000 legen nahe, dass die Aktivitäten des Qualitätsmanagements prozessorientiert gesehen werden müssen. Die zahlreichen Prozesse, die innerhalb eines Qualitätsmanagementsystems erforderlich sind, unterscheiden sich je nach Branche, Unternehmen und Produkt. Deshalb wird das Modell, nach dem die Prozesse ablaufen sollen, durch die Norm nur relativ allgemein beschrieben.

Der Hauptprozess „Produktrealisierung“ hat als Eingangsgröße die Kundenforderungen und als Ausgangsgröße das Produkt. Die Beschaffenheit des Produkts und auch die Zufriedenheit des Kunden wird im Hauptprozess „Messung, Analyse und Verbesserung“ ausgewertet. Die Ergebnisse hieraus bilden die Grundlage für die Managementaufgabe „Verantwortung und Leitung“. Hier werden die Entscheidungen getroffen, die durch das „Management der Ressourcen“ umgesetzt werden müssen. Dies beinhaltet die Bereitstellung von Personal und die Schaffung der notwendigen Infrastruktur.

Der in Abb. 3.27 dargestellte Kreislauf der Hauptprozesse wird in der Regel wiederholt durchlaufen und so das Qualitätsmanagementsystem ständig verbessert.

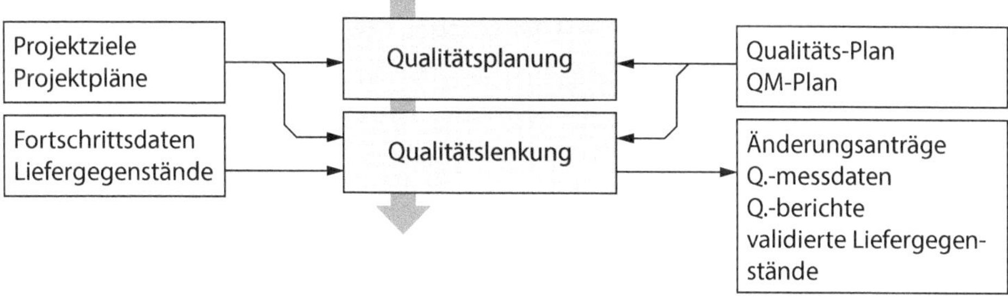

Abb. 3.26 Prozesse des Qualitätsmanagements. [Jak15]

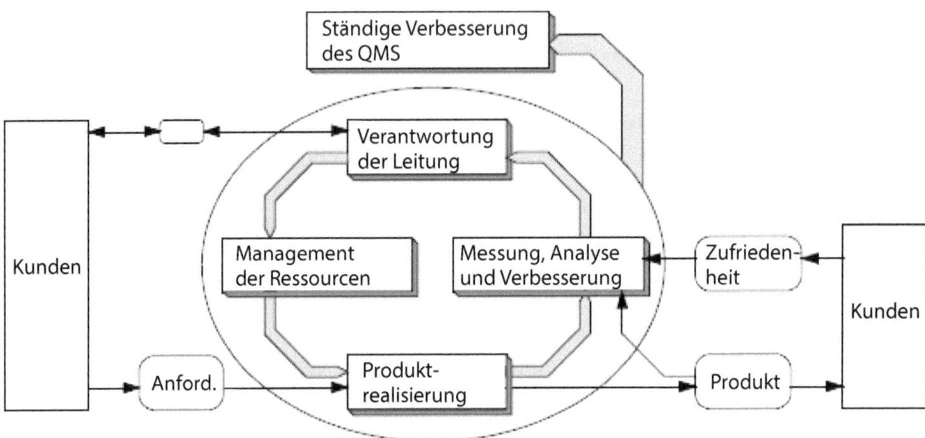

Abb. 3.27 Das QM-Prozessmodel.l [Jak15]

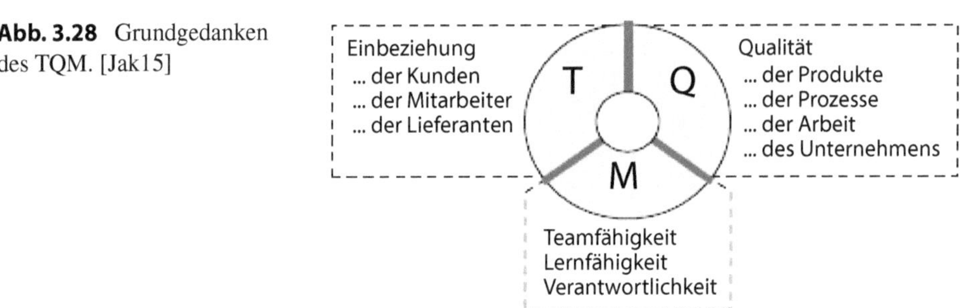

Abb. 3.28 Grundgedanken des TQM. [Jak15]

Über das Qualitätsmanagement hinausgehende Ansätze haben zu einer umfassenderen Sichtweise geführt. Unter dem Begriff „Total Quality Management" (TQM) werden sie zusammengefasst. Es handelt sich dabei nicht um ein System neuer Methoden und Werkzeuge, sondern um die Beschreibung der umfassenden Zielsetzung. Diese geht so weit, außer den Ansprüchen des Kunden auch die der Mitarbeiter, Lieferanten und der Führungskräfte des Betriebes zu berücksichtigen, ja sogar die des Umfeldes und der Gesellschaft (s. Abb. 3.28).

Natürlich hängt der Aufwand, der für die Qualitätssicherung betrieben werden muss, von der Art, Größe und Komplexität des zu erzeugenden Produktes ab. Ein kleiner Einblick über diesen Zusammenhang kann in Abschn. 7.5.1 unter der Überschrift „Sicherheit" gewonnen werden.

Risikomanagement

Wenn man unter dem Begriff „**Risikomanagement**", wie in der Literatur gelegentlich beschrieben, den planvollen Umgang mit Risiken versteht, begibt man sich auf dünnes Eis. Denn ein Risiko ist ja dadurch definiert, dass es eine so genannte **Eintrittswahrscheinlichkeit** für ein bestimmtes Ereignis gibt. Einerseits, wenn diese klein ist, gerät man in die

Nähe des **Zufalls**, den zu planen schier unmöglich erscheint. Andererseits, will man sich bestmöglich absichern, sind dazu umfangreiche (kostenträchtige) Maßnahmen erforderlich, die unter Umständen den Erfolg (Ertrag) eines Vorhabens infrage stellen. Zusammenfassend lässt sich aber sagen:

Kein (lohnendes) Projekt ist ohne Risiko, weil es keine Chance ohne Risiko gibt!

Etwas volkstümlicher ausgedrückt: „Wer nicht wagt, der nicht gewinnt" (deutsches Sprichwort) oder wie es im englischsprachigen Bereich heißt: „no risk, no fun". Für die weitere Betrachtung ist es passend, das englische Verb „to manage" aufzugreifen, das u. a. übersetzt wird als „umgehen mit", Risikomanagement bedeutet also, mit Risiko umgehen (zu können) und das auch noch planvoll, wie es eingangs ja bereits erwähnt wurde.

Der Risikomanager muss also einen Plan haben, der ihm hilft, seine Aufgabe trotz der angedeuteten Unsicherheiten zu bewältigen. Da hilft es, wie so häufig, einen Blick in das Angebot an Normen und Richtlinien zu werfen. Mit der ISO 31000:2009 in der das Risikomanagement als eine Führungsaufgabe beschrieben wird, die dazu dient, Risiken zu identifizieren, zu analysieren und zu bewältigen, wird ihm/ihr eine Anleitung zuteil.

Die aus der Norm zitierte Vorgehensweise macht klar, dass es sich um einen Prozess handelt, in dem jeder Schritt Informationen liefert, die im darauf folgenden genutzt werden. Das wird in Abb. 3.29 anschaulich dargestellt.

Natürlich ist auch hier die Möglichkeit eines schleifenförmigen Vorgehens (Iteration) in Betracht zu ziehen. Das Bild, in dem der Prozess aus vier Einzelschritten besteht, bedarf aber einer näheren Erörterung, damit es besser verstanden wird. Es sind nämlich in der Literatur auch Beschreibungen zu finden, die sechs Schritte erwähnen, im Einzelnen handelt es sich um:

- Identifikation, damit Art und Ursache des Risikos erkannt und beschrieben werden können,
- Analyse der Eintrittswahrscheinlichkeit, meist mithilfe von statistischen Betrachtungen,
- Bewertung, damit die Auswirkung des einzelnen Risikos auf das Vorhaben beziffert werden kann und dadurch eine Rangfolge erkennbar wird,
- Bewältigung/Beherrschung, bei der darüber nachgedacht wird, wie man die Eintrittswahrscheinlichkeit eines Risikos vermindern kann oder mit welchen Maßnahmen man seinen Eintritt oder die Folgen verhindert,
- Überwachung, in der mithilfe von vorab festgelegten Indikatoren ein so genanntes Frühwarnsystem einrichten kann,
- Dokumentation, eigentlich in jedem organisierten Managementprozess unerlässlich.

Eine Risikobetrachtung ist aber nicht nur bei umfangreichen Vorhaben, wie z. B. bei der Entwicklung eines neuen Produkts, nützlich. Es ist vielmehr im Prinzip bei jeder Art

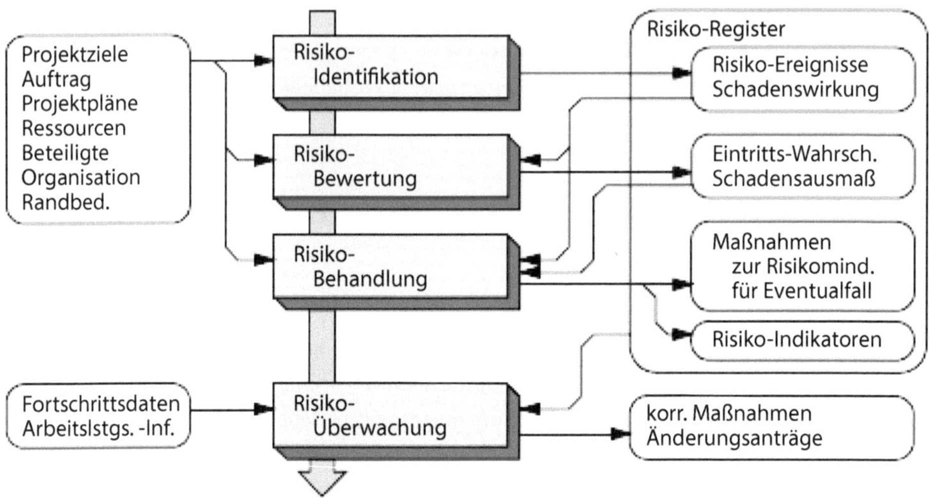

Abb. 3.29 Der Prozess des Risikomanagements. [Jak15]

von Projekten empfehlenswert, dieses Instrument zu benutzen. Deshalb wird es in Abschn. 3.3.1 im Zusammenhang mit der Projektplanung auch besonders erwähnt. Einzelheiten, die für die Praxis interessant sind, werden in Abschn. 7.5.1 am Beispiel eines 3D-Druckers erläutert.

Beim Entdecken von möglichen Risiken werden an die Fantasie eines Managers hohe Anforderungen gestellt. Es geht ja darum, sich oft weit im Voraus vorstellen zu müssen, wo genau die Gefahren für ein Vorhaben lauern bzw. wo sie gezielt gesucht werden müssen, damit ihnen wirksam entgegengetreten werden kann. Es gibt eine Reihe von offensichtlichen Risiken, die immer wieder auftreten: Ausfall von Mitarbeitern (Kündigung, Versetzung, Krankheit), unterschätzte technische Probleme, Zwischenfälle bei Prozessabläufen oder Kooperationen, Lieferschwierigkeiten, unterschätzter Aufwand bei Arbeitsinhalten und/oder vergessene Anforderungen. Besonders tückisch sind Anforderungen, die der Kunde für selbstverständlich hält und sie deshalb nicht weiter erwähnt. Sehr häufig lauern aber auch unerkannte Risikoquellen, die deshalb überraschend auftauchen und schnelles Handeln erfordern. Auf der Suche danach ist es ratsam, sich an den Zielen des Vorhabens zu orientieren, z. B. mit der Frage: „Was ist denkbar, wodurch das Erreichen des Zieles verzögert oder verhindert werden kann?". In diesem Zusammenhang ist es auch hilfreich, sich an die Systemtechnik zu erinnern und die Gesamtaufgabe als System darzustellen und zu analysieren. Die Risiken lassen sich dann mit den folgenden Fragen aufspüren:

- Wie ist das Gesamtsystem definiert?
- Wo sind seine Grenzen?
- Aus welchen Teilsystemen setzt es sich zusammen?
- Wie treten diese in Beziehung zueinander?
- Welche Ein- und Ausgangsgrößen gibt es?

Ein Teil dieser Überlegungen findet sich auch in Abschn. 7.1 wieder, wo im Zusammenhang mit dem 3D-Drucker die Informationsbeschaffung und das Aufstellen einer Anforderungsliste beschrieben wird.

Oft ist es auch von Nutzen, darüber nachzudenken, welche Ziele **nicht** erreicht werden sollen oder können, um so Risiken zu vermeiden. Es kommt nämlich oft vor, dass im Übereifer Dinge erledigt werden, die eigentlich gar nicht erforderlich sind. Hohes Risikopotenzial tragen Änderungswünsche, die zu einem späten Zeitpunkt in das Vorhaben eingebracht werden. Das hat schon viele Projekte, vor allem im Bereich der öffentlichen Hand, viel zu teuer werden lassen oder zu ihrem Scheitern beigetragen.

3.3.4 Normung und Patente

Normung

Die Definition für den Begriff „**Norm**" kann aus der entsprechenden Literatur entnommen werden, sie lautet:

> Eine Norm ist ein Ordnungsmittel, das auf bewährten Lösungen beruht und die Wahrnehmung von wiederkehrenden Aufgaben erleichtert.

Eine der Regelungen dieser Art war die Einführung des metrischen Maßsystems, das ab 1793 vom nachrevolutionären Frankreich ausging und sich relativ schnell über den gesamten europäischen Kontinent verbreitete. Es hat allerdings schon in der Antike Bemühungen gegeben, vor allem Gewichte, Längen- und Hohlmaße zu vereinheitlichen, was hauptsächlich den Handel mit Waren betraf. Mit wachsender Bedeutung und Verbreitung von Technologie, zunächst auf handwerklicher Basis, dann mehr und mehr industriell, wurde auch der Bedarf an einheitlichen Regeln größer. Bereits 1869 veröffentlichte der VDI ein Normenprofilbuch für Walzeisen. Schließlich wurde 1917 der **Normenausschuss** der deutschen Industrie gegründet, der es sich zunächst zur Aufgabe machte, die wachsende Anzahl der bis dahin sehr individuell gestalteten Maschinenelemente zu vereinheitlichen, d. h. zu normieren. Schon bald entstand der Begriff „**DIN**", der „Deutsche Industrie-Norm" bedeutete und heute als „Deutsches Institut für Normung" verwendet wird. Das erste **Normblatt**, DIN 1, wurde 1918 herausgegeben und betraf die Vereinheitlichung von Kegelstiften, inzwischen ist die Zahl der Normen auf über 33.000 angewachsen.

Obwohl Normblätter durch ihre Erscheinungsform einen sehr offiziellen Eindruck vermitteln, stellen sie lediglich Empfehlungen dar, die durch freiwillige Arbeit in Normenausschüssen entstehen. Normen haben keinen Gesetzescharakter, sie können aber bei Rechtsstreitigkeiten eine entscheidende Bedeutung erlangen. Es hat sich also bewährt, diese Empfehlungen bei der Entwicklung von Erzeugnissen zu berücksichtigen. Normen (wie auch VDI-Richtlinien) betreffen nicht nur Bauteile oder einfache Sachverhalte, sondern geben auch Hinweise für die Durchführung von Arbeitsprozessen. Insofern ist es, besonders für den Anfänger ratsam, sich mit ihrer Hilfe darüber zu informieren, welche Erkenntnisse bereits existieren, bevor er/sie eine Aufgabe angeht. Zu diesem Zweck kann auf der Webseite des DIN recherchiert werden oder beim DITR (Deutsches Informationszentrum für technische Regeln im DIN). Außer den nationalen Normen des DIN gibt es auf internationaler Ebene die ISO (International Organization for Standardization) und die EN (Europäische Norm), die in Übereinstimmung mit dem CEN (Europäisches Komitee für Normung) entsteht. Die Kurzzeichen können auch in Kombination auf den entsprechenden Normblättern verwendet werden, z. B. DIN EN oder DIN EN ISO, hinzu kommt die individuell zugeordnete Nummer.

Es existieren unterschiedliche **Arten von Normen**, deren Aussagen sich auch überschneiden können:

- **Grundnorm** – umfasst meist ein größeres Gebiet und kann als Basis für andere Normen dienen.
- **Terminologienorm** – legt Benennungen und Definitionen fest.
- **Prüfnorm** – beschreibt Prüfverfahren und deren Durchführung.
- **Produktnorm** – betrifft Spezifikationen von Produkten, deren Eigenschaften und Erscheinungsform.
- **Verfahrensnorm** – legt Anforderungen fest, die durch Verfahren erfüllt werden müssen, um die Gebrauchstauglichkeit sicher zu stellen.
- **Dienstleistungsnorm** – Betrifft in der Regel Gebiete der Logistik, Informationstechnik, Versicherungen, Banken oder Handel.
- **Schnittstellennorm** – stellt das Funktionieren von Verbindungsstellen zwischen Produkten und/oder Systemen sicher.
- **Deklarationsnorm** – bestimmt, welche Daten für die Beschreibung von Produkten, Prozessen oder Dienstleistungen angegeben werden müssen.
- **Fachbereichsnorm** – betrifft speziell abgegrenzte Fachbereiche.
- **Werksnorm** – ist für innerbetrieblichen Gebrauch bestimmt, gegebenenfalls auch für Zulieferer.

Der **Nutzen von Normen** kann volkswirtschaftlicher, unternehmerischer und/oder gesellschaftlicher Natur sein. Sie erleichtern die Rationalisierung innerhalb eines Unternehmens und die Zusammenarbeit von Unternehmen untereinander, auch im internationalen Rahmen (Abbau von Handelshindernissen). Der einzelne Konsument gewinnt eine größere Sicherheit, wenn er davon ausgehen kann, dass ein Produkt nach anerkannten Regeln (der Technik) hergestellt worden ist. Außerdem ist in einer Studie des DIN festgestellt worden, dass Normen die technische Innovation stützen und fördern, sie helfen außerdem, neue Märkte zu erschließen. Schließlich dienen sie dazu, die Qualität und die Sicherheit von Produkten und Prozessen zu steigern.

Normen gehen, wie bereits erwähnt, aus der Aktivität von Normenausschüssen hervor, die vom DIN e. V. auf nationaler Ebene organisiert werden. Das DIN ist also ein privatwirtschaftlicher Verein, der auf der Basis eines Vertrages mit der Bundesrepublik Deutschland agiert. Das Verfahren, nach dem die Erarbeitung (und Bearbeitung) von Normen abläuft, ist nach bewährten Erkenntnissen und Normungsgrundsätzen geregelt. Es beruht auf Freiwilligkeit, Konsens, Widerspruchsfreiheit und dem Stand von Wissenschaft und Technik. Als Gemeinschaftsaufgabe kann die Normung nur funktionieren, wenn alle davon betroffenen Kreise wie Industrie, Handel, Handwerk, Verbraucher, öffentliche Hand und Forschung einbezogen werden und sich aktiv daran beteiligen. Die Teilnahme an der Arbeit der Normenausschüsse durch Mitarbeiter von Unternehmen ist deshalb ausdrücklich zu fördern.

Schutzrechte

Im Gegensatz zu den Normen (und Richtlinien), die nicht für den Sondervorteil Einzelner angelegt sind, sollen Schutzrechte genau diesem Zweck dienen. Letztere, die hauptsächlich in **Patente** und **Gebrauchsmuster** unterschieden werden, dienen sogar ausdrücklich der Wahrnehmung von Einzelinteressen der Erfinder oder Unternehmen. Bei der Erarbeitung oder Überarbeitung von Normen ist daher die aktuelle Schutzrechtssituation zu berücksichtigen.

Der Sinn von Schutzrechten liegt darin, dem oder den Erfinder(n) über eine gewisse Zeit die exklusive Nutzung seiner innovativen Idee zu gewährleisten und ihn/sie vor Nachahmern zu schützen. Darüber hinaus stellt aber die ausführliche Würdigung des Standes der Technik und die genaue Beschreibung des Schutzrechtinhaltes, die in jedem Schutzrechtsantrag erfolgen muss, auch eine wichtige Informationsquelle dar. Fremde Patente und/oder Gebrauchsmuster können der Nutzung eigener Entwicklungsergebnisse entgegenstehen. Aus diesem Grund besteht eine bedeutsame Aufgabe für einen Konstrukteur unter Umständen darin, mithilfe eigener Ideen, die Schutzrechte anderer zu umgehen, um dadurch auf demselben Gebiet erfolgreich tätig werden zu können.

Die qualifizierte Beschäftigung mit den Abläufen, die zur Erlangung eines Schutzrechtes erforderlich sind, bedingen eine umfassende Kenntnis der Rechtssituation. In der Regel muss deshalb ein Patentanwalt zu Rate gezogen werden, weil ein Produktentwickler, gleich welcher fachlichen Ausrichtung, auf diesem Gebiet schnell an seine Grenzen stößt. Hinzu kommen Überlegungen, ob überhaupt ein Schutzrecht angestrebt werden soll, immerhin ist sein Erwerb mit erheblichem Aufwand an Kosten und Zeit verbunden und seine Laufzeit ist begrenzt. Manche Unternehmen haben deshalb schon öfter auf ein Schutzrecht verzichtet, um einen Wettbewerbsvorteil dadurch wahrzunehmen, dass sie mit einer neuen Idee schneller auf dem Markt agieren konnten (Überraschungseffekt).

Der gewerbliche Rechtsschutz ist ein Teilbereich der Rechte, die zum umfangreichen Gebiet des Schutzes von geistigem Eigentum gehören, er beschränkt sich auf gewerblich nutzbare Innovationen. Abhängig von ihren Eigenarten werden die gewerblichen Schutzrechte den folgenden Kategorien zugeordnet:

- Patente und Gebrauchsmuster,
- Form- und Geschmacksmuster,
- Kennzeichen für Waren, Dienstleistungen und Unternehmen als Markenschutz.

Patente werden nach **Erzeugnissen** und **Verfahren** unterschieden, sie müssen gewerblich verwertbar sein, auf erfinderischer Tätigkeit beruhen und dem Anspruch der **Neuheit** genügen. Es ist Bedingung, dass in der **Patentschrift** die **Ansprüche** exakt formuliert werden, die in Haupt- und Nebenansprüche aufgeteilt sein können. Die Beschreibung eines Anspruchs beginnt immer mit der Formulierung: „gekennzeichnet dadurch, dass …"

Mit der Erteilung eines Patentes (nach eingehender Prüfung) durch das Deutsche Patent- und Markenamt (DPMA), erwirbt der Patentinhaber eine Fülle von Rechtsansprüchen gegenüber einem so genannten „Verletzer". Die Laufzeit von Patenten beträgt 20 Jahre unter der Voraussetzung, dass die jährlich anfallenden Gebühren fristgerecht entrichtet werden. Die Höhe diese Gebühren wächst zum Ende der Laufzeit progressiv.

Gebrauchsmuster sind so genannte „kleine Erfindungen", zu deren Erwerb die Anforderungen im Vergleich zum Patent geringer sind, z. B. in Bezug auf die Neuheit. Die Erteilung eines Gebrauchsmusters erfolgt in der Regel schneller und zu geringeren Kosten, die Laufzeit beträgt allerdings auch nur 10 Jahre. Verfahren können mit einem Gebrauchsmuster nicht geschützt werden. Die Anmeldung muss ebenfalls beim DPMA erfolgen wo auch die Registrierung vorgenommen wird.

Geschmacksmuster betreffen in der Regel dekorative oder ästhetische Aspekte von Erzeugnissen, sie sind in technologischer Hinsicht von geringer Bedeutung (ggf. beim Design).

Im Lehrbuch von *Pahl/Beitz* [PaBe13] wird das Gebiet der Normen und Schutzrecht, auch in Verbindung mit Literaturhinweisen, ausführlich behandelt. Einige Hinweise, im Zusammenhang mit der Neuentwicklung eines 3D-Druckers befinden sich in Abschn. 7.2.1 mit der Beschreibung der Informationsbeschaffung.

3.3.5 Änderungsmanagement

Jedes Unternehmen, das Güter produziert, ist gut beraten, wenn es eine Dokumentation über deren Eigenschaften und ihren Werdegang besitzt. Insbesondere bei technischen Erzeugnissen ist es wichtig, den Produktlebenslauf nachvollziehbar festzuhalten, damit jederzeit eine Kontrolle ausgeübt werden kann. Das ist nicht nur für die seit einiger Zeit obligatorische Produkthaftung erforderlich, sondern auch wichtig, um ein **Änderungsmanagement** betreiben zu können. Letzteres ist nämlich inzwischen ein sehr wichtiger und, je nach Größe des Unternehmens sehr umfangreicher Prozess, der innerbetrieblich über Bereichsgrenzen und mehr und mehr auch über die Grenzen des Betriebes und sogar des Landes hinweg funktionieren muss.

Durch die vorstehenden Hinweise wird deutlich, dass der ursprünglich innerbetriebliche Vorgang, der als **Änderungsdienst** bezeichnet wurde und sich auf technische Zeichnungen und Stücklisten beschränkte, inzwischen zu einer umfangreichen Managementaufgabe geworden ist. Mit Sicherheit sind auch fast überall die Schubladenschränke, in denen die Originale verwahrt wurden, durch Datenbanksysteme ersetzt worden.

Die Gründe, warum Änderungen an einem Produkt und damit auch an seiner Dokumentation vorgenommen werden sind zahlreich, hier die wichtigsten:

- **Optimierung der Konstruktion** – Änderungen an den konstruktiven Merkmalen eines Produkts, zur Verbesserung einer oder mehrerer Funktionen, zur Beseitigung von Qualitätsmängeln und/oder um die Herstellkosten zu senken.
- **Neue Forderungen von Kunden oder des Marktes** – erfordern Änderungen, um das Produkt diesen Wünschen anzupassen und/oder neue Marktsegmente zu erschließen.
- **Optimierung der Fertigung** – es wird durch konstruktive Änderungen ermöglicht, dass neue Fertigungsverfahren zum Einsatz kommen, Montagevorgänge erleichtert werden und Prüfvorgänge besser durchgeführt werden können.
- **Neue Lieferanten** – verschafften dem Unternehmen mehr Möglichkeiten, in Preisverhandlungen erfolgreicher zu agieren und damit die Produktionskosten günstiger zu ge stalten. Das erfordert unter Umständen, die Spezifikationen neu zu formulieren und zu dokumentieren.
- **Auslauf von Zulieferteilen** – entstehen aus technologischen oder logistischen Gründen Engpässe in der Versorgung, ist das Änderungsmanagement gefordert, die notwendigen Schritte in die Wege zu leiten.
- **Verlagerung von Produktionsstandorten** – bedeutet nicht unbedingt Änderungen an den Bauteilen oder -gruppen des Produktes. Es muss aber geprüft werden, insbesondere bei internationalen Kooperationen, ob die geforderten Qualitäts- und Sicherheitsstandards eingehalten werden können.

Vielleicht ist es angebracht, in diesem Zusammenhang eine alte Volksweisheit zu zitieren:

> Nicht jede (Ver-)Änderung ist eine Verbesserung, aber um etwas zu verbessern muss man etwas (ver-)ändern.

Unabhängig davon, wie groß der Umfang einer Änderung ist, werden in der Regel die Produktdaten und -dokumente angepasst, was bedeutet, dass größere Mengen von EDV-Aktivitäten erforderlich sind (CAD-Zeichnungen, CAM-Modelle, Artikelstammdaten, Stücklisten, Dokumente der Arbeitsvorbereitung, usw.).

An einem Beispiel sollen die Auswirkungen einer technisch einfachen Änderung verdeutlicht werden. In unserem Fall kam es zu Kundenreklamationen am Bauteil eines in mittleren Serien (1000 St./a) hergestellten Produktes, Abb. 3.30. Das Bauteil, bisher aus einem preiswerten Baustahl hergestellt, zeigt in einer Anzahl von Fällen Korrosionsschäden und soll zur Problembehebung geändert werden.

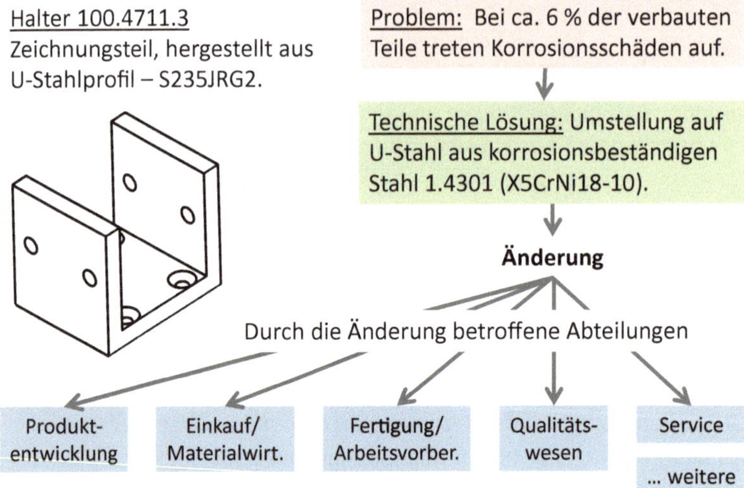

Abb. 3.30 Reine Werkstoffumstellung an einem Bauteil ohne weitere Änderungen

Technisch gesehen kann das Problem sehr einfach durch den Einsatz eines nichtrostenden Stahls ohne Geometrieänderungen behoben werden. Eine Zeichnungs – und Stücklistenänderung, die in wenigen Minuten erledigt ist. Aber welche Aktivitäten werden in den verschiedenen Unternehmensbereichen hierdurch ausgelöst und wie wird die der Änderungsprozess im Unternehmen bewältigt?

Bevor wir das Management des Änderungsprozesses genauer betrachten, werden im Folgenden zuerst einmal die Auswirkungen in den verschiedenen Unternehmensbereichen näher beleuchtet. Ziel: Ein besseres Verständnis der notwendigen Abläufe und der häufig als sehr bürokratisch empfundenen Verfahren.

3.3.5.1 Produktentwicklung/Konstruktion

- Änderung der technischen Zeichnung. Vergabe eines neuen Änderungszustands.
- Bearbeitung der Artikelstammdaten – z. B. im ERP-System (s. a. Abschn. 3.3.6). Anlegen einer neuen Revision (Änderungszustand) des Artikels (Anlage einer neuen Artikelnummer ist nicht notwendig, da die beiden Teile vollständig kompatibel sind.).
- Änderung der Stückliste. Aktivsetzung der Stückliste für die Fertigung sobald die Verfügbarkeit der neuen Teile sichergestellt ist und die Teile vom Qualitätswesen freigegeben wurden.

3.3.5.2 Einkauf/Materialwirtschaft

- Klärung der vorhandenen Lagerbestände bzw. der laufenden Lieferantenaufträge. Klärung, ob die vorhandenen Teile noch verbaut werden können bzw. was mit den vorhandenen Teilen geschehen soll (ggf. Verschrottung).
- Klärung neuer Preise und Lieferzeiten → Verfügbarkeit für die Fertigung. Bestimmung der geänderten Herstellkosten.

- Gegebenenfalls Umstellung der laufenden Aufträge auf den neuen Änderungszustand der Komponente.
- Gegebenenfalls Einrichtung eines neuen Lagerplatzes.

3.3.5.3 Qualitätswesen

- Information über die Änderung. Prüfung, ob die Wareneingangsprüfung angepasst werden muss.
- Klärung, ob bei Reklamationen die Maschinen mit den neuen Teilen umgerüstet werden oder eventuell sogar alle im Markt befindlichen Maschinen nachzurüsten sind.
- Prüfung von Freigabemustern.

3.3.5.4 Fertigung/Arbeitsvorbereitung

- Information über die Änderung. Gegebenenfalls Umstellung des Fertigungsverfahrens, Beschaffung neuer Werkzeuge, etc.
- Sicherstellen, dass die geänderten Teile ab dem definierten Umstellungstermin ausschließlich verwendet werden.
- Dokumentation ab welcher Seriennummer die neuen Komponenten eingesetzt werden, damit die Änderung nachvollziehbar wird.

3.3.5.5 Service

- Information über die Änderung. Gegebenenfalls Anpassung von Serviceunterlagen.
- Information von Servicemitarbeitern und gegebenenfalls auch Distributoren bzw. Vertriebspartnern.
- Gegebenenfalls Kunden kontaktieren und Nachrüstung avisieren.

Die genannten Punkte verstehen sich beispielhaft und können je nach Unternehmensorganisation und den intern definierten Abläufen abweichen, machen aber deutlich welche Aufwände selbst bei kleinen Änderungen entstehen. Weiterhin wird deutlich, dass jede Änderung unter Umständen erhebliche Kosten verursacht. Es wird so ganz deutlich, dass jede Änderung einen Freigabeprozess durchlaufen muss (Abb. 3.31) und das Änderungsmanagement ein sehr wichtiger Prozess im Unternehmen ist.

> Jede Änderung verursacht firmenintern erhebliche Aufwände und Kosten und muss mit großer Sorgfalt und festen Abläufen umgesetzt werden.

Das Änderungsmanagement ist zurzeit wohl in der Automobilindustrie am stärksten entwickelt. Es ist ja dort üblich, die Produkte in enger Kooperation mit Zulieferern und Entwicklungspartnern zu gestalten und zu produzieren. Als Folge betreffen Änderungen immer mehrere Unternehmen, die auf dem erforderlichen gleichen Stand der Informationen gehalten werden müssen. Das bedeutet nicht, dass alle anderen Branchen dieselben

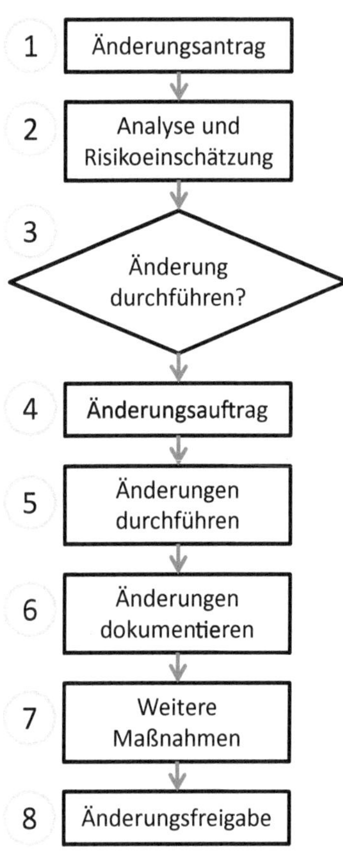

1 Der Änderungsantrag sollte in standardisierter Form mit allen notwendigen Informationen zur Änderungen gestellt werden.

2 Analyse des Änderungsantrags durch alle betroffenen Fachabteilungen (vorher zu identifizieren). Es sind die Auswirkungen, die Risiken, der Realisierungsaufwand (Ressourcen, Finanzen, Zeit,...) abzuschätzen.

3 4 Zusammenfassung der Analyseergebnisse und Risikoeinschätzungen. Entscheidung und ggf. formale Beauftragung der Änderung durch die zuständige Stelle in Form des Änderungsauftrages.

5 6 Durchführung der Änderung und erstellen der technischen Dokumentation (Stückliste, Zeichnungen, Softwareversion, CAD, etc.). Änderungen im ERP/ PDM-System eintragen (nicht freigeben!). Erstellen einer Änderungsbeschreibung, der gefundenen technischen Lösung.

7 Definieren der weiteren Maßnahmen in betroffenen Fachabteilungen und gemäß Zeitplan durchführen. Z. B. Fertigungsvorbereitung, Materialbeschaffung,...

8 Freigabe der Änderung durch die zuständigen Stellen.

Abb. 3.31 Prozessablauf eines Änderungsmanagements. (In Anlehnung an DIN 199-4 und [PaBe13])

Arbeitsweisen übernehmen müssen, es ist aber ratsam, sich zu informieren und die vorteilhaften Merkmale zu übernehmen.

Auch im Normenwesen hat das Änderungsmanagement seit einiger Zeit seinen Niederschlag gefunden. Die DIN 199-4 beschreibt die Begriffe und Grundforderungen für die Durchführung eines Änderungsprozesses und definiert das Änderungswesen als: „die innerbetriebliche Organisation und die dazugehörigen Organisationsmittel zur Änderung von Gegenständen, Unterlagen oder Teilen". Der Prozess wird in den eigentlichen Änderungsprozess, den Änderungsvorlauf und die Änderungsdurchführung aufgeteilt.

In der Praxis hat sich gezeigt, dass die Vorgehensweise des Änderungsmanagements am besten in den in Abb. 3.31 dargestellten acht Schritten erfolgen sollte. Es ist natürlich möglich, dass sich aufgrund von individuellen Besonderheiten von Produkten und Unternehmensstrukturen Abweichungen ergeben, die notwendigen Anpassungen muss dann der verantwortliche Änderungsmanager veranlassen.

Zum Schluss sei noch der Hinweis gestattet, dass man Änderungen, gleich welcher Art, nicht einfach deswegen unterlässt, weil das Risikomanagement sie für zu wenig abgesichert hält. In dem Fall muss in einem intensiven Dialog das Für und Wider sorgfältig untersucht werden.

3.3.6 Beschaffungs- und Fertigungsplanung

In diesem Abschnitt soll kurz auf die Zusammenarbeit von Produktentwicklung, Fertigung und **Materialwirtschaft** im Rahmen von Entwicklungsprojekten eingegangen werden. Vor dem Hintergrund der internationalen Konkurrenzsituation und der immer kürzer werdenden „time-to-market" hat die effiziente Kooperation dieser Fachabteilungen großen Einfluss auf die Leistungsfähigkeit eines Unternehmens.

Eigentlich ist es überflüssig, darauf hinzuweisen, dass bei der Produktentstehung die Konstruktion und die Fertigung besonders eng miteinander verbunden sind. In jedem Lehrbuch über Maschinenelemente oder Konstruktionsmethodik wird auf diesen Sachverhalt eingegangen. Außerdem kommt ja die Ingenieurausbildung ursprünglich aus der betrieblichen Praxis und auch heute noch ist es förderlich, wenn ein Konstrukteur in der Fertigung und Montage Erfahrung erworben hat. Die Zusammenarbeit zwischen den Fachabteilungen und Lieferanten muss deshalb wörtlich genommen werden, sie fängt im Idealfall mit einem persönlichen Kontakt zwischen den handelnden Personen an. Diskussion und Optimierung von Lösungsansätzen im persönlichen Gespräch ist weiterhin unersetzlich, um die verschiedenen Fachkenntnisse optimal zu nutzen und ein Verständnis für die unterschiedlichen Sichtweisen zu entwickeln.

Sollen beispielsweise für das Unternehmen neue oder deutlich veränderte Fertigungsverfahren eingesetzt werden, die sich z. B. für die Herstellung von Gehäuseteilen aus Kunststoff anstelle von Blech ergäben, so ist es wichtig Einkauf und Produktion frühzeitig einzubinden. Auch, wenn nur ein erster Grobentwurf vorliegt und Themen wie z. B. Verbindungstechnik, Materialauswahl und die Ausbildung von Details noch nicht geklärt sind. Durch die Nutzung der Kenntnisse von Einkauf, Lieferanten und Fertigung kann so ein optimierter Entwurf entstehen und es werden Iterationen vermieden.

Auf der anderen Seite hat die heutige weitgehende Integration und Kommunikation der verschiedenen Fachabteilungen mittels EDV jedoch großen Einfluss auf die Arbeitsweise. Dabei kommt der zentralen Unternehmenssoftware, dem ERP-System (ERP: Enterprise-Resource-Planning) große Bedeutung zu. Im ERP-System (wichtige Anbieter sind z. B. SAP, Oracle, Sage) werden alle oder fast alle Geschäftsprozesse des Unternehmens abgebildet und miteinander verknüpft. Typische Funktionsbereiche einer ERP-Software sind in Abb. 3.32 dargestellt.

Wichtige Funktionsbereiche einer ERP-Software aus Sicht der Produktentwicklung sind die Materialwirtschaft (Beschaffung, Zusammenarbeit mit Lieferanten), die Produktion und Produktionsplanung und die Produktentwicklung selber. Diese Bereiche greifen u. a. auf die Stammdatenverwaltung, die Stückliste sowie das **Produktdatenmanagement** (PDM) und Dokumentenmanagement zu (s. Abb. 3.33). Je nach der im Unternehmen eingeführten Software sind diese Funktionen entweder voll integriert oder werden in separaten Programmen ausgeführt, die miteinander kommunizieren. Über das Produktdatenma-

Kennzahlen und Controlling	Unternehmens-kennzahlen	Kostenstellenrechnung	Ergebnisrechnung	Produktkostenrechnung	
Rechnungswesen	Finanzbuchhaltung	Anlagenbuchhaltung	Periodenabschluss	Cash Management	
Personalwesen	Personalentwicklung	**Organisationsmanage**ment	Personalabrechnung		
Beschaffung und Logistik	Beschaffung	Zusammenarbeit mit Lieferanten	Lagerverwaltung Bestandsführung	Wareneingang und -ausgang	Transport-management
Produktentwicklung und Produktion	Produktentwicklung	**Produktions**planung	**Produktion**	Chargen	Produktlebens-zyklusmgmt.
Vertrieb und Service	**Kundenauftrags-**abwicklung	Retouren und **Reklamationen**	Außenhandel	Provisionen und Leistungsanreize	Kundendienst
Corporate Services	Immobilien-management	Projekt-management	Instandhaltung	Umwelt- und Arbeitsschutz	Qualitäts-management

Abb. 3.32 Typische Funktionsbereiche einer ERP-Software

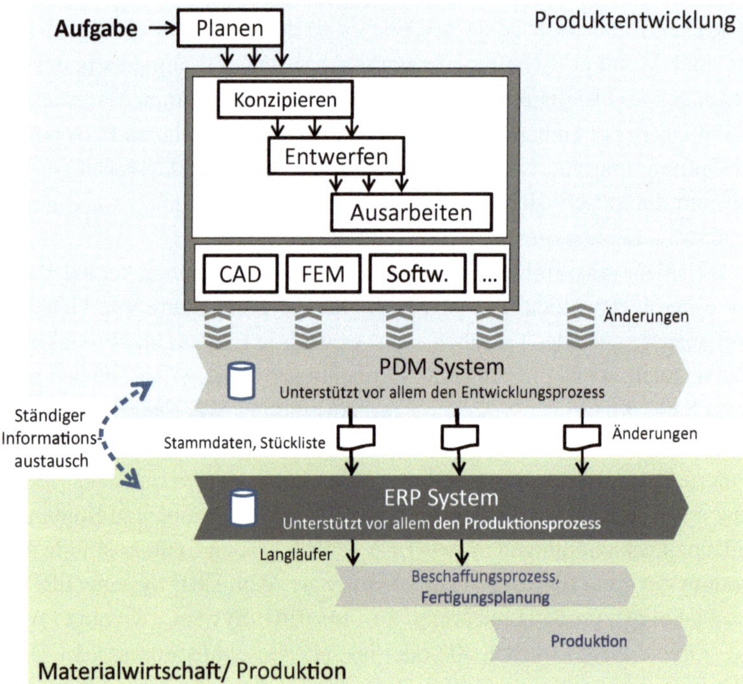

Abb. 3.33 Zusammenspiel zwischen den Fachabteilungen, ERP- und PDM-System

nagement werden die in der Produktentwicklung verwendeten Daten und notwendigen Applikationen wie CAD-Systeme, FEM-Berechnung angebunden. Es ist während des Entwicklungsprozesses die wichtige Datenbankapplikation, die den Konstrukteur bei der Umsetzung seiner Ideen unterstützt und seine Kreativität nicht einschränken soll.

Zentrale Funktion des ERP-Systems ist es dagegen, festgelegte Abläufe in Materialbeschaffung, Produktion, Buchhaltung, etc. zu unterstützen. Diese Datenbankapplikationen sind für Einkauf und Fertigung wichtig, weil in sie die Ergebnisse des Entwicklungsprozesses in Form von Stammdaten und Stücklisten eingespeist werden.

Das PDM-System ist während der gesamten Entwicklungszeit, aber auch später bei Änderungen, das für die Produktentwicklung zentrale EDV-System, in dem jede während der Entwicklung erarbeitete Version gespeichert wird. Dadurch, dass die im PDM-System gespeicherten Zustände auch für Einkauf und Produktion lesbar sind, können diese schon aktiv am Entwicklungsprozess teilnehmen bevor die fertig konstruierten Lösungen ins ERP-System übernommen werden.

Wie schon anfangs erwähnt, ist die enge Zusammenarbeit zwischen Produktentwicklung, Produktion und Materialwirtschaft sehr wichtig für einen effizienten Entwicklungsprozess. Daher erfolgt die Einbindung der Fachabteilung im Laufe der Entwicklung schon sehr früh. Sie erhalten Zugriff auf die sich in der Entwicklung befindlichen Produktdaten, können so frühzeitig schon die zu erwartende Produktstruktur erkennen und Einfluss nehmen bzw. entsprechende Vorbereitungen treffen. Insbesondere die Stückliste und die Stammdaten spielen dabei eine wichtige Rolle.

Je stärker sich dabei das zu entwickelnde Produkt von aktuellen Produkten ableitet, desto früher können Teile der Produktstruktur in eine Stückliste überführt und die entsprechenden Stammsätze angelegt bzw. zugeordnet werden. Einkauf und Fertigung können dann konkrete Maßnahmen einleiten. Wie z. B. die Beschaffung von Langläufern (Komponenten mit besonders langen Beschaffungszeiten) oder die Einrichtung von Fertigungsstraßen für Baugruppen.

Nur von der Produktentwicklung fertig konstruierte oder endgültig ausgewählte Zukaufteile werden in das ERP-System übergeben. Sobald Komponenten im ERP-System angelegt sind, können die Stammdaten dieser Komponenten von den anderen Bereichen bearbeitet und ergänzt werden. Sind die Daten vollständig gepflegt, können die Komponenten zur Beschaffung freigegeben werden.

Die notwendige enge Verknüpfung der verschiedenen Fachabteilungen kann am Beispiel der für eine einzelne Komponente im ERP-System zu hinterlegenden Stammdaten dargestellt werden (Abb. 3.34).

Zum Schluss sei noch auf die Möglichkeit hingewiesen, seine Kenntnisse auf dem Gebiet des Fertigungs- und Beschaffungsmanagements zu vertiefen. In den bereits erwähnten Lehrbüchern [PaBe13, Ehr17, EKL05] sind eine Fülle von Literaturstellen angegeben, die ein umfangreiches Selbststudium unterstützen.

3.4 Weitere Quellen

DIN-Normen (Deutsches Institut für Normung): Wiedergegeben mit Erlaubnis des DIN Deutsches Institut für Normung e. V. Maßgebend für das Verwenden der DIN-Norm ist deren Fassung mit dem neuesten Ausgabedatum, die bei der Beuth Verlag GmbH, Burggrafenstraße 6, 10787 Berlin, erhältlich ist.

VDI-Richtlinien: VDI-Verlag, Düsseldorf

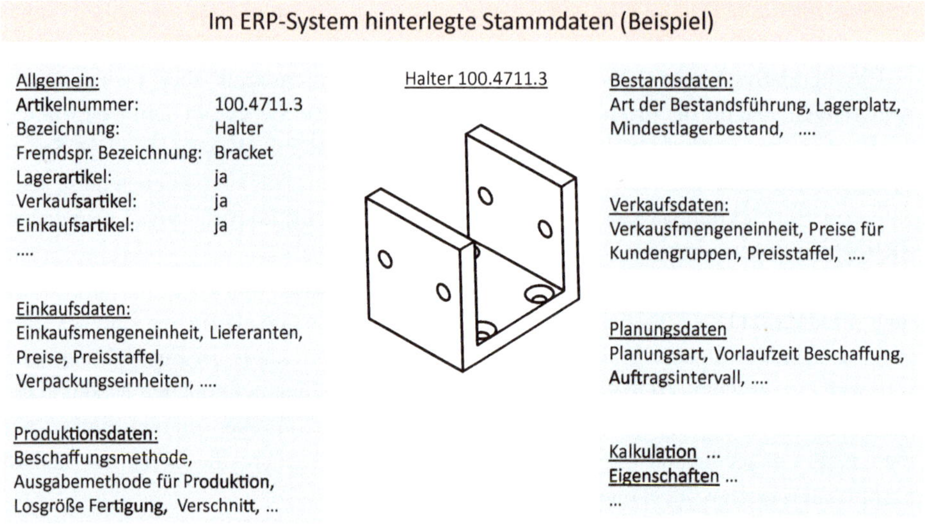

Im ERP-System hinterlegte Stammdaten (Beispiel)

Allgemein:
Artikelnummer: 100.4711.3
Bezeichnung: Halter
Fremdspr. Bezeichnung: Bracket
Lagerartikel: ja
Verkaufsartikel: ja
Einkaufsartikel: ja
....

Halter 100.4711.3

Bestandsdaten:
Art der Bestandsführung, Lagerplatz, Mindestlagerbestand, ...

Verkaufsdaten:
Verkausfmengeneinheit, Preise für Kundengruppen, Preisstaffel, ...

Einkaufsdaten:
Einkaufsmengeneinheit, Lieferanten, Preise, Preisstaffel, Verpackungseinheiten, ...

Planungsdaten
Planungsart, Vorlaufzeit Beschaffung, Auftragsintervall, ...

Produktionsdaten:
Beschaffungsmethode, Ausgabemethode für Produktion, Losgröße Fertigung, Verschnitt, ...

Kalkulation ...
Eigenschaften ...
...

Abb. 3.34 Die Stammdaten jedes Teiles bestehen aus diversen Informationen, die von verschiedenen Fachabteilungen gepflegt werden

Literatur

[Beck01] Beck, K., et al: Manifesto for Agile Software Development. https://agilemanifesto.org

[Ebe14] Ebert, C.: Systematisches Requirements Engineering, 5.Aufl. dpunkt.verlag, Heidelberg (2014)

[Ehr17] Ehrlenspiel, K.: Integrierte Produktenwicklung, 6. Aufl. Hanser, München (2017)

[EKL05] Ehrlenspiel, K., Kiewert, A., Lindemann, U.: Kostengünstig entwickeln und Konstruieren, 5. Aufl. Springer, Berlin/Heidelberg (2005)

[Jak15] Jakoby, W.: Projektmanagement für Ingenieure, 3. Aufl. Springer Fachmedien, Wiesbaden (2015)

[Nae18] Naefe, P.: Methodisches Konstruieren, 3. Aufl. Springer Fachmedien, Wiesbaden (2018)

[PaBe13] Pahl, G., Beitz, W.: Konstruktionslehre, 8. Aufl. Springer, Berlin/Heidelberg (2013)

[Pfe96] Pfeifer, T.: Praxishandbuch Qualitätsmanagement. Hanser, München (1996)

[KM18 15] Semesterarbeit im Fach Konstruktionsmethodik an der TH-Köln; Team 18: Essers, J.; Hagenkamp, J.; Kirchhoff, J.; Knispel, D.; Sezenlik, C.; Wolf, T.; Dozent: Prof. Dr. J. Luderich, SS (2015)

[Tim17] Timinger, H.: Modernes Projektmanagement, 1.Aufl. Wiley, Weinheim (2017)

4 Auswahl von Norm- und Zukaufteilen

Entwicklungen müssen heute immer mehr unter Kosten- und Zeitaspekten betrachtet werden. Sie sollen möglichst effizient zu dem angestrebten Ziel führen. Eine hohe Effizienz entsteht, z. B. durch die Nutzung von bereits Vorhandenem. Sei es durch die Übernahme von Baugruppen und/oder Bauteilen von Vorgängerprodukten oder durch den Einsatz von zugekauften Teilen oder Baugruppen.

Waren es anfangs vor allem **Normteile**, die im Maschinenbau Einsatz fanden, so geht der Trend immer mehr hin zum Einsatz von komplexeren Einheiten, die von einer Vielzahl von Anbietern kommerziell erworben werden können. Diese Komponenten, die ohne eigene konstruktive Tätigkeit zum Einsatz kommen werden im Folgenden als „**Zukaufteile**" bezeichnet. Kennzeichnend für diese Elemente ist, dass sie von darauf spezialisierten Unternehmen so entwickelt werden, dass sie in einer Vielzahl von Fällen einsetzbar sind.

Als Zukaufteile werden Teile bezeichnet, die nicht selber konstruiert, sondern fertig von Zulieferbetrieben erworben werden. Ein Normteil ist ein Bauteil, das in allen Einzelheiten in einer Norm festgelegt und beschrieben ist.

Norm- und Zukaufteile gibt es in sehr großer Vielzahl und Auswahl. Von genormten Einzelteilen, über kleine Baugruppen bis hin zu komplexen Modulen, Abb. 4.1. Nicht vergessen werden darf auch, dass im Maschinenbau nicht nur mechanische Bauteile, sondern gerade auch Komponenten der Elektronik und Software typische Zukaufteile sind. Man denke hier nur an elektrische Antriebe oder Steuerungskomponenten.

Die Vorteile der Verwendung von Zukaufteilen sind vielfältig (Abb. 4.2). Häufig werden erst durch sie bestimmte Funktionen ermöglicht. Ohne Displays, Sensorik und Aktorik wären die modernen Maschinen von heute gar nicht denkbar.

P. Naefe, J. Luderich, *Konstruktionsmethodik für die Praxis*,
https://doi.org/10.1007/978-3-658-31187-2_4

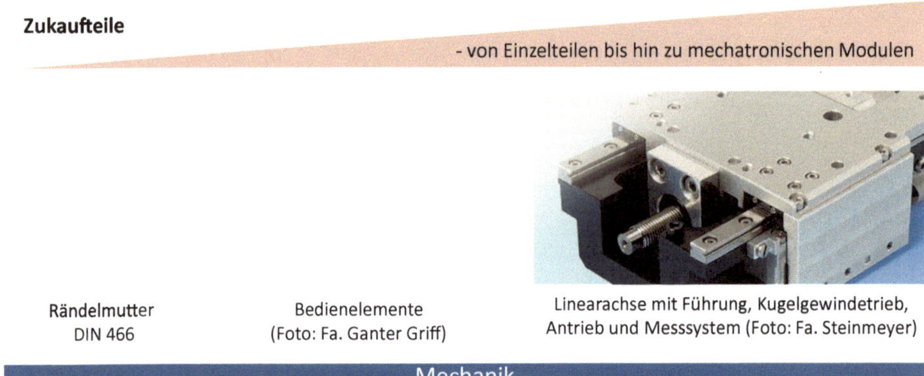

Abb. 4.1 Norm- und Zukaufteile

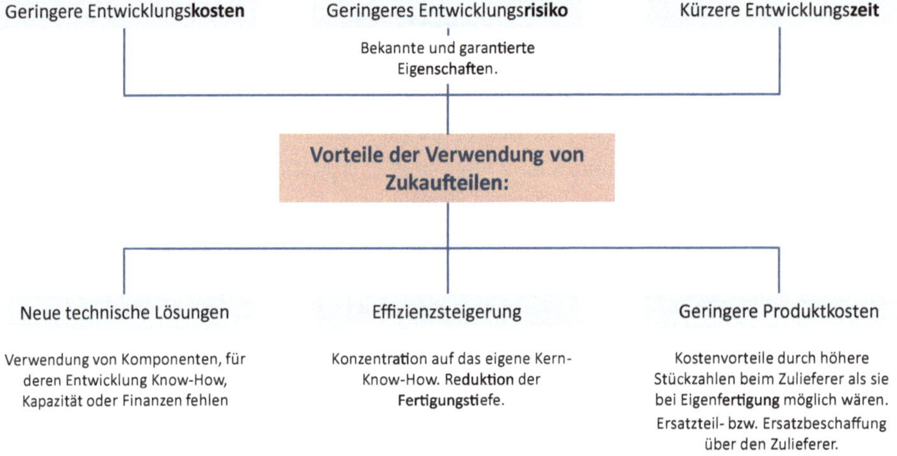

Abb. 4.2 Die Verwendung von Zukaufteilen besitzt vielfältige Vorteile

Da die zugekauften Komponenten nicht entwickelt und gefertigt werden müssen, entstehen natürlich keine Entwicklungskosten und die Teile sind häufig kurzfristig verfügbar. Das Risiko von Fehlentwicklungen reduziert sich, Zukaufteile werden mit bekannten Eigenschaften geliefert. Kürzere Entwicklungszeiten ermöglichen die Erschließung von Wettbewerbsvorteilen und durch die Übernahme von Lösungen aus anderen Technikbereichen werden neue Lösungen in der eigenen Branche erst möglich. Werden geringe oder auch mittlere Teilezahlen benötigt, entstehen zusätzlich in vielen Fällen auch Kostenvorteile durch die größeren Stückzahlen beim Zulieferer.

Allerdings kann von diesem letztgenannten Punkt nicht immer ausgegangen werden. Im Zweifel muss eine entsprechende Kostenrechnung hier Klarheit bringen. Neben der möglichen Produktkostenthematik liegen weitere zu beachtende Einschränkungen bei der Verwendung von Zukaufteilen in ggf. notwendigen zusätzlichen Anpassungskonstruktionen sowie der Reduktion der Funktionsintegrationstiefe. Selbst konstruierte Teile können optimal auf den Anwendungsfall ausgelegt werden und können ggf. mehrere Funktionen in einer Komponente integrieren.

Unter dem Begriff „Zukaufteile" werden genormte und nicht genormte Komponenten verstanden, die sich bzgl. ihrer Vor- und Nachteile noch einmal unterscheiden (Abb. 4.3).

Während die Verwendung von Normteilen als problemlos anzusehen ist, gibt es beim Einsatz nicht genormter Zukaufteile Risiken, die der Produktentwickler kennen sollte. Zum Beispiel kommt es regelmäßig zur Aussortierung von Bauteilen, d. h. Bauteile werden nicht mehr gefertigt oder durch eine aktuellere Version ersetzt. Gerade im Bereich der Elektronikbauteile ist dies ein regelmäßig zu beobachtender Vorgang. Displays, Prozessoren, Sensoren oder auch Betriebssystemsoftware sind typische Beispiele.

Solche Umstellungen von Lieferantenseite können zu ganz erheblichen Problemen bis hin zu Produktions- und Umsatzausfällen führen. Ist z. B. ein bestimmter Displaytyp nicht mehr verfügbar, kann das zu Änderungen, angefangen vom Displaygehäuse über die Grafikkarte bis hin zur Neuprogrammierung der Benutzeroberfläche führen. Es müssen daher bei der Produktentwicklung entsprechende Vorkehrungen getroffen und eine ausreichend lange Verfügbarkeit mit dem Lieferanten abgesichert werden.

Im Folgenden wird an einem Beispiel die methodisch sinnvolle Vorgehensweise zur Auswahl von Norm- und Zukaufteilen dargestellt.

Normteile
Bauteile, die in allen Einzelheiten in einer Norm festgelegt und beschrieben sind.

Vorteile:
- Bewährte Lösungen für wiederkehrende Aufgaben, die bereits eine technische Reife bezüglich ihrer Funktion und Wirtschaftlichkeit besitzen.
- Problemloser Austausch von Normteilen.
- In allen Einzelheiten beschrieben und bekannt.

Nachteile:
- Langsamer und aufwändiger Normungsprozess, der einer dynamischen technischen Entwicklung nicht folgen kann.
- Nicht auf Baugruppenebene verfügbar.

Nicht genormte Zukaufteile

Vorteile:
- In einer enormen Vielfalt erhältlich.
- Aktuellste technische Lösungen.
- Komplette Baugruppen bzw. Module mit komplexer Funktionalität erhältlich.

Nachteile:
- Austauschbarkeit bzw. Kompatibilität von Nachfolgeprodukten nicht sichergestellt.
- Technische Reife muss im Zweifel selber überprüft werden.
- Nicht in allen Einzelheiten dem Anwender offengelegt.

Abb. 4.3 Bei Zukaufteilen ist zwischen Normteilen und nicht genormten Zukaufteilen zu unterscheiden

4.1 Eine „ganz einfache" Aufgabenstellung

Vorab

Das folgende Beispiel behandelt eine „ganz einfache" Aufgabenstellung, die in der Ausarbeitungsphase entsteht. An ihr kann die Bedeutung der ersten Phase des Konstruktionsprozesses „Planen und Klären der Aufgabenstellung" gut und verständlich dargestellt werden. Es soll deutlich gemacht werden, dass auch die Bearbeitung klein erscheinender Aufgaben mit einer methodischen Vorgehensweise effizienter durchgeführt werden kann.

Szenario

Sie haben eine Anstellung als Konstruktionsingenieur bei einem mittelständischen Unternehmen des Maschinenbaus angenommen und sind noch in der Einarbeitungszeit, die drei bis sechs Monate in Anspruch nehmen kann. Das Unternehmen produziert Geräte im Bereich von 100 bis 1000 Stück/Jahr. Der Serienanlauf für eine neue Gerätegeneration zur berührungslosen Oberflächenvermessung (Abb. 4.4) ist fest terminiert, die Produktentwicklung hat sich aber verzögert, so dass nun alle verfügbaren Kapazitäten – auch Sie – eingesetzt werden, um den vorgesehenen Termin einhalten zu können.

Sie erhalten vom Konstruktionsleiter mit den begleitenden Worten „mach mal eben schnell" die Aufgabe, alle Zukaufteile bzw. Normteile für die verschiedenen konstruierten Schraubverbindungen festzulegen.

Abb. 4.4 Gerät zur berührungslosen Oberflächenmessung

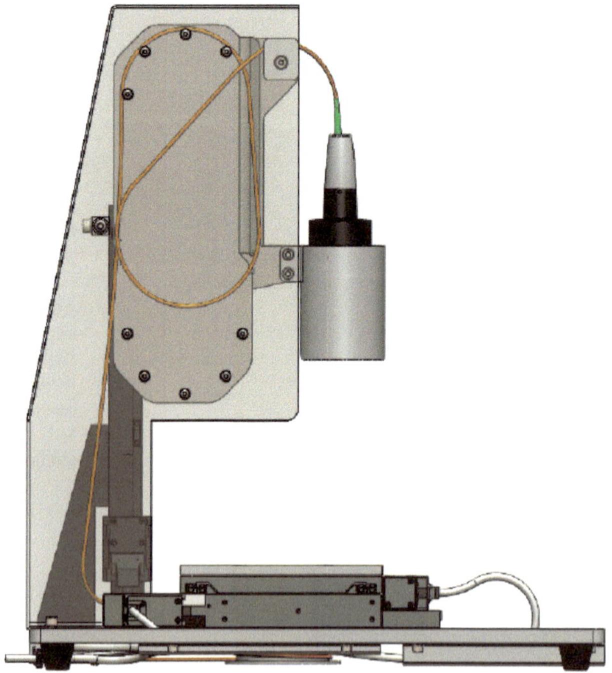

Wie gehen Sie bei der Bearbeitung dieser Aufgabe möglichst effizient (wirksam und wirtschaftlich) vor?

Wenn Sie sich dieser Aufgabe stellen, wird Ihnen eine Reihe von Fragen durch den Kopf gehen zum Beispiel:

- Wurden schon Schraubenart, -größe und -länge festgelegt?
- Gibt es Dokumente oder Dateien aus denen sich die Größen ablesen lassen?
- Gibt es Berechnungen? Welche Schrauben müssen überhaupt berechnet werden?
- Aus welchem Material sollen die Schrauben sein?
- Nehme ich als Formschluss zum Anziehwerkzeug lieber einen Kreuzschlitz oder einen Innensechskant?
- Muss ein sichtbarer Schraubenkopf zum Maschinendesign passen? Kann ich den Schraubenkopf selber auswählen oder muss ich den Designer fragen?
- Müssen die Schrauben gegen Lockern oder Lösen gesichert werden? Reicht eine Verliersicherung?

Je länger Sie über das Thema nachdenken, umso mehr Punkte werden ihnen einfallen und die „ganz einfache" Aufgabenstellung wird mehr und mehr unübersichtlich (s. Abb. 4.5). An diesem Punkt greifen Sie bitte nicht nach dem nächstliegenden Schraubenkatalog und wählen die „bestaussehenden" Schrauben aus. Diese Vorgehensweise wird

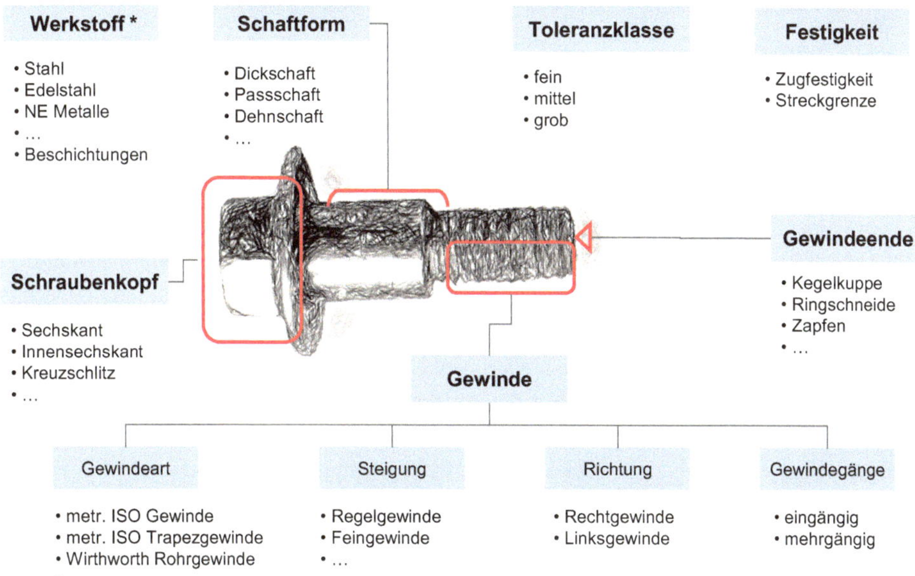

Abb. 4.5 Durch die Kombination der verschiedenen Schraubenspezifikationen, wie Schraubenart, Gewindeart, Kopfausführung, Material, Gewindegröße und -länge, etc. entsteht eine unüberschaubar große Anzahl von Ausführungsformen

mit hoher Wahrscheinlichkeit zu einem unbefriedigenden Ergebnis und einer ineffizienten Iterationsschleife („das war wohl nichts, das machen wir jetzt noch einmal") führen.

Erinnern Sie sich lieber an die grundlegende Vorgehensweise der Konstruktionsmethodik mit den drei Hauptschritten: *„Was" – „Wie" – „Womit"*. Im ersten und wichtigsten Schritt ist zu klären, *„WAS"* erreicht werden soll. Sie benötigen eine eindeutige Klärung der Aufgabenstellung mit den zu berücksichtigenden Punkten – auch bei kleinen Themen. Oder anders formuliert:

Ohne die Konstruktionsaufgabe *vollständig* verstanden zu haben, können Sie nicht erfolgreich entwickeln.

Die technisch präzise Spezifikation und Beschreibung einer Konstruktionsaufgabe erfolgt im Rahmen der Entwicklung idealerweise mittels einer **Anforderungsliste**. In dieser werden, systematisch gegliedert, die bei der Entwicklung zu berücksichtigenden Anforderungen niedergeschrieben.

Für den vorliegenden, einfachen Fall erscheint die Erstellung einer vollständigen Anforderungsliste aber etwas aufwändig und ein erfahrener Konstrukteur wird die zu berücksichtigenden Punkte auch ohne Dokument kennen. Kann ein Jungingenieur das auch? Ein Anfänger sollte sich daher für eigene Zwecke als Hilfsmittel eine Liste erstellen, um Fehler zu vermeiden.

In dieser Liste dokumentiert er die Anforderungen in strukturierter Form, so dass keine wichtigen Punkte übersehen werden in einer Vollständigkeit, die den Beginn der eigentlichen Auswahl der Zukaufteile ermöglicht. Die Arbeit kann er sich z. B. durch die Verwendung der Leitlinie mit Hauptmerkmalen (s. Tab. 4.1) erleichtern, wie sie im Lehrbuch von *Pahl/Beitz* [PaBe13] wiedergegeben ist.

Eine weitere wertvolle Quelle von Informationen für den Konstrukteur ist die Liste mit so genannten Restriktionen (Tab. 4.2). Leider besteht aber trotz allem keine Garantie auf Vollständigkeit, oft bestehen seitens des potenziellen Nutzers Vorstellungen von den Eigenschaften des technischen Erzeugnisses, die er für selbstverständlich hält und die oft nur in Verkaufs- oder Beratungsgesprächen zu erfahren sind.

Bevor Sie nun mit dem grundlegenden Neuaufbau einer Anforderungs- oder Merkliste anfangen, sollten Sie prüfen, ob Sie die Anforderungen nicht mit weniger Zeitaufwand klären bzw. passende Zukaufteile schneller auswählen können. Dazu bieten sich im ersten Schritt vor allem Analogiebetrachtungen z. B. von Vorgängerversionen aus dem eigenen Unternehmen oder Konkurrenzprodukten als erfolgversprechender Wege an.

In vielen Fällen führen Analogiebetrachtungen schnell und effizient zu einer guten Lösung.

Tab. 4.1 Leitlinie für die Erstellung einer Anforderungsliste. (Nach [PaBe13])

Hauptmerkmal	Beispiele
Geometrie	Verfügbarer Raum, Höhe, Breite, Länge, Durchmesser, Anzahl, Anordnung, Anschluss, Ausbau und Erweiterung
Kinematik	Bewegungsart, Bewegungsrichtung, Geschwindigkeit, Beschleunigung
Kräfte	Größe, Richtung, Häufigkeit, Gewicht, zul. Last, zul. Verformung, Steifigkeit, Federeigenschaften, Stabilität, kritische Frequenzen
Energie	Leistung, Wirkungsgrad, Reibung, Ventilation, Zustandsgrößen (Druck, Temperatur, Feuchtigkeit) Wärmezu-/abfuhr, Anschlussenergie, Energiespeicherung, Arbeitsaufnahme, Energieumformung
Stoff	Physikalische und chemische Eigenschaften der Hilfsstoffe und des Produktes, vorgeschriebene Werkstoffe, Materialfluss
Information	Eingangs- und Ausgangssignale, Art der Anzeige, Betriebs- und Überwachungsgeräte
Sicherheit	Unmittelbare/mittelbare Sicherheitstechnik, Sicherheitshinweise, Betriebsbeschreibung, Arbeits- und Umweltsicherheit, Unfallverhütungsvorschriften
Ergonomie	Mensch/Maschine-Beziehungen: Bedienungselemente, Bedienungsart, Übersichtlichkeit, Beleuchtung, Design
Fertigung	Einschränkungen durch die Produktionsstätte, größte herstellbare Abmessung, bevorzugtes Fertigungsverfahren, verfügbare Fertigungsmittel, Qualitätsforderungen, Toleranzen
Kontrolle	Mess- und Prüfmöglichkeiten, Vorschriften/Spezifikationen (TÜV, ASME, DIN, ISO, AD-Merkblätter)
Montage	Besondere Montageanweisungen, Zusammenbau, Einbau, Montage im Werk oder auf der Baustelle, erforderliche Fundamente
Transport	Begrenzung durch Hebezeuge, Bahnprofil, Transportwege oder Versandart
Gebrauch	Geräuscharmut (dBA), Verschleißrate, Anwendungs- und/oder Absatzgebiet, Einsatzort (z. B. aggressive Atmosphäre, Tropen usw.)
Instandhaltung	Wartungsfreiheit, Festlegung der Zeiträume für Wartung, Inspektion oder Austausch, vorbeugende Instandsetzung, Anstrich, Reinigung
Recycling	Wiederverwendung, Wiederverwertung, Entsorgung, Beseitigung, Deponie
Kosten	Max. zul. Herstellkosten, Werkzeugkosten, Investition, Amortisation
Termin	Ende der Entwicklungszeit, Lieferzeit, Zeitplanungsmethoden, Projektmanagement

Fast von jedem Produkt gibt es Vorgängerversionen oder „verwandte" Ausführungsformen, deren Analyse eine wichtige Informationsquelle ist. Prüfen Sie, ob Sie auf bewährte Lösungen zurückgreifen können.

In unserem Beispiel der Entwicklung einer neuen Gerätegeneration gibt es eine Vorgängergeneration von der die verwendeten Schrauben einfach übernommen werden könnten. Das ist ein schneller und meistens auch guter Lösungsansatz für die gestellte Aufgabe. Gut, weil Praxiserfahrungen mit den Schraubverbindungen vorliegen – es sich im Idealfall also um eine bewährte Lösung handelt und ein technisches Risiko vermieden wird.

Mit dieser, in der Industrie häufig genutzten Vorgehensweise wird die detaillierte Klärung der Anforderungen umgangen und Zeit eingespart. Man sollte also immer prüfen, ob auf diesen Weg die Aufgabe nicht besonders effizient gelöst werden kann.

Tab. 4.2 Restriktionen und Randbedingungen, aus denen Forderungen an technische Erzeugnisse entstehen. (Nach [Kol98])

Gebrauch	Entstehung	Kosten	Richtlinien, Normen, Gesetze	Organisation
Qualitätsforderungen	Funktionsgerecht	Zielkosten (Herstellkosten)	VDI-Richtlinien	Lieferzeiten für Zukaufteile
Instandhaltung: Wartung, Inspektion, Instandsetzung	Fertigungsgerecht	Entwicklungskosten	VDMA-Empf.	Zeit für. Versuchsdurchführungen
Abnutzung: Verschleiß (Reibung), Korrosion, Zerrüttung (Dauerfestigkeit), Alterung	Montagegerecht	Max. Verkaufspreis	Patentsituation (Laufzeiten bestehender Schutzrechte)	Montage- und Inbetriebnahmezeiten
Erwartete Lebensdauer	Instandhaltungsgerecht	Inbetriebnahmekosten	Werkstoffbescheinigungen	Verfügbare Kapazitäten
Geräusche	Recyclinggerecht	Transportkosten	Prüfvorschriften	Dokumente (Betriebsanleitungen, Gefahrenhinweise)
Schwingungen	Entsorgungsgerecht	Instandhaltungskosten	Sicherheitsbestimmungen (TÜV, AD, VBG)	Kundendienst
Verfügbarkeit	Anschlussmaße		Geforderte Garantiezeiten	Lizenzen
Erwartete Leistungsfähigkeit	Verfügbarer Raum		Emissionsbestimmungen	Software
Systemzusammenhang	Transportmaße		Recyclings-/ Entsorgungsvorschriften	
	Sonderwünsche des Kunden		Maschinenrichtlinie	
	Konkurrenzsituation		CE-Kennzeichnung	

Allerdings birgt diese Vorgehensweise auch Risiken. Sie müssen daher unbedingt prüfen, ob sich die Anforderungen zum Vorgängermodell geändert haben. Änderungen können dabei nicht nur aus geänderten Einsatzbedingungen, sondern auch z. B. aus konstruktiven Neuerungen oder einem geänderten Design resultieren.

Weiterhin ist es empfehlenswert, Rücksprache mit anderen Unternehmensbereichen, wie Produktion, Arbeitsvorbereitung, Einkauf und Service bzw. Qualitätssicherung, zu halten mit der Zielsetzung ggf. in der Konstruktion unbekannte Änderungswünsche berücksichtigen zu können.

Kommen Sie um eine Neuauswahl der Verbindungselemente nicht herum, so können Sie die Arbeit durch die Berücksichtigung von

- **Werksnormen bzw. Unternehmensstandards,**
- **Normen und Richtlinien**

wirtschaftlicher gestalten.

In vielen Unternehmen ist das in Jahren gesammelte Wissen und die Erfahrungen in Werksnormen niedergelegt worden. Diese Normen geben für wiederkehrende Aufgaben unternehmensintern bewährte Lösungen an und grenzen die Anzahl der Standardteile ein. Ein typisches Beispiel sind Werksnormen oder Unternehmensstandards für Normteile – z. B. Schrauben.

Durch die Kombination der verschiedenen Schraubenspezifikationen, wie Schraubenart, Gewindeart, Kopfausführung, Material, Gewindegröße und -länge, etc. entsteht eine unüberschaubar große Anzahl von Ausführungsformen. Jedes Unternehmen versucht daher die Anzahl der verwendeten Schraubentypen auf eine sinnvolle Menge zu begrenzen. Hierbei helfen Werksnormen, die den Konstrukteuren Vorgaben machen.

Werksnormen ersparen es Ihnen aber nicht, sich detailliert mit den Anforderungen auseinander zu setzen. Sie reduzieren aber die Lösungsmöglichkeiten, bzw. leiten die Lösung in eine bestimmte Richtung.

Im unserem Fallbeispiel fiel die Entscheidung zu Gunsten der Übernahme der bisher verwendeten Schrauben aus (s. Abb. 4.6), da sie den gestellten Anforderungen genügen. Allerdings wurde nach Gesprächen mit der Qualitätssicherung entschieden eine zusätzliche Gewindesicherung aus Klebstoff zu verwenden. Damit wird das Lösen einzelner Schrauben beim Transport in Zukunft sicher ausgeschlossen.

Resümee

Auch „kleine" Konstruktionsaufgaben können mit Hilfe einer systematischen Vorgehensweise effizienter bearbeitet werden. Sobald die Aufgabenstellung vollständig verstanden wurde, ist es empfehlenswert nach bewährten, möglichst direkt übertragbaren oder vergleichbaren Lösungen für die vorliegende Fragestellung zu suchen. Gibt es Anforderungsdifferenzen, so ist es einfacher diese im Detail zu betrachten, als eine Anforderungsliste neu aufzubauen. Abb. 4.7 stellt die Vorgehensweise grafisch dar.

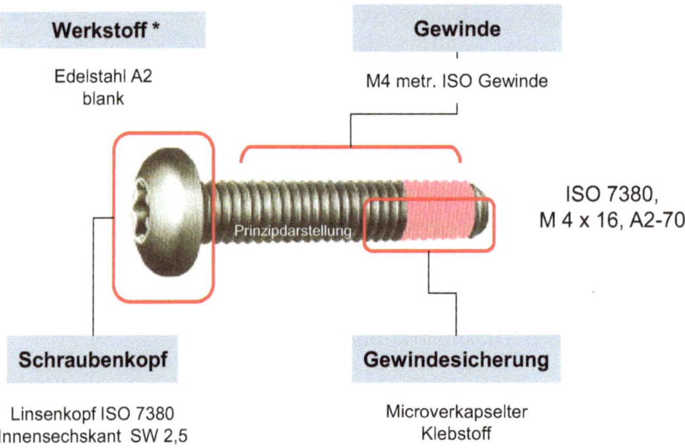

Abb. 4.6 Wichtige Eigenschaften der ausgewählten Schraube

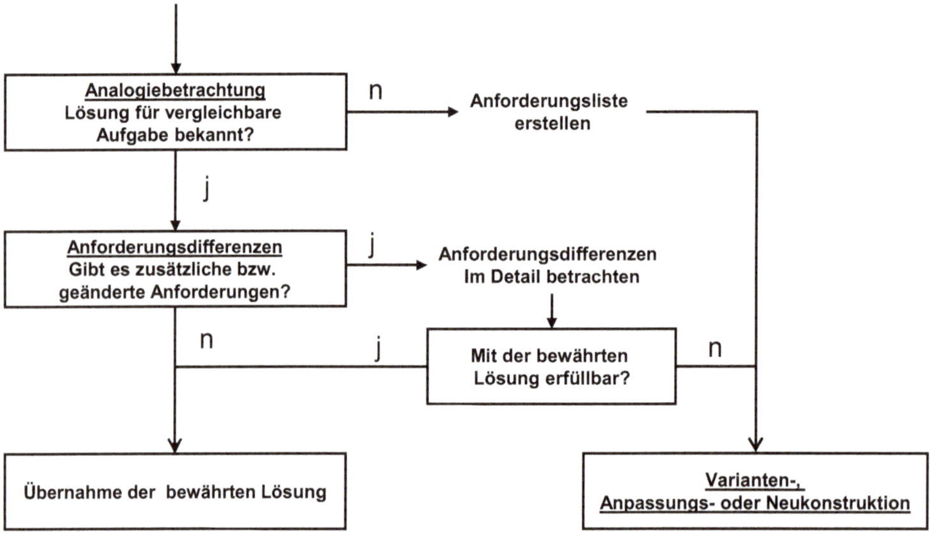

Abb. 4.7 Schematische Darstellung der Vorgehensweise bei einfachen Konstruktionsaufgaben

4.2 Die Auswahl von Zukaufteilen

Betrachtet man den Aufbau heutiger Maschinen, die in kleinen oder mittleren Stückzahlen gefertigt werden, so wird deutlich, dass sie zu einem ganz erheblichen Anteil aus Zukaufteilen bestehen. Durch diese Zukaufteile werden sowohl die Funktionalität der Maschine, als auch die Kosten ganz maßgeblich beeinflusst. Ihrer optimalen Auswahl kommt daher große Bedeutung zu. Deutlich wird dieser Umstand, wenn man sich beispielhaft die in

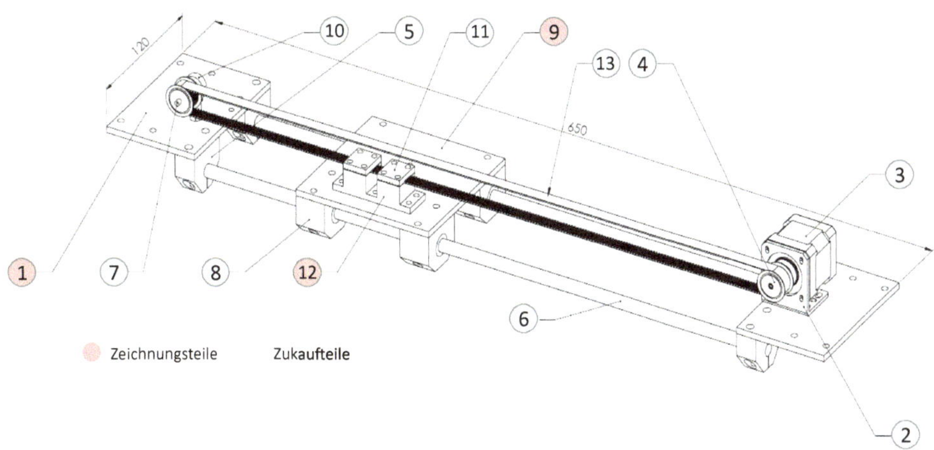

Abb. 4.8 Linearachse mit Zahnriementrieb und Schrittmotor. (Zeichnung aus [KM6 15])

Abb. 4.8 dargestellte Konstruktion einer Linearachse mit Schrittmotorantrieb ansieht. Neben Antriebs- und Führungskomponenten, sind es der Motor und natürlich Normteile, die als Zukaufteile in dem Bild zu erkennen sind.

Methodisch betrachtet erfolgt die Auswahl von Zukaufteilen mithilfe eines Bewertungs- und Entscheidungsprozesses analog dem in Abschn. 3.1 dargelegten Vorgehen (s. Abb. 3.3) in drei Stufen: erstens dem Abgleich mit den Festforderungen der Anforderungsliste, zweitens einer Vorauswahl mit einfachen Bewertungsverfahren (z. B. Auswahlliste oder Argumentenbilanz) oder drittens mit einer fundierten Bewertung, z. B. mit einer Nutzwertanalyse. Vom grundsätzlichen Ablauf her unterscheidet sich daher das Verfahren bei Zukaufteilen nicht.

Unterschiede sind bei den Kriterien für eine Vor- oder Grobauswahl zu machen. Hier sind bei Zukaufteilen die folgenden Kriterien bedeutsam:

- Herstellkosten
- In welchem Umfang sind Entwicklungsarbeiten zur Integration des Zukaufteils in die Konstruktion erforderlich? Sind die zu erwartenden Entwicklungskosten und -zeiten dem Projektziel angemessen?
- Ist die Verfügbarkeit während der voraussichtlichen Produktionszeit bzw. ist die Ersatzteilversorgung sichergestellt? Sichert der Lieferant kompatible Nachfolgeversionen zu? Kann notfalls eine alternative Lösung mit vertretbarem Aufwand realisiert werden?
- Handelt es sich um einen qualifizierten Lieferanten, der die Qualität seiner Produkte sowie Lieferzeit, Kosten, etc. garantieren kann?
- Randbedingungen des Unternehmens – werden die gegebenen Randbedingungen, z. B. Standardlieferanten, Lieferbedingungen, etc. angemessen berücksichtigt?

Hinzu kommen Kriterien, die sich aus der Aufgabenstellung selbst ergeben. Ziel ist es, mit wenigen Kriterien eine Vorauswahl zu treffen, die die Lösungsanzahl auf eine handhabbare Größe reduziert. Aus diesen kann dann mithilfe von weiteren Bewertungsverfahren, wie z. B. der Nutzwertanalyse, eine optimale Lösung ermittelt werden.

Literatur

[Kol98] Koller, R.: Konstruktionslehre für den Maschinenbau, 4. Aufl. Springer, Heidelberg (1998)

[PaBe13] Pahl, G., Beitz, W.: Konstruktionslehre, 8. Aufl. Springer, Berlin/Heidelberg (2013)

[KM6 15] Semesterarbeit im Fach Konstruktionsmethodik an der TH Köln; Team 6: Käckel, A.; Mergler, S.; Birkendahl, J.; Danielz, M.; Funck, M.; Bender, R.; Dozent: Prof. Dr. Luderich, SS (2015)

5 Variantenkonstruktion

In den einschlägigen Lehrbüchern der Konstruktionsmethodik (s. Kap. 1) kann man die folgenden Aspekte zum Wesen einer **Variantenkonstruktion** nachlesen:

- Der Gegenstand der Konstruktion (das technische Erzeugnis) ist als System vorgegeben, das als solches nicht geändert werden soll.
- Die Funktionen mit ihren Zuordnungen untereinander und ihren Lösungsprinzipien bleiben erhalten.
- Variieren sollen lediglich die Größe von Abmessungen, Leistungen (Tragfähigkeit, Energiebedarf) gegebenenfalls die Form von Details, die Farbe oder der Werkstoff.
- Eine typische Anwendung der Variantenkonstruktion ist die Bildung einer Baureihe.
- Die Konstruktionstätigkeit ist darauf beschränkt, dass die Anforderungen festgelegt und dann die erforderlichen Fertigungsunterlagen zur Verfügung gestellt werden.

Die Abgrenzung der **Konstruktionsarten** gegeneinander ist manchmal schwierig. Insbesondere die Frage, ob es sich um eine Varianten- oder Anpassungskonstruktion handelt, kann oft nicht eindeutig beantwortet werden. Im Zweifelsfall sollte man sich mit solchen grundsätzlichen Betrachtungen nicht zu lange aufhalten, denn die Einteilung in die Konstruktionsarten soll nur der groben Orientierung dienen.

In der Weiterführung des ersten Beispiels, der Beschreibung einer Aufgabenstellung für die Auswahl von Norm- und Zukaufteilen (s. Abschn. 4.2), werden im Folgenden die Vorgehensweisen für zwei typische Vertreter der Variantenkonstruktion beschrieben.

P. Naefe, J. Luderich, *Konstruktionsmethodik für die Praxis*,
https://doi.org/10.1007/978-3-658-31187-2_5

5.1 Bedeutung von Sachmerkmalen

Sachmerkmale dienen gemäß der Beschreibung in der Norm (DIN 4000) dazu, Fertigungsunterlagen (Zeichnungen) so zu ordnen und zu bezeichnen, dass man die Übersicht behält. Das mag banal klingen, ist aber eine wichtige Regel, die bedauerlich oft nur nachlässig befolgt wird. Im vorliegenden Zusammenhang ist das Sachmerkmal eine Ergänzung zur klassifizierenden Zeichnungsnummer. Dabei sind die wichtigsten **Ziele**:

- ähnliche Teile zusammenfassen,
- vereinfachte Zeichnungen verwenden.

Hierin ähnelt die Verwendung von Sachmerkmalen stark der Auswahl von Normteilen, die in ähnlicher Form z. B. in der DIN 475 bzw. ISO 272 (Schrauben) dargestellt werden. Bei den Beschreibungen von Sachmerkmalen geht man aber über die beiden Ziele hinaus, indem zusätzlich in:

- Beschaffenheitsmerkmale (wie erscheint das Objekt),
- Verwendbarkeitsmerkmale (was kann das Objekt)

unterscheidet. Unter Objekt ist hier natürlich ein technisches Erzeugnis zu verstehen. Da dem ersten Aspekt die Merkmale Größe, Form und Farbe zuzuordnen sind und dem zweiten Leistung, Trägfähigkeit, Energie und Raumbedarf, erkennt man sofort die Verwandtschaft zu den Aspekten der Variantenkonstruktion.

Der Vorteil, sich an der Verwendung von Sachmerkmalen zu orientieren ist, dass die Formulierung der Aufgabenstellung durch ihre Beschreibung unterstützt wird und die Erstellung der Fertigungsunterlagen durch die nach der DIN 4000 den jeweiligen Sachmerkmalsleisten zugeordneten Zeichnungen erleichtert wird (Abb. 5.1).

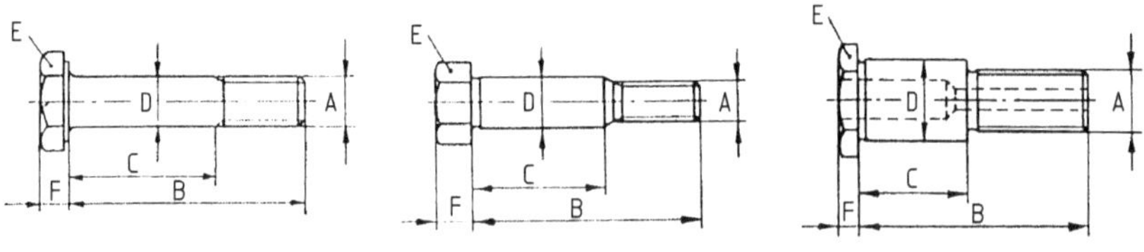

Sachmerkmal-Leiste DIN 4000 – 2 – 2									
Kennbuchstabe	A	B	C	D	E	F	G	H	J
Sachmerkmal Benennung	Gewinde	Länge	Schaftlänge	Schaftdurchmesser und zul. Abweichung	Kopfdurchmesser und / oder Schlüsselwerte E_1, E_2	Kopfhöhe	Bestellzusätze nach Norm	Werkstoff	Oberfläche und / oder Schutzart
Referenzhinweis									
Einheit	–	mm	mm	mm	mm	mm	–	–	–

Abb. 5.1 Sachmerkmalsleiste für Passschrauben aus DIN 4000 Teil 2

Da es für die in der Norm erfassten verschiedenen Objekte (ca. 100) sehr unterschiedliche Sachmerkmale gibt, kann hier lediglich darauf verwiesen werden, dass es sich dabei um so unterschiedliche technische Erzeugnisse wie Lager, Getriebe, Federn, Drehmeißel, Zahnradwellen usw. handelt. Ob man als Konstrukteur Hilfe bei der Variantenkonstruktion aus der DIN 4000 beziehen kann, ist also nur zu erkennen, wenn man diese Norm daraufhin überprüft, ob ein Objekt, das darin beschrieben wird, zu der jeweiligen Aufgabenstellung passt. Dabei kann zusätzlich der Hinweis auf den „DIN Software Informationsdienst über Technische Regeln" (DITR) nützlich sein, der rechnergestützte Systeme zur Informationsbereitstellung anbietet. Zusätzlich ist noch zu erwähnen, dass die ggf. vorhandenen Werksnormen des betreffenden Betriebs daraufhin zu überprüfen sind, ob ein Objekt darin verzeichnet ist, das sich für die anstehende Konstruktionsaufgabe verwenden lässt.

Für die in Abb. 5.1 dargestellte Passschraube ergibt sich die folgende Vorgehensweise:

- Für die Aufgabenstellung, eine Variante zu konstruieren, ist anhand der Sachmerkmale zu prüfen, was sich gegenüber den bereits vorhandenen Ausführungen ändern soll (z. B. die Größe von wirkenden Kräften oder geometrische Verhältnisse).
- Zusätzlich ist zu ermitteln, ob es weitere Merkmale gibt, die für die neue Variante in Betracht kommen. Hierfür sind die folgenden Informationsquellen bedeutsam: Leitlinie (Tab. 4.1) oder Restriktionen (Tab. 4.2), Vertrieb, Marketing, Benutzer, Montage.
- Es ist eine Liste anzufertigen, in der alle Anforderungen an die neue Variante übersichtlich aufgeführt sind und mit deren Hilfe das Erreichen des gesetzten Zieles überprüft werden kann.
- Es sind die erforderlichen Fertigungsunterlagen zu erstellen, gegebenenfalls orientiert an der parametrierten Zeichnung wie in der DIN 4000 (Abb. 5.1) oder weitere Zeichnungen und/oder Dateien (CAD bzw. CAM).

Fazit

Für einfache Variantenkonstruktionen, die sich durch Sachmerkmale genau genug beschreiben lassen, ist die DIN 4000 und, falls vorhanden, die Werksnorm zu Rate zu ziehen.

5.2 Baureihenkonstruktion

Bei der Bildung einer **Baureihe** für technische Erzeugnisse (Gesamtsysteme, Baugruppen, Einzelteile), in der keine Änderung des funktionalen Inhalts erfolgen soll, geht man in der Regel von einem oder mehreren der folgenden Aspekte aus:

- gleichbleibende physikalische Wirkprinzipien,
- Variation der geometrischen Parameter,
- gleiche Fertigungsverfahren.

Es wird in den meisten Fällen das Ziel verfolgt, das Anwendungsgebiet optimal bedienen zu können und/oder den potenziellen Kundenkreis zu erweitern. Dabei kommen oft **Größenstufungen** nach Ähnlichkeitsgesetzen unter Verwendung von Normzahlenreihen in Betracht. Als Grundlage für **Ähnlichkeitsgesetze** dienen so genannte Kennzahlen, mithilfe derer sichergestellt werden kann, dass Kräfte und/oder Spannungen an den Bauteilen der Größenstufen in einem bestimmten Verhältnis zueinander stehen.

Das Wesen einer Baureihe besteht darin, dass von einem so genannten **Grundentwurf** ausgegangen wird und dann mithilfe einer Ähnlichkeitsbeziehung **Folgeentwürfe** konstruiert werden, die größere oder kleinere Ausführungen des Grundentwurfes zum Ziel haben können. Dabei entstehen gelegentlich Interessenkonflikte.

- Der „Markt" (die Kunden) erwartet eine möglichst genaue Abdeckung seiner Bedürfnisse, das bedeutet dann, dass eine enge Stufung bezüglich der Größen- oder Leistungsanforderungen gewünscht wird.
- Der Vertrieb erhofft sich natürlich einen größeren Geschäftserfolg, wenn er die Kundenwünsche möglichst genau erfüllen kann.
- Die Konstruktion und die Fertigung müssen eine Stufung finden, die einerseits fein genug ist, die Anforderungen des Markts zu erfüllen, andererseits die Wirtschaftlichkeit der Fertigung gewährleistet. Das erfordert gewöhnlich, dass durch Typenbereinigung große Stückzahlen von Gesamtsystemen, Baugruppen oder Einzelteilen anzustreben sind.

Hinzu kommen übergeordnete Aspekte, die durch Normen, Richtlinien und technologische und/oder gesetzliche Einschränkungen bedingt sind.

Wie eine Baureihe alleine nach der Größenstufung mithilfe einer **Normzahlenreihe** aussehen kann, zeigt Abb. 5.2 am Beispiel eines Elektromotors.

In der Darstellung wird deutlich, dass die Aufgabe nicht ausschließlich darin besteht, einen geeigneten Stufensprung φ zu finden, es müssen auch Bereiche definiert werden, denen die Baugrößen zugeordnet werden können. Der Hersteller von Elektromotoren will die an ihn herangetragenen Kundenwünsche, in diesem Fall 18 verschiedene Motorleistungen von 8,5 bis 55 kW, so einordnen, dass er einige wenige Gruppen mit für seine Fertigung optimalen Baugrößen festlegen kann. Durch die Wahl der Normzahlenreihe R20 mit $\varphi = 1{,}12$ lassen sich die relativ eng gestuften Leistungswünsche gut einordnen. Damit man zu einer Gruppenbildung kommt, wird eine Auswahlreihe gebildet, die für diesen Fall nur jedes vierte Glied von R20 benutzt. Dadurch entsteht eine Reihung, die den Stufensprung $\varphi = 1{,}6$ hat. Diese Reihe enthält damit die Zahlen 10, 16, 25 und 40 für die Mittelwerte der Gruppen, das entspricht dann der Größenreihe für die Leistung der zu fertigenden Motoren in kW. Die Grenzen der Gruppen werden auf die gleiche Weise gebildet. Der Erfolg dieser Maßnahme ist, dass den vier Motorleistungen die Stückzahlen 3, 2, 4 und 7 zugeordnet werden können und durch eine gewisse Anzahl von Gleichteilen eine rationellere Fertigung möglich wird. Leider fallen die beiden größten Leistungen aus

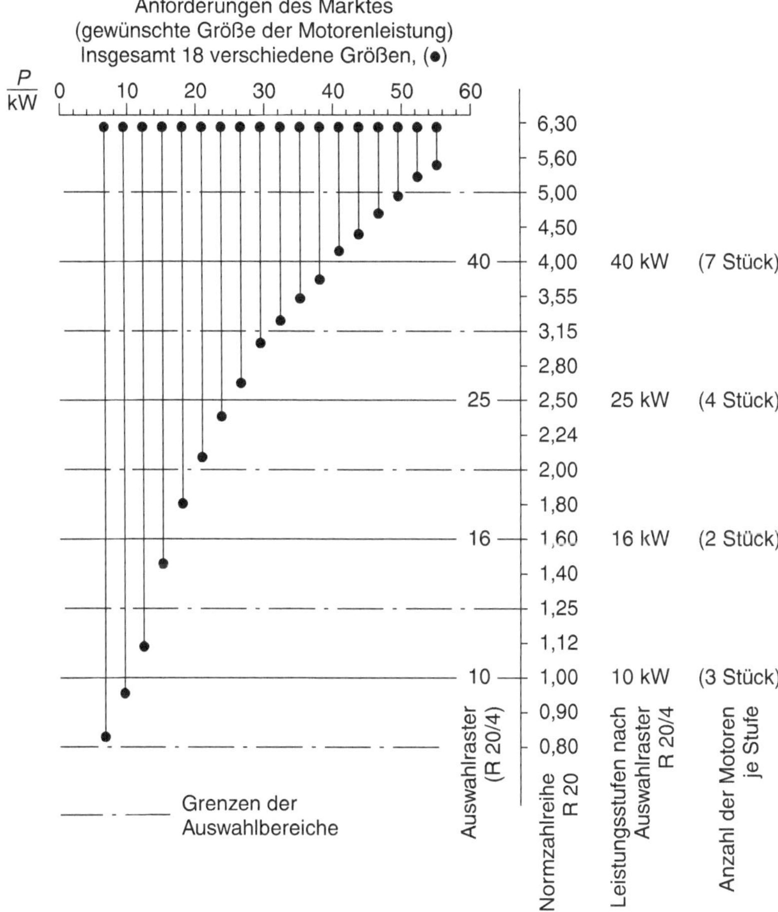

Abb. 5.2 Bildung einer Größenreihe für die Abstufung der Leistung eines Elektromotors

dieser Größenreihe heraus. Der Hersteller muss nun entscheiden, ob er damit leben kann oder die Gruppenbildung eher auf Kosten der kleinsten Leistung um eine Größenstufe der Normreihe R20 nach oben verschieben will.

Fazit: Die Bildung einer Baureihe unter dem Aspekt der reinen Größenstufung (z. B. nach einer Normzahlenreihe kann fast immer ohne die Erstellung einer Anforderungsliste erfolgen.

5.2.1 Anforderungsliste

Für ein anderes Beispiel zur Erläuterung der Vorgehensweise bei einer Baureihenkonstruktion, wird eine in der technischen Anwendung weit verbreitete Pumpe gewählt. Die in Abb. 5.3 dargestellte Radial- oder Kreiselpumpe ist in ihrem Aufbau relativ einfach, dadurch sind die Zusammenhänge in der Bildung einer Baureihe leichter nachvollziehbar.

CPKN - Chemienormpumpe nach EN 22858/ISO 2858/ ISO 5199 sowie Richtlinie 94/9/EG (Atex 100)

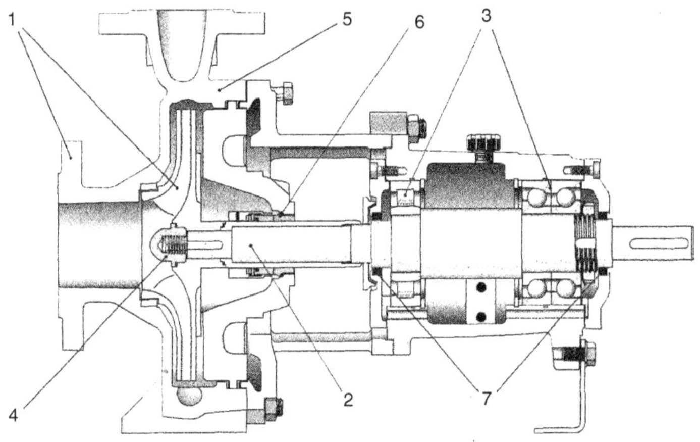

1 **Normgerecht**
Anschlussmaße und Leistungen nach ISO 2858/ISO 5199

2 **Längere Standzeiten**
der Gleitringdichtung durch steife Welle und geringere Wellendurchbiegung

3 **Betriebssicher**
Robuste Lagerung und Welle

4 **Einfache und sichere Montage**
Befestigung des Laufrades durch merallische Anlage

5 **Servicefreundlich**
Leichte Wartung durch Prozessbauweise und geringe Ersatzteilhaltungs

6 **Hohe Variantenvielfalt**
Alle Dichtungsvarianten möglich, inklusive Cartridge,Magnetkupplung oder Spaltrohrmotor

7 **Flexibel**
Abdichrung mit Radialwellendichtring, Labyrinth optinoal

Werkstoffe (wahlweise)
Sphäroguss JS1025
Stahlguss GP240GN+H
Edelstahl 1.4408
Duplex 1.4593
Sonderwerkstoffe

Technische Daten	
Förderstrom	max. 4.150 m³/h (1.150 l/s)
Förderhöhe	max. 185 m
Baugröße	DN 25 bis 400
Betriebsdruck	max. 25 bar
Betriebstemperatur	bis +400°C
Drehzahl max.	3.500 min^{-1}

Abb. 5.3 Schnittdarstellung einer einstufigen Radialpumpe. (© KSB Aktiengesellschaft)

Andererseits sind die Anforderungen an ein solches Aggregat doch so vielfältig, dass sofort klar wird, dass eine Normzahlenreihe für die Bildung der angestrebten Baureihe nicht ausreicht und die Aufstellung einer **Anforderungsliste** erforderlich wird. Bevor dies aber geschieht, lohnt es sich, Abb. 5.3 genauer zu betrachten. Einige Angaben in den Punkten 1 bis 7 zeigen, dass die Frage angebracht ist, ob seitens des potenziellen Abnehmers dieses technischen Erzeugnisses ein so genanntes **Lastenheft** vorgelegt wurde, das für die Erstellung der Anforderungsliste nützliche Informationen enthält. Außerdem lässt die Liste der wählbaren Werkstoffe darauf schließen, dass ziemlich genaue Vorstellungen in Bezug auf die Korrosionsbeständigkeit der gewünschten Pumpe bestehen. Der Punkt 6 deutet darüber hinaus an, dass sich innerhalb der Baureihe auch noch ein Element eines **Baukastens** befindet. Die Wahl der Dichtungsart ist nämlich nicht von der Baugröße abhängig.

Am Anfang der Entwicklung einer Baureihe steht gewöhnlich ein **Prototyp**, der in der Konstruktionsmethodik, wie bereits erwähnt, Grundentwurf genannt wird. Er dient als Ausgangsbasis für die Festlegung der technischen Daten, die Gegenstand der Abstufung werden sollen. Dazu ist anzumerken, dass bei einer Kreiselpumpe die Veränderung der Baugröße auch immer Leistungsdaten wie die Fördermenge und die erzielbare Druckdifferenz betreffen, die wiederum in Abhängigkeit von der Drehzahl Einfluss auf die erforderliche Motorleistung haben. Eine gute Abstimmung zwischen dem Konstrukteur und dem Bedarf des Marktes (Kunden) muss dann dazu führen, dass die anzustrebenden Folgeentwürfe eine optimale Baureihe bilden.

Für die Auslegung des Prototyps ist es in der Praxis üblich, nach einer ersten Auswertung der Kundenforderungen, ein so genanntes Kennfeld festzulegen. Dieses Kennfeld, in das alle vorläufig noch unbekannten Kennlinien der Baureihe passen sollen, wird durch die maximalen und minimalen **Leistungsdaten** begrenzt (BP 1 und BP 2). Die grafische Darstellung der Kennlinien erfolgt in einem Diagramm, in dem der Zusammenhang zwischen der Fördermenge (Q) und der Druckdifferenz zwischen Saug- und Druckseite der Pumpe deutlich wird. Der so genannte Betriebspunkt (BP) einer Pumpe ergibt sich darin als Schnittpunkt ihrer Kennlinie (PKL) mit einer Rohrleitungskennlinie (RKL), die durch Rücksprache mit dem potenziellen Kunden ermittelt werden muss. Abb. 5.4 zeigt die Zusammenhänge für das hier zu Grunde liegende Praxisbeispiel.

Es ist üblich, die Druckdifferenz nicht in Megapascal (MPa) sondern in der Höhe (H) einer Wassersäule (WS) anzugeben. Der Druckeinheit von einem Bar (bar) entspricht dann die Höhe einer Wassersäule von 10 m. Die eigentlich veraltete Druckeinheit bar lässt sich folgendermaßen in MPa umrechnen (1 bar = 0,1 MPa).

In Abb. 5.4 sind nun die beiden ersten ermittelten Betriebspunkte (BP 1 und BP 2) eingezeichnet, die sich als Schnittpunkte der Pumpenkennlinien mit der Rohrleitungskennlinie ergeben haben. Die zu den Betriebspunkten passenden Pumpenkennlinien lassen sich zunächst nur ungefähr einzeichnen. Ihre konkreten Verläufe werden erst nach Fertigstellung der Pumpe durch Versuche im Prüffeld ermittelt. Vorher ist man auf theoretische Betrachtungen angewiesen, die beim heutigen Stand der Berechnungsmethoden aber als gute Annäherungen angesehen werden können.

Bevor der Konstrukteur sich mit der Entwicklung des Prototyps befassen kann, muss er sich mit einer Fülle von Randbedingungen (Restriktionen) auseinander setzen. Ein Pumpenhersteller, der bereits seit einiger Zeit auf dem Markt agiert, verfügt in der Regel bereits über eine gewisse Anzahl von Baureihen. Der Anstoß zur Entwicklung einer neuen erfolgt deshalb oft durch die Anforderungen, die ein Fördermedium stellt, das bisher nicht bekannte Eigenschaften aufweist. Es kann sich z. B. um Schmutzwasser handeln, in dem

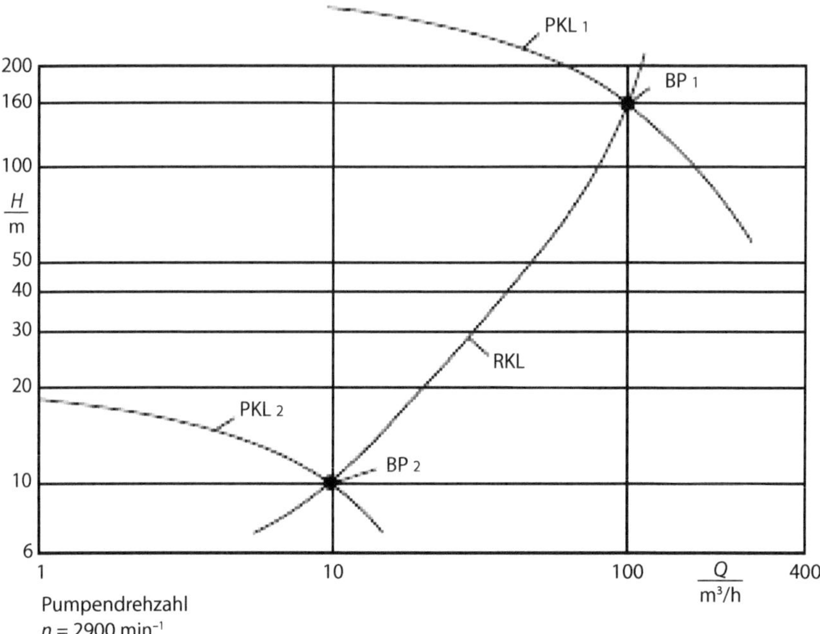

Abb. 5.4 Maximaler und minimaler Betriebspunkt für eine Pumpenbaureihe

Begleitstoffe enthalten sind, die spezielle Berücksichtigung in der Geometrie des Laufrades erfordern. Oder die Zähigkeitswerte liegen in einem Bereich, den man bisher nicht berücksichtigt hat. Nicht zuletzt können auch Korrosionsprobleme auftreten, die den Einsatz spezieller Werkstoffe erforderlich machen (s. hierzu auch Abb. 5.3). Aber auch ohne diese Randbedingungen taucht mit gewisser Regelmäßigkeit die Forderung nach der Verbesserung des Gesamtwirkungsgrades oder der Wartungsfreundlichkeit auf. Letzteres kann natürlich unabhängig von der zu entwickelnden Baureihe auch andere Produkte des Herstellers betreffen. Bevor die Konstruktion des Prototyps beginnen kann, ist also einige Arbeit zu leisten, die eine enge Kooperation zwischen Konstruktion und dem Vertrieb und/oder dem Marketing erfordert. Die Erstellung einer Anforderungsliste wird dann in der Regel damit begonnen, dass die maximalen Werte für Druckdifferenz und Fördermenge als Auslegungsdaten zugrunde gelegt werden (BP 1 in Abb. 5.4). Die Festlegung weiterer Forderungen kann der folgenden Beschreibung für die Anforderungsliste der Baureihe entnommen werden (Tab. 5.1). Für den Prototyp gelten dann die jeweils maximalen Werte für den Rohrdurchmesser an Druck- und Saugseite sowie für die Druckstufe.

Für die folgende Beschreibung des Vorgehens bei der Erstellung der Anforderungsliste für die Baureihe wird auf die Darstellungen der **Leitlinie** (Tab. 4.1) und der Pumpe (Abb. 5.3) zurückgegriffen. Die Leitlinie weist unter Pos. 10 „ Kontrolle“ einen Aspekt aus, der in Abb. 5.3 an erster Stelle (Punkt 1) genannt wird. Es handelt sich um den Hinweis, dass geprüft werden muss, welche Normen und Richtlinien für das zu bearbeitende technische Erzeugnis zu beachten sind. Im Falle einer marktgerechten Pumpe fallen

Tab. 5.1 Anforderungsliste für die Bildung einer Pumpenbaureihe

FH -Köln **IPK**	**Anforderungsliste** für: KSB-Chemienormpumpe (Variantenkonstruktion) Projektleiter: P. Naefe		Ausgabe: 1 Datum: 20.10.2014 Seite 1 von …
F/W		Änderung Datum	Verantwortlich
	1. Geometrie		
F	1.1 Durchmesser an der Druckseite: DN 25/32/40/50/65/80/100, Anschluss mit Flansch nach z. B. DIN 2502		
F	1.2 Durchmesser an der Saugseite: DN 40/50/65/80/100/125/160, Anschluss mit Flansch nach z. B. DIN 2502		
	2. Kinematik		
F	2.1 an der Saugseite max. v = 2,5 m/s		
F	2.2 an der Druckseite v = 6,4 m/s		
	3. Kräfte		
F	3.1 Verminderung des Axialschubes um min. …%		
F	3.2 Wellendurchbiegung max. ….mm		
F	3.3 Betriebsweise unterkritisch bei Antriebsdrehzahl n = 2900 min^{-1}		
	4. Energie		
F	4.1 Antriebsenergie: elektrisch		
F	4.2 Druckstufen PN 2,5/4/6,3/10/16 bar		
F	4.3 Temperaturbereich -40 bis 400 °C		
	5. Stoff		
W	5.1 Fördermedien: Wasser, Öl, usw. (ggf. Angaben zu Viskosität, Dichte)		
W	5.2 Werkstoffe der Pumpenteile nach Anforderungen (s. hierzu auch Liste in **Bild 5-3**)		

darunter natürlich die Anschlussmaße der Rohrleitungen an Saug- und Druckseite und gehören damit (auch) zum Hauptmerkmal „Geometrie". Die Normen für Rohrleitungen legen fest, dass deren Größen (Durchmesser) nach der Normzahlenreihe R10 gestuft sind, damit ist die Entscheidung, nach welchem Stufensprung in der Größenreihe der Pumpen zu verfahren ist, im Prinzip gefallen. Es bleibt dem Konstrukteur allerdings noch die Freiheit, aus der Reihe R10 nicht jede Zahl zu verwenden. Er kann z. B. nur jede zweite nehmen, das bedeutete dann eine Normzahlenreihe R5, oder er kann ein anderes

Auswahlkriterium wählen (z. B. eine so genannte Auswahlreihe). Für das weitere Vorgehen ist es angebracht, jetzt die erwähnte Leitlinie den **Hauptmerkmalen** folgend Punkt für Punkt durchzugehen und damit die Anforderungsliste (Tab. 5.1) zu erstellen. Die Hauptmerkmale erhalten dazu die Ziffern 1 bis 17, die in der Tab. 4.1 nicht enthalten sind.

Hierzu sind noch einige Hinweise angebracht:

- Die Anforderungsliste sollte einigen formalen Aspekten genügen, auf die hier nicht näher eingegangen wird. Ihr Aufbau entspricht den in der Literatur (z. B. [PaBe13, Nae18]) beschriebenen Gesichtspunkten. Für die Nummerierung der einzelnen Punkte wird eine so genannte Dezimalklassifikation empfohlen. Auf diese Weise können Änderungen oder Ergänzungen so vorgenommen werden, dass nur das jeweilige Hauptmerkmal betroffen ist, die Ordnung in den anderen aber unverändert bestehen bleiben kann.
- In Bezug auf die Wahl zwischen **Forderungen** und **Wünschen** gibt es inzwischen drei verschiedene Arten der Bezeichnung, hier wird die einfachste gewählt, nämlich „F“ für Forderung und „W“ für Wunsch.
- Die in der Tab. 5.1 dargestellte Anforderungsliste entsteht natürlich in Wirklichkeit dadurch, dass die Hauptmerkmale der Leitlinie nach und nach durchgegangen werden.

1. Geometrie

Hier sind zunächst die in dem Punkt 1 des Abb. 5.3 angesprochenen Anschlussmaße zu behandeln. Da unter „Leistungen“ in erster Linie die an die Baugröße anzupassenden Antriebsleistungen verstanden werden, ist darauf später einzugehen. Um einen Bezug zur Praxis herzustellen, wird für das hier behandelte Beispiel eine Pumpenbaureihe des Herstellers KSB gewählt, deren Kennlinienfeld in Abb. 5.5 dargestellt ist. Die jeweils erste Ziffer in der Kennzeichnung der Pumpen (z. B. 25-160) bezeichnet den Durchmesser des Druckstutzens.

Wie dem Abb. 5.5 zu entnehmen ist, hat sich der Hersteller dafür entschieden, die Baureihe der Pumpen mit einem Durchmesser des Druckstutzens von 25 mm Durchmesser zu beginnen (DN 25) und bei DN 100 enden zu lassen. Die betreffenden Normen für die Rohrleitungen sind die DIN 2402 bzw. ISO 2858, der Stufensprung, der in Normzahlenreihe R10 verwendet wird beträgt $\varphi = 1{,}25$.

Für den zugeordneten Durchmesser des Saugstutzens wird ein größeres Maß gewählt als für den Druckstutzen. Diese Festlegung erfolgt aufgrund der Forderung, dass die Strömungsgeschwindigkeit an der Saugseite einer Pumpe geringer sein soll als an der Druckseite. Das Verhältnis zwischen den beiden Durchmessern kann natürlich im Prinzip frei gewählt werden, aus der Schnittdarstellung in Abb. 5.3 kann man durch Ausmessen entnehmen, dass man sich bei dieser Pumpe für ein Verhältnis von 1,6 entschieden hat.

An dieser Stelle soll noch ein Detail erörtert werden, das für die Pumpe selbstverständlich sehr wichtig ist, der Raumbedarf. Hier hat der Konstrukteur natürlich einige Freiheiten, die aber wiederum mit den Vorstellungen der Kunden abgestimmt werden müssen.

Aus den Unterlagen, die von der Fa. KSB zur Verfügung gestellt wurden, geht hervor, dass für Chemienormpumpen in dieser Hinsicht ebenfalls Normen existieren, auf die hier nur hingewiesen werden kann, es handelt sich für Deutschland um EN 22858/ISO 2858/ISO 5199.

Auch die Anordnung und die Anschlussmaße von Saug- und Druckstutzen werden in diesem Zusammenhang nach den einschlägigen Normen festgelegt.

2. Kinematik

Unter diesem Hauptmerkmal ist für eine Pumpe der wichtigste Punkt die Strömungsgeschwindigkeit des zu fördernden Mediums. Sie hängt natürlich bei vorgegebenen Rohr- bzw. Stutzendurchmessern (Querschnittsfläche) vom Fördervolumen ab, das wiederum mit der Breite des jeweiligen Laufrades zusammenhängt. Als wichtigste Randbedingung für diese Betrachtung ist die Forderung zu nennen, dass an der Saugseite der Pumpe die Geschwindigkeit nicht größer als 2,5 m/s sein soll. Damit ergibt sich für die Druckseite aufgrund des bereits erwähnten Verhältnisses der Stutzendurchmesser von 1,6 ein Querschnittsverhältnis von $1{,}6^2 = 2{,}56$ und daraus eine Geschwindigkeit an der Druckseite von

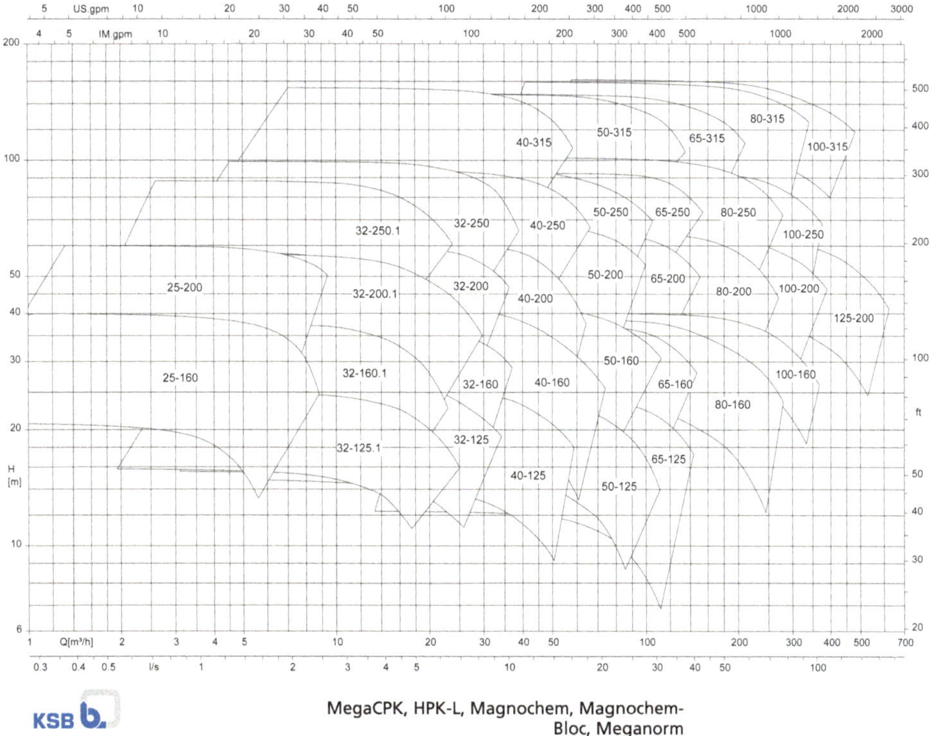

Abb. 5.5 Kennlinienfeld für eine Radialpumpe für die Drezahl $n = 2900\ \text{min}^{-1}$. (© KSB Aktiengesellschaft)

6,4 m/s. Die dazu passenden Fördervolumen sind also durch die entsprechende Auslegung der Laufradbreite bei vorgegebener Motordrehzahl n (s. Abb. 5.5) berechenbar. Hierbei besteht allerdings die Unsicherheit, dass der so genannte Betriebspunkt sich je nach dem Verlauf der Rohrleitungskennlinie irgendwo im Kennfeld der jeweiligen Pumpe befinden kann.

3. Kräfte

Der wichtigste Aspekt unter diesem Hauptmerkmal ist die Größe des Axialschubes an der Pumpenwelle, der sich aufgrund des Druckunterschiedes zwischen Druck- und Saugseite am Laufrad einstellt. Zur Verminderung dieser Kraft sind ggf. Maßnahmen, wie Ausgleichsbohrungen oder Rückenbeschaufelung am Laufrad erforderlich.

Die Steifigkeit der Welle ist ebenfalls ein wichtiger Punkt, hiermit hängt die Einsetzbarkeit bestimmter Lagerarten und Dichtungen zusammen.

Im Zusammenhang mit dem sich einstellenden Schwingungsverhalten ist außer der Steifigkeit der Welle die Betriebsdrehzahl von Bedeutung. Es muss nämlich festgelegt werden, ob die Pumpe unterhalb oder oberhalb der so genannten kritischen Drehzahl betrieben werden soll. Im vorliegenden Fall beträgt die Motordrehzahl $n = 2900\ \text{min}^{-1}$.

Im Zusammenhang mit den letzten beiden Aspekten sei an dieser Stelle auf die Spezifikationen in ISO 5199, VDMA 24297 und EN 809 verwiesen.

4. Energie

Hier ist als erstes die für den Betrieb der Pumpe erforderliche Antriebsleistung zu nennen. Sie hängt mit dem jeweiligen Fördervolumen und dem gewünschten Druck (in Abb. 5.5 als Förderhöhe H in m ausgewiesen) zusammen. Die Berechnung des Leistungsbedarfs einer Pumpe erfolgt mit der Formel:

$$P = \rho \times g \times Q \times H.$$

ρ steht für die Dichte des Fördermediums, Q für die Fördermenge und g für die Erdbeschleunigung. Selbstverständlich ist für die Auslegung des Antriebsmotors noch der hydraulische Wirkungsgrad zu berücksichtigen.

Auf weitere Details kann an dieser Stelle nicht eingegangen werden, es sei aber noch erwähnt, dass der auszuwählende Antriebsmotor seinerseits gewöhnlich wieder aus einer Baureihe stammt und damit nicht in jeder beliebigen Leistung zur Verfügung steht. Um überhaupt einen Antrieb auswählen zu können, muss außerdem noch die Entscheidung getroffen werden, welche Art Antriebsenergie für die Pumpe gewählt werden soll (in der Regel natürlich elektrische).

Die Stufung des Druckes erfolgt durch den Durchmesser des Laufrades der Pumpe. Die in Abb. 5.5 an der zweiten Stelle der Kennziffer stehende Zahl weist den jeweiligen Durchmesser aus, bei näherer Betrachtung erkennt man wieder die Normzahlenreihe R10. Die entsprechende Druckstufung (PN) erfolgt entsprechend der Norm (DIN 2401) nach der

Reihe R5. Im Kennfeld ist erkennbar, dass der Anfangsdruck für die Baureihe mit PN = 2,5 bar ausgewählt wurde und der Maximaldruck 16 bar beträgt.

Der zulässige Temperaturbereich des Fördermediums wird vom Hersteller laut Baureihenheft mit −40 bis 400 °C angegeben. Daraus ist ersichtlich, dass nicht ausschließlich Wasser in Betracht kommt.

5. Stoff

Unter diesem Punkt ist festzulegen, welche Fördermedien für die Pumpe vorgesehen und welche Werkstoffe geeignet bzw. vorgeschrieben sind. Für den letzteren Aspekt gibt die Liste in Abb. 5.3 einige Möglichkeiten zur Entscheidung vor.

Alle Hauptmerkmale detailliert zu behandeln würde den Rahmen dieses Abschnitts sprengen. Im Einzelnen spielen ja auch die Bedürfnisse des jeweiligen Anwenders und die Möglichkeiten des Herstellers eine Rolle, die keinen Anspruch auf Allgemeingültigkeit haben. Es soll lediglich noch drauf hingewiesen werden, dass die Hauptmerkmale: Sicherheit, Fertigung, Kontrolle, Montage, Gebrauch und Instandhaltung eine sorgfältige Beachtung verdienen.

Fazit

Wenn eine einfache Größenstufung mit einer Normzahlenreihe nicht ausreicht, um eine Baureihe zu bilden, ist die Erstellung einer Anforderungsliste unabdingbar. Ihr Aufbau orientiert sich an der des Grundentwurfs.

5.2.2 Ausarbeitung

Die Phase der **Ausarbeitung** kann bei einer Variantenkonstruktion unmittelbar auf die Erstellung der Anforderungsliste erfolgen. Die Phasen **Konzeption** und **Entwurf** entfallen in der Regel, weil ja davon ausgegangen werden kann, dass bereits ein vollständig dokumentiertes technisches Erzeugnis existiert. Im vorliegenden Fall der Kreiselpumpe kann dies ebenfalls angenommen werden, es kann ja vorausgesetzt werden, dass ein vollständiger Satz der Fertigungsunterlagen des Grundentwurfs (**Prototyps**) vorliegt. Im einfachsten Fall wäre nun, selbstverständlich erst nach gründlicher Erprobung und eventuell erfolgter Optimierung, lediglich eine der Größenstufung entsprechende Verkleinerung der Abmessungen erforderlich. Im ausgewählten Beispiel entspricht der Grundentwurf ja der Pumpe mit den maximalen Leistungsdaten. Dass die Größenstufung nicht der einzige Aspekt ist, der hier beachtet werden muss, zeigen die Einzelheiten, die in Abschn. 5.2.1 behandelt wurden.

Die Entwicklung des Prototyps, der je nach Neuigkeitsgrad eine Anpassungs- oder sogar eine Neukonstruktion darstellt, erfordert natürlich gegebenenfalls die Bewältigung einer Konzeptions- und/oder auch einer Entwurfsphase, bevor die Ausarbeitung in Angriff genommen werden kann.

Zum besseren Verständnis für das was nun zu geschehen hat, wird auf die in den Lehrbüchern der Konstruktionsmethodik [Con18, Ehr17, Nae18, PaBe13] eingehender beschriebenen Sachverhalte kurz eingegangen. Bei genauerer Betrachtung der Darstellung aller Arbeitsschritte in Abb. 1.3 ist zu berücksichtigen, dass die Phasen III und IV sich beim sechsten Arbeitsschritt überschneiden. Das bedeutet, dass auch in der letzten Phase noch die Möglichkeit besteht, Details des Gesamtentwurfs, falls es erforderlich ist, noch gestalterisch zu verändern oder anzupassen. Diese Erfordernisse können sich daraus ergeben, dass bei der Festlegung der endgültigen Baustruktur des Produktes weitere Erkenntnisse gewonnen werden. Es ist ja in der Ausarbeitungsphase erforderlich, alle Einzelheiten: Form, Bemessung, Oberflächen und Werkstoffe, festzulegen und auch die Belange von Fertigung und Montage zu berücksichtigen.

An dieser Stelle ist es angebracht, dem Gesichtspunkt „**Baukasten**" ein wenig Aufmerksamkeit zu widmen. Die Abdichtung der Welle besteht aus einer Baugruppe, die vom Hersteller mit verschiedenen Ausprägungen angeboten wird (s. Abb. 5.6), deren konstruktive Merkmale aber nicht größenabhängig sind. Der wichtigste Aspekt hierzu ist die Forderung nach Dichtheit (zul. Leckage), die damit zusammenhängt, welche Gefahr für Mensch und Umwelt vom Fördermedium ausgehen könnte. Die Art der Dichtung hat auch Einfluss darauf, wie groß der erforderliche Wartungsaufwand beim Betrieb der Pumpe wird.

Nicht zuletzt spielt natürlich auch der Preis der jeweiligen Baugruppe eine Rolle. Die Auswahl der Dichtung und ihre geometrischen Auswirkungen auf die benachbarten Teile der Pumpe werden deshalb in der Phase IV angesiedelt.

Welche Fülle von Gesichtspunkten vom Konstrukteur zu beachten ist wird deutlich, wenn man den Inhalt des siebten Arbeitsschrittes „Ausarbeitung der Ausführungs- und Nutzungsangaben" einmal (nach *Pahl/Beitz* [PaBe13]) genauer unter die Lupe nimmt. Es werden die folgenden Punkte genannt:

- Detaillieren und Festlegen von Einzelteilen,
- Anfertigung der Einzelteilzeichnungen,
- Falls erforderlich, Gruppenzeichnungen erstellen,
- Gesamtzeichnung, die das vollständige Produkt zeigt, anfertigen,
- alle Stücklisten (für Fertigung und Beschaffung) zur Verfügung stellen,
- Vervollständigung der Erzeugnisdokumentation, als da sind: Fertigungs-, Montage- und Transportvorschriften, Bedienungsanleitungen, Sicherheits- und/oder Gefahrenhinweise,
- Normenprüfung (gegebenenfalls Werksnormen zu Rate ziehen).

Die Gesamtheit der Tätigkeiten in der Ausarbeitungsphase wird heute durch die umfangreichen Möglichkeiten der Datenverarbeitung unterstützt oder bei bereits vorhandenen Unterlagen (des Prototyps) zumindest teilweise sogar automatisiert. Außerdem besteht inzwischen sehr häufig eine direkte Verknüpfung von Zeichnungsdaten mit der Fertigungsplanung und/oder der Programmierung von NC-gesteuerten Werkzeugmaschinen. Die zuletzt angesprochenen Gesichtspunkte sind natürlich davon abhängig, wie weit

Abb. 5.6 Beispiele für verschiedene Bauformen von Gleitringdichtungen. (© KSB Aktiengesellschaft)

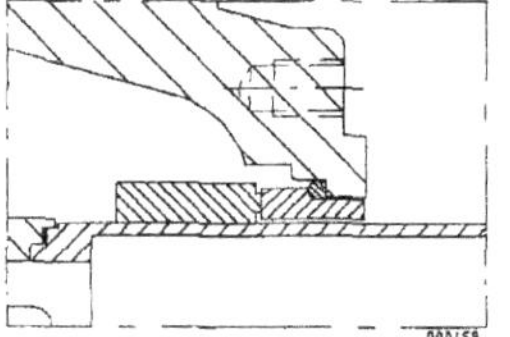

Konischer Dichtungsraum (A-Deckel)

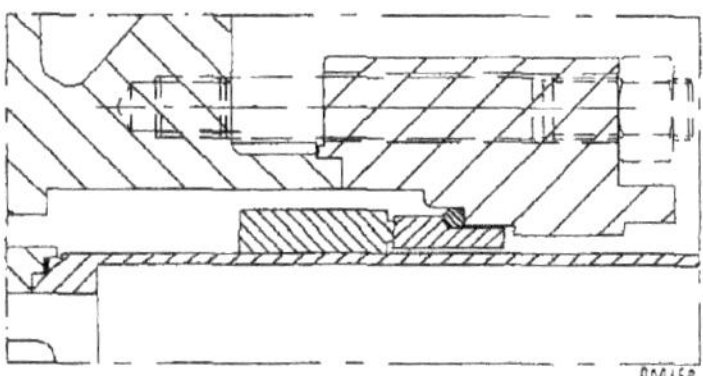

Zylindrischer Dichtungsraum

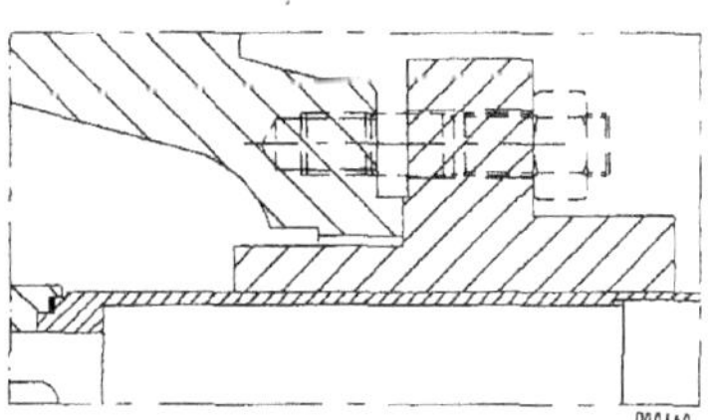

Patronendichtung

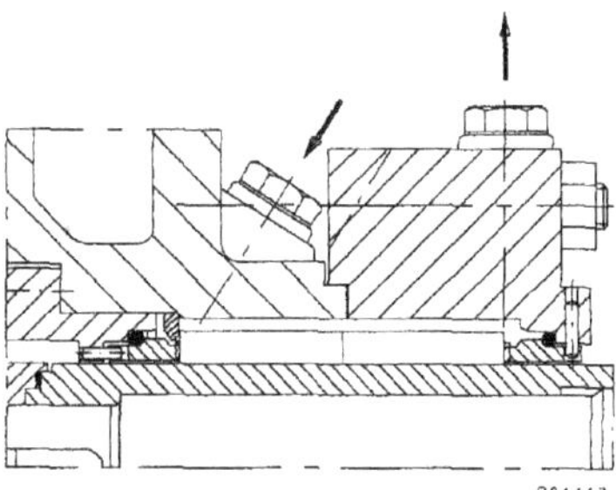

Wellendichtung: Gleitringdichtung doppeltwirkend, (back to back) beidseitig nicht entlastet

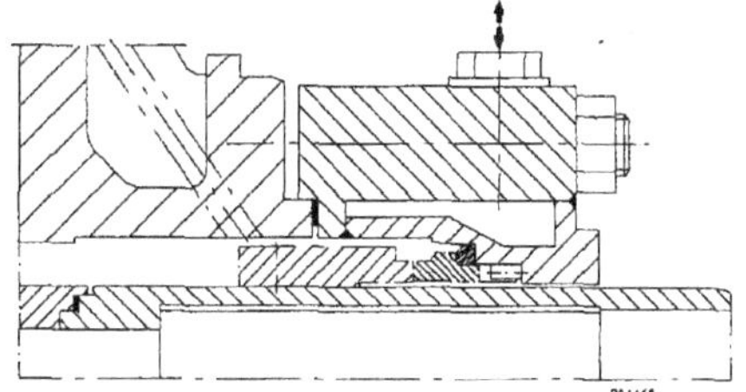

Wellendichtung: Gleitringdichtung einfachwirkend, für CPKN-CHs mit beheiztem Dichtungsdeckel.

das jeweilige Unternehmen bei der Nutzung moderner Datenverarbeitung fortgeschritten ist. Die Unterschiede können auch heute noch so groß sein, dass vom 2D-CAD, das in der Arbeitsweise dem Zeichenbrett ähnlich ist, bis zum 3D-CAD/CAM-System mit Produktdatenmanagement (PDM) alles zum Einsatz kommen kann. Auf Einzelheiten einzugehen würde den hier gebotenen Rahmen sprengen. Es wird deshalb nur noch auf die notwendigen Kenntnisse des technischen Zeichnens hingewiesen [Hoi14, LaWe13] und auf die Richtlinien VDI 2210, 2211 und 2212, die den EDV-Einsatz in der Konstruktion unterstützen.

Fazit

In der Phase der Ausarbeitung kann es im Detail noch dazu kommen, dass in die Gestaltung eingegriffen werden muss. Dadurch wird dann unter Umständen ein schleifenförmiges Vorgehen (Iteration) innerhalb der Phasen III und IV erforderlich.

5.3 Weitere Quellen

DIN-Normen (Deutsches Institut für Normung): Wiedergegeben mit Erlaubnis des DIN Deutsches Institut für Normung e. V. Maßgebend für das Verwenden der DIN-Norm ist deren Fassung mit dem neuesten Ausgabedatum, die bei der Beuth Verlag GmbH, Burggrafenstraße 6, 10787 Berlin, erhältlich ist.

VDI-Richtlinien: VDI-Verlag, Düsseldorf

Literatur

[Con18] Conrad, K.-J.: Grundlagen der Konstruktionslehre, 7. Aufl. Hanser, München (2018)
[Ehr17] Ehrlenspiel, K.: Integrierte Produktenwicklung, 6. Aufl. Hanser, München (2017)
[Hoi14] Hoischen, H.: Technisches Zeichnen, 34. Aufl. Cornelsen, Berlin (2014)
[LaWe13] Labisch, S., Weber, C.: Technisches Zeichnen: Selbstständig Lernen und effektiv Üben, 4. Aufl. Springer Fachmedien, Wiesbaden (2013)
[Nae18] Naefe, P.: Methodisches Konstruieren, 3. Aufl. Springer, Vieweg (2018)
[PaBe13] Pahl, G., Beitz, W.: Konstruktionslehre, 8. Aufl. Springer, Berlin/Heidelberg (2013)

6 Anpassungskonstruktion

In der industriellen Praxis betreffen rund 90 % aller Entwicklungsprojekte mit Weiterentwicklungen (Anpassungs- oder Variantenkonstruktion) [PaBe13]. Ziel dieser Projekte ist häufig die Optimierung von Funktionen und/oder Kosten, wobei der Fokus nicht immer auf der Gesamtmaschine liegt, sondern häufiger noch auf Baugruppen und/oder Einzelteilen.

Kennzeichnend für diese Entwicklungen ist, dass die Prinziplösung für die vorliegende Aufgabenstellung bekannt ist. Die Arbeiten beginnen daher keinesfalls „auf der grünen Wiese“ oder „bei Null“, sondern bauen auf vorhandenen Produkten und Erkenntnissen auf. Aus Kostengründen und zur Reduzierung von Entwicklungsrisiko und -zeit, werden häufig vorhandene Baugruppen und Komponenten aus Vorgängerversionen übernommen. Sie neu zu entwickeln, zu fertigen und zu erproben macht unter Kosten- und Zeitaspekten in vielen Fällen keinen Sinn.

Module und Komponenten werden häufig auch zugekauft oder in Kooperation mit einem spezialisierten Unternehmen an die Aufgabenstellung angepasst. Die Phase Konzipieren entfällt auch hier und die Arbeiten konzentrieren sich auf die drei weiteren Phasen des Entwicklungsprozesses (Abb. 6.1).

Entscheidenden Einfluss auf die Qualität einer Anpassungskonstruktion hat die Phase Entwerfen, die daher auch im Mittelpunkt der folgenden Betrachtungen steht. Ausgangspunkt für die Phase Entwerfen sind dabei die in der Phase Planen erreichten Ergebnisse. Zum Beispiel die Anforderungsliste, der Produktstrukturplan sowie der Projektablaufplan, die in initialen Versionen vorliegen müssen. Von besonderer Bedeutung für das weitere Vorgehen ist dabei der Produktstrukturplan, der auf Basis des Vorgängerproduktes und vorhandenen Erkenntnissen erstellt wird. Er gibt einen Überblick über den geplanten Aufbau des Produkts, die zu übernehmenden Module und Komponenten, die vorgesehenen Zukaufteile sowie die selber zu entwickelnden Teile (s. a. Abschn. 7.2).

Auch, wenn der initiale Produktstrukturplan im Laufe des Entwicklungsprozesses noch verschiedenen Änderungen und Anpassungen unterliegen kann, so beinhaltet er doch eine

P. Naefe, J. Luderich, *Konstruktionsmethodik für die Praxis*,
https://doi.org/10.1007/978-3-658-31187-2_6

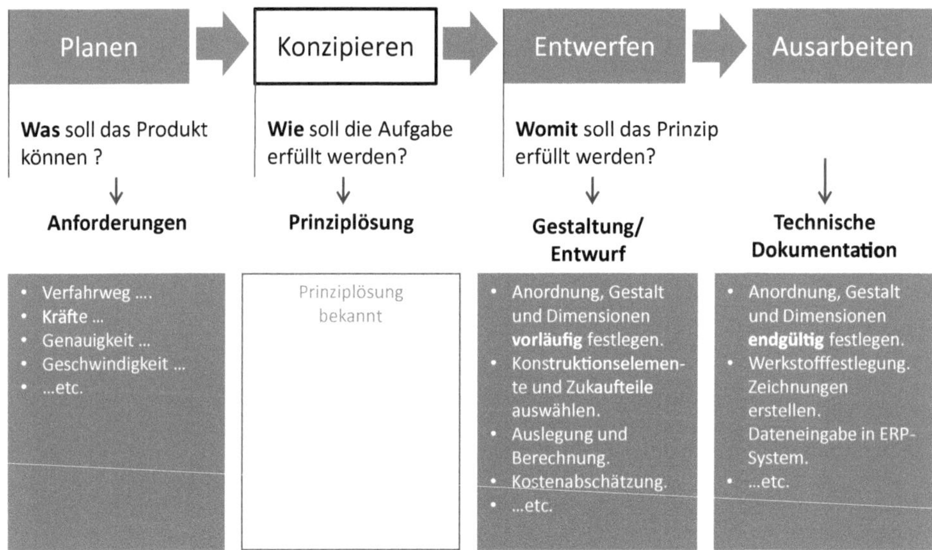

Abb. 6.1 Bei Anpassungskonstruktionen ist die Prinziplösung bekannt und die Entwicklungsarbeiten konzentrieren sich auf die Phasen Planen, Entwerfen und Ausarbeiten

ganze Reihe konkreter Entscheidungen und Festlegungen. Diese Festlegungen sind auf der einen Seite für einen stringenten Entwicklungsablauf erforderlich, auf der anderen Seite sind aber anfangs häufig nicht alle Konsequenzen und Folgen dieser Entscheidungen absehbar. Es ist daher wichtig, den Produktstrukturplan als dynamisches Dokument zu verstehen, dessen Optimierung Iterationen erfordern kann. Sei es, um die Richtigkeit der Entscheidungen zu bestätigen, oder um sie zu korrigieren und damit ein besseres Produkt zu entwickeln.

Im Produktstrukturplan können verschiedene Kategorien von Baugruppen bzw. Komponenten unterschieden werden. Teile, die übernommen werden, Teile, die zugekauft werden und Teile, die selber entwickelt werden sollen. Dabei ist es in den meisten Fällen sinnvoll, möglichst viele Teile zu übernehmen und möglichst wenige Teile neu zu entwickeln.

Unter Zeit- und Kostengesichtspunkten ist es sinnvoll, möglichst viele Teile von bestehenden Produkten zu übernehmen. Die Zahl der neu zu entwickelnden Teile sollte so gering wie möglich sein.

6.1 Die Phase Entwerfen

Hauptinhalt der Phase Entwerfen ist das Gestalten. Unter Gestalten wird nach Richtlinie VDI 2223 eine Tätigkeit verstanden, bei der der Konstrukteur Gestalt- und Werkstoffeigenschaften von Gestaltungselementen festlegt. Neben dem Gestalten umfasst das

„Entwerfen“ das Planen, Steuern und Überwachen des Gestaltungsprozesses. Das Gestalten erfolgt prinzipiell in allen Phasen des Konstruktionsprozesses. In der Planungsphase durch die Definition gestaltrelevanter Anforderungen (z. B. Bauraum, Anschlussmaße), in der Konzeptphase durch die Auswahl physikalischer Effekte und natürlich auch in der Ausarbeitungsphase, in der die finale Detaillierung der Gestalt erfolgt. Die größte Bedeutung haben jedoch die gestalterischen Vorgänge in der Phase Entwerfen und stehen daher im Mittelpunkt der folgenden Betrachtungen.

Ausgangszustand für das Gestalten in der Entwurfsphase ist die Prinziplösung, die je nach Konstruktionsart in Form von Dokumenten, Skizzen und/oder Modellen (Neukonstruktion) oder als physikalisch vorhandene Vorgängermaschine (Anpassungskonstruktion) vorliegen kann. Diese Prinziplösung wird dann in der Phase Entwerfen in einen maßstäblichen Entwurf weiterentwickelt. Der Entwurf beinhaltet schon alle für die Umsetzung grundlegenden Entscheidungen bzgl. der Anordnung und Gestaltung, der zu verwendenden Konstruktionselemente und Zukaufteile, des Maschinendesigns, der Ergonomie sowie weiterer Aspekte wie Fertigung und Montage.

Ergebnis der Phase Entwerfen ist der maßstäbliche Entwurf sowie eine erste, initiale Stückliste mit allen wesentlichen Komponenten.

Die Erstellung des Entwurfs ist eine anspruchsvolle Aufgabe, bei der sehr viele Anforderungen und Einflussgrößen beachtet werden müssen. Sind diese Anforderungen und Einflussgrößen für das Gesamtprodukt durch eine detaillierte Anforderungsliste bekannt, so ergeben sich doch in der Praxis bei der Betrachtung der einzelnen Module und Bauteile weitere Einflussgrößen, die sich zum Teil auch gegenseitig bedingen.

Um diesen Zusammenhang zwischen dem Fortschritt beim Gestalten und der Entstehung neuer Anforderungen zu verdeutlichen, dient das folgende Beispiel. Nehmen wir an, die zu entwickelnde Maschine soll durch ein Gehäuse verkleidet werden, um den Sicherheitsanforderungen gerecht zu werden und ein ästhetisches Aussehen zu erreichen. Bei der Erstellung der Anforderungsliste wurde die Materialwahl für das Gehäuse bewusst offen gelassen, um dem Konstrukteur die Möglichkeit zu geben, in der Entwurfsphase eine kostenoptimale Lösung zu finden.

Trifft nun der Konstrukteur beispielsweise die Entscheidung für ein Stahlblechgehäuse, so hat diese auch Auswirkungen in ganz anderen Bereichen. Durch das Gehäusematerial werden die elektrische Isolationswirkung und damit der Schutz gegen einen elektrischen Schlag beeinflusst. Wird das Gehäuse aus Stahlblech gefertigt und ist das Gerät dann der Schutzklasse I nach Richtlinie EN 61 140 zuzuordnen, so sind die elektrisch leitfähigen Gehäuseteile mit dem Schutzleitersystem zu verbinden. Es entstehen zusätzliche Anforderungen, wie z. B. die sichere Kontaktierung und die Verlegung des Schutzleiters. Anforderungen, die bei einem elektrisch isolierenden Kunststoffgehäuse bei geeigneter Gestaltung nicht entstehen.

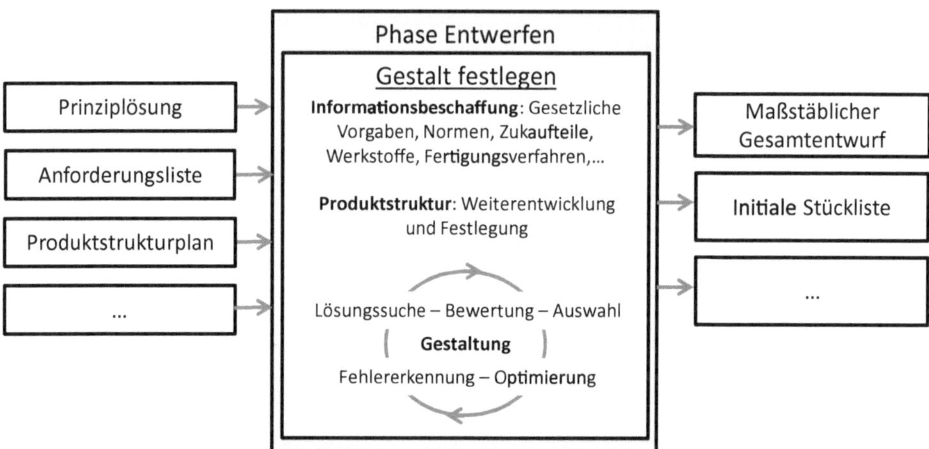

Abb. 6.2 Auf Basis der Informationsbeschaffung steht die Gestaltung des Produktes und Weiterentwicklung der Produktstruktur im Mittelpunkt der Entwurfsphase

Dieses Beispiel zeigt, dass der Informationsaustausch zwischen den verschiedenen beteiligten Entwicklern für die Entwurfsphase elementar wichtig ist. Dabei muss gerade auch die fachdisziplinübergreifende Kommunikation bei den heutigen interdisziplinären Projekten kontinuierlich und ganz selbstverständlich erfolgen.

In Abb. 6.2 sind die wesentlichen Inhalte der Entwurfsphase dargestellt. Ganz analog zum Konzipieren dienen die Schritte „Lösungssuche – Bewertung – Auswahl" dem Finden einer optimalen Lösung. Im Unterschied zu dieser Konstruktionsphase beinhaltet die Tätigkeit des Entwerfens aber mehr Elemente mit vorläufigem Status. Das Erkennen von Fehlern oder weniger optimalen Ansätzen ist zusammen mit den hieraus resultierenden Korrekturen ein ganz wesentlicher Bestandteil der Entwurfsphase. Hinzu kommt die zeitintensive Tätigkeit der Informationsbeschaffung. Aktivitäten, wie Gespräche mit Lieferanten von Zukaufteilen, die Diskussion bzgl. optimaler Fertigungsverfahren, aber auch die Klärung von Randbedingungen mit internen und externen Partnern müssen in ausreichender Detailtiefe durchgeführt werden, um die verschiedenen Möglichkeiten abwägen zu können und abgesicherte Entscheidungen zu treffen.

Neben den genannten Tätigkeiten fallen weitere Arbeiten in der Entwurfsphase an. Zum Beispiel die laufende Überwachung der zu erwartenden Herstellkosten, der Austausch und ggf. auch die Betreuung der parallel anlaufenden Arbeiten in Produktion und Qualitätssicherung oder ganz allgemein das Management dieser Phase. Angedeutet in Abb. 6.2 durch die nicht weiter bezeichneten Kästchen.

Eine andere Sicht auf die Entwurfsphase zeigt Abb. 6.3. Hier wird versucht, die zeitliche Abfolge mit wichtigen Arbeitsschritten zu verdeutlichen. Die Vorgehensweise beim Entwerfen kann allerdings nur bedingt als eine strenge Abfolge von Schritten vorgegeben

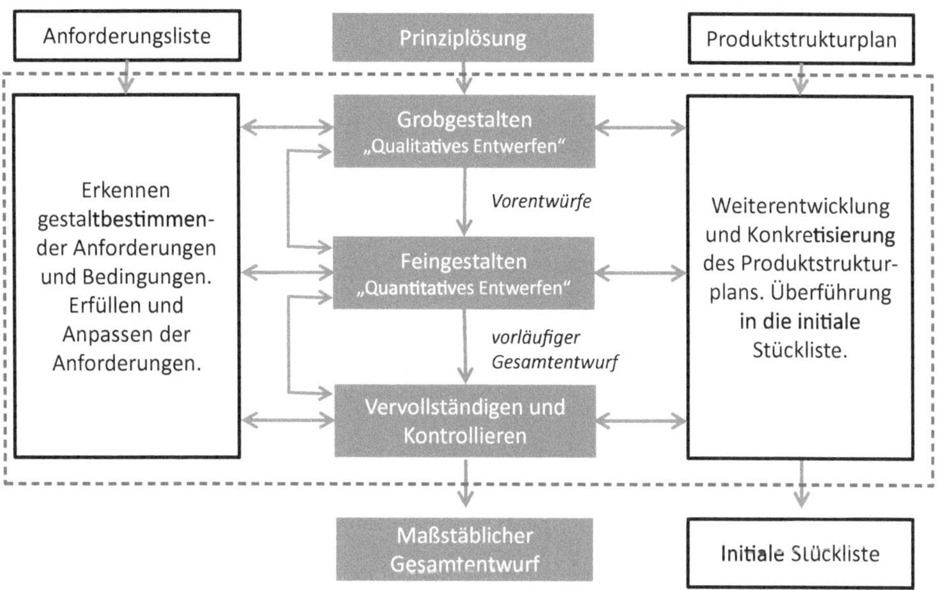

Abb. 6.3 Strukturierung der Entwurfsphase aus zeitlicher Sicht

werden, die strikt einzuhalten ist. Hierzu unterscheidet sich die operative Durchführung von Fall zu Fall zu stark und muss an den jeweils vorliegenden Fall angepasst werden. In der Fachliteratur [PaBe13] und der einschlägigen Richtlinie VDI 2223 wird daher ein prinzipieller Vorgehensplan mit 15 bzw. 11 Hauptschritten angegeben, von dem Abweichungen oder Ergänzungen in Form von weiteren Arbeitsschritten im Einzelfall je nach Problemlage festzulegen sind.

Für die Darstellung in Abb. 6.3 wird bewusst die gröbere Strukturierung in die Schritte „Grobgestaltung", „Feingestaltung" und „Vervollständigen und Kontrollieren" gewählt. Diese werden durch die Weiterentwicklung und Konkretisierung des Produktstrukturplans und die kontinuierliche Ergänzung und Berücksichtigung der Anforderungen flankiert. Das Erkennen von gestaltbestimmenden Anforderungen wird ebenfalls als parallel verlaufender Prozess verstanden, auch wenn er gerade am Anfang der Entwurfsphase mit besonderer Intensität betrieben werden muss. Wie in Abb. 6.2 wird auf die Darstellung weiterer, paralleler Prozesse, wie sie in Abb. 3.2 dargestellt sind, verzichtet.

Zentraler Ausgangspunkt für das Gestalten in der Phase Entwerfen ist die Prinziplösung, die durch die initiale Produktstruktur und die Anforderungsliste ergänzt wird. Produktstruktur und Anforderungsliste sind immer als dynamische Dokumente zu behandeln, die vielfältigen Änderungen, Konkretisierungen und Detaillierungen unterliegen.

Den Gestaltungsprozess beginnt man sinnvollerweise mit einer detaillierten Betrachtung der Einflussgrößen auf die Gestaltung des zu entwickelnden Produkts bzw. der zu gestaltenden Module und Komponenten. Da sich viele die Gestalt beeinflussende Größen erst im Laufe des Entwicklungsprozesses ergeben, kann die Anforderungsliste hier keine umfassende Antwort liefern. Man denke nur an das oben genannte Gehäusebeispiel oder den Einfluss der Materialwahl bei tragenden Elementen auf die notwendige Geometrie. Auch die Auswahl von Zukaufteilen kann neue, bisher nicht bekannte Anforderungen für andere Komponenten nach sich ziehen. Geänderte Anschlussmaße, Bauräume, elektrische Leistungen oder Kommunikationsschnittstellen sind nur einige Beispiele hierfür. Wird beispielsweise an Stelle eines konventionellen Displays zukünftig ein Display mit integriertem Touchscreen verwendet, so hat diese Änderung Einfluss durch den Wegfall der bisher notwendigen Tastatur, die notwendigen Änderungen am Displaygehäuse sowie die Programmierung des Nutzerinterfaces.

Es wird deutlich, dass das **„Erkennen gestaltbestimmender Anforderungen und Bedingungen“** (Richtlinie VDI 2223) große Bedeutung besitzt und im Laufe des Gestaltungsprozess wiederholt durchlaufen werden muss. Dabei ist es auch sinnvoll das Produkt einer **globalen Betrachtung** zu unterziehen, [PaBe13]. Hierbei erfolgt die Betrachtung des Produktes von „außen nach innen“ und es werden die Einflüsse der Umwelt auf die Gestaltung des Produktes untersucht. Wirken zum Beispiel äußere Kräfte auf das Produkt (z. B. bei mobilen Arbeitsmaschinen oder Fahrzeugen), gibt es Temperatur- oder Wärmestrahlungseinflüsse (z. B. beim Einsatz von Maschinen in der Nähe von starken Wärmequellen) oder treten elektromagnetische Felder auf, so können sich diese Einflüsse erheblich auf die Gestaltung auswirken.

Wichtig sind hierbei übrigens nicht nur die Einflüsse der Umwelt auf die Maschine, sondern auch die Einflüsse der Maschine auf die Umwelt. So beeinflussen zum Beispiel Geräusche ganz erheblich die Umwelt. Wobei, wie jeder aus eigener Anschauung nachvollziehen kann, nicht nur der gesetzlich vorgeschriebene Schalldruckpegel für die Akzeptanz eine Rolle spielt, sondern auch das Frequenzspektrum wichtig ist. Das sonore Brummen eines Motors stört viele weniger als das hochfrequente „Kreischen“ eines Zahnarztbohrers.

Der Ablauf beim Gestalten führt vom **Abstrakten zum Konkreten** und vom **Qualitativen zum Quantitativen**.

Beim Gestalten gibt es einige ganz grundlegende Regeln, die zu beachten sind. In Analogie zur Logik des gesamten Produktentwicklungsprozesses geht man vom Abstrakten zum Konkreten und vom Qualitativen zum Quantitativen. Dementsprechend beginnt man auch mit der Grobgestaltung und geht dann zur Feingestaltung mit anschließender Kontrolle und Vervollständigung über. Bei der Gestaltung sollten immer zuerst die „wichtigen“ Themen beachtet werden. Auch, wenn dies sich banal anhört, werden hier in der Praxis gerade von unerfahrenen Ingenieuren häufig Fehler gemacht. Es sollen daher im Folgenden einige Hinweise hierzu gegeben werden.

Aus technischer Sicht sind die wichtigen Themen in erster Linie die **gestaltbestimmenden Hauptfunktionsträger** (Hauptfunktion: Funktion, die den Hauptzweck eines Produkts beschreibt, s. Richtlinie VDI 2221). Also die Module und Komponenten die die Kernfunktionalität des Produktes darstellen. Bei dem schon in Abb. 3.5 gezeigten 3D-Drucker ist ein bedeutender Hauptfunktionsträger das Modul „Extruder mit Materialzufuhr“, Abb. 6.4. Dieses Modul beinhaltet die wichtigen Funktionen „Material fördern“, „Material aufschmelzen“, „Temperatur erfassen“ und „Material abkühlen“.

Bei der Gestaltung dieser Baugruppe werden grundlegende Entscheidungen getroffen, die vor der Gestaltung der anderen Module bekannt sein müssen. Beispielsweise wird die Kenntnis der räumlichen Größe der Baugruppe, des Gewichtes und der Massenverteilung für die Auslegung der Bewegungsachsen (z. B. Verfahrwege, Steifigkeit, Schwingungsverhalten) benötigt. Die Entscheidung, die Materialförderung und die Kühlung zu integrieren, führt zu weiteren elektrischen Leitungen, die auf die zweiachsig bewegte Baugruppe (siehe Abb. 3.5) geführt werden müssen und so ausgewählt werden, dass sie die Bewegungen dauerfest ertragen. Zusätzlich zu den elektrischen Signal- und Leistungsleitungen wird auch der Materialdraht auf die bewegte Baugruppe geführt, was entsprechende Auswirkungen auf die Gestaltung von Grundaufbau und Gehäuse hat.

Liegt der Vorentwurf der Hauptfunktionsträger mit ihren Hauptabmessungen, Schnittstellen, Kabel- und Medienverbindungen vor, so kann im nächsten Schritt mit der Gestaltung weiterer Funktionsträger begonnen werden (s. Abb. 6.5). Immer nach dem Prinzip „von innen nach außen“ bzw. „vom Wichtigen zum Unwichtigen“. In unserem

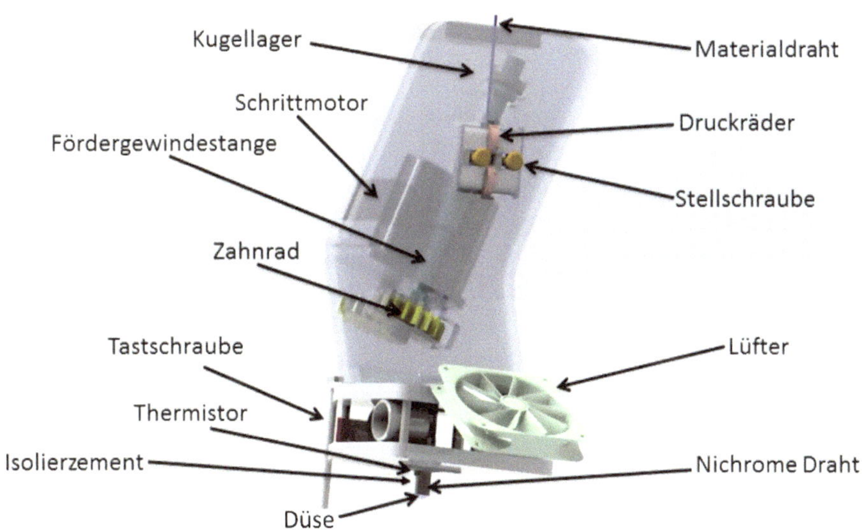

Abb. 6.4 Die Kernfunktionalität eines 3D-Druckers, der nach dem Fused Deposition Modeling (FDM – Schmelzschichtung) arbeitet. Vorentwurf. Dargestellt sind die Komponenten zum Fördern, Aufschmelzen und Abkühlen des thermoplastischen Materials inkl. Sensorik und Antrieben. [KM18 15]

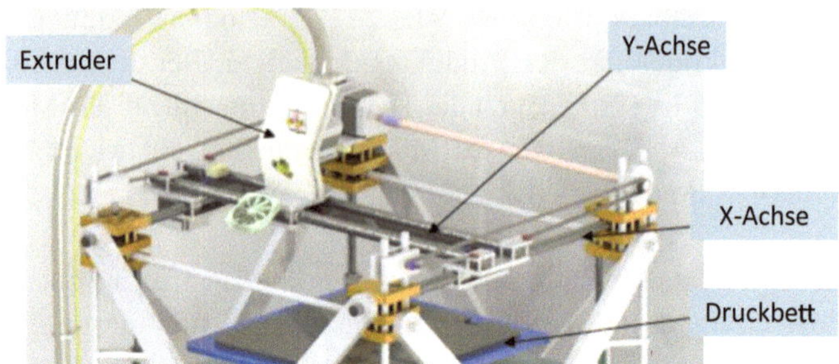

Abb. 6.5 Liegt die Geometrie der Extruder-Baugruppe fest, so kann mit dem Entwurf der Bewegungsachsen begonnen werden. Vorentwurf der Anordnung und Gestaltung der Bewegungsachsen in X- und Y-Richtung. [KM18 15]

Beispiel kann nach Erstellen des Vorentwurfs für die Baugruppe Extruder mit dem Gestalten der Bewegungsachsen begonnen werden.

Technisch geprägte Produkte werden **von innen nach außen** gestaltet. Oder, in anderen Worten: Es werden zuerst die gestaltbestimmenden Funktionsträger, der „Kern" der Maschine entworfen.

Um diese Vorgehensweise erfolgreich anwenden zu können, ist es offensichtlich notwendig in einem ersten Schritt die gestaltbestimmenden Hauptfunktionsträger zu erkennen und die Arbeiten in der entsprechenden Reihenfolge anzugehen. Diese Analyse ist für einen systematischen Ablauf sehr wichtig, sollte sich aber nicht nur auf die Hauptfunktionsträger beschränken, sondern zunächst einmal alle gestaltbestimmenden Funktionsträger betrachten. Es gibt immer wieder Konstellationen, bei denen Nebenfunktionen maßgeblichen Einfluss auf die Gestaltung haben.

Betrachtet man z. B. den automatischen Werkzeugwechsel bei Fräsmaschinen, so ist zu erkennen, dass diese Nebenfunktion maßgeblichen Einfluss auf Hauptfunktionen, wie die Anordnung der Achsbewegungen haben kann. So kann es sinnvoll sein, bestimmte Achsbewegungen nicht durch das Werkstück, sondern die Frässpindel ausführen zu lassen, um den Werkzeugwechsel zu vereinfachen. Nur durch die parallele Berücksichtigung der Anforderungen beider Funktionen kann so bei der Gestaltung eine optimale Lösung gefunden werden.

Ausgangspunkt und Basis für die systematische und effektive Gestaltung eines Produktes ist die Analyse der Einflüsse der verschiedenen Funktionsträger auf die Gestalt – unter Berücksichtigung der vorliegenden Aufgabenstellung. Der Ablauf erfolgt dann **vom Wichtigen zum Unwichtigen**. Auf diese Weise wird eine sinnvolle Reihenfolge bzw. Parallelisierung der Arbeiten festgelegt.

Auch bei unter Kostengesichtspunkten initiierten Anpassungskonstruktionen, stehen nicht die Hauptfunktionen, sondern die kostenintensivsten Baugruppen und Teile im Fokus. Es ist also festzuhalten, dass die für das Gestalten wichtigsten Module nicht zwingend die Hauptfunktion betreffen. Die Wichtigkeit der Module ist daher für jede Aufgabenstellung individuell festzulegen.

Stehen bei einem Produkt **Designaspekte** im Vordergrund, so beeinflusst dies auch die Vorgehensweise beim Gestalten. Steht bei Investitionsgütern die Technik im Vordergrund, ist es bei Konsumgütern das Design. Abb. 6.6 zeigt das Spannungsfeld in dem Ingenieur und Industriedesigner arbeiten. Die Vorgehensweise beim Gestalten ändert sich. Bei Produkten oder Baugruppen, bei denen Form und Design maßgeblich sind, wird daher nach der Regel „von außen nach innen" gestaltet.

Soll zum Beispiel der Frontscheinwerfer des in Abb. 6.6 gezeigten PKW neu entwickelt werden, so müssen vordringlich die designbestimmenden Teile bzw. Module bearbeitet werden. PKW-Scheinwerfer haben in den letzten Jahren als stilistisches Ausdrucksmittel immer mehr an Bedeutung gewonnen. Designer gestalten die Scheinwerfer mal aggressiv, mal freundlich wirkend und verleihen so den Autos einen ganz individuellen „Look". Die technische Gestaltung muss sich an diesen Vorgaben ausrichten und erfolgt daher „von außen nach innen".

Designdominierte Produkte werden **von außen nach innen** gestaltet. Dabei werden zuerst die formbestimmenden Elemente, dann die Randbedingungen für die weitere Gestaltung definiert.

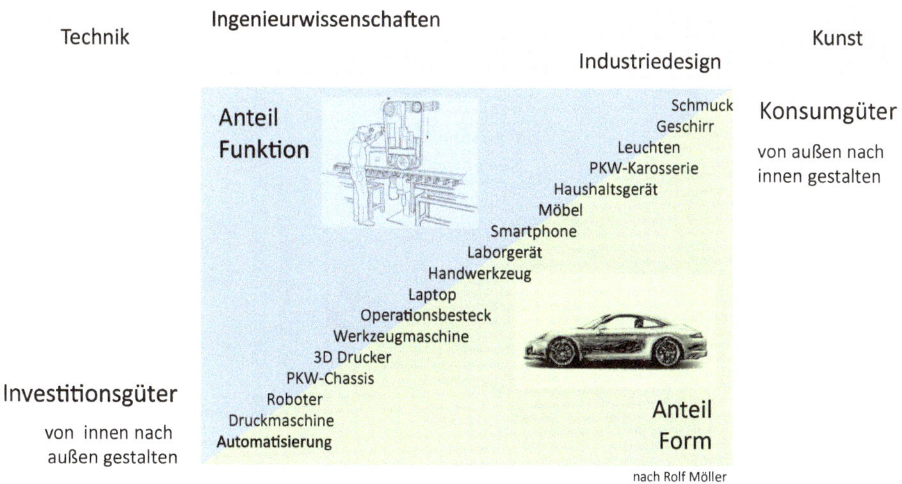

Abb. 6.6 Einfluss der Funktion bzw. der Form auf das Gestalten. (Grafik in Anlehnung an [Moe12])

Durch die beschriebene Vorgehensweise wird der Entwurfsprozess gegliedert und strukturiert. Es sei aber noch einmal betont, dass gerade das Gestalten ein iteratives Vorgehen erfordert, da sich die Gestaltung der verschiedenen Funktionen häufig stark gegenseitig beeinflusst.

Ging es bisher um die effiziente Organisation der Entwicklungsarbeiten, so werden im nächsten Schritt Gestaltstudien für die vorher definierten Module erarbeitet. Dabei kann durchaus noch grobmaßstäblich oder sogar unmaßstäblich gearbeitet werden, um zuerst einmal die Grundlage für den Vergleich und die Analyse unterschiedlicher Lösungsansätze und weitergehende Diskussionen zu erhalten. Man spricht in diesem Zusammenhang auch vom „Qualitativen Entwerfen“.

Die Verwendung von Handskizzen ist in dieser Phase vorteilhaft, da sie einfach und schnell auch im Gespräch gemeinsam weiterentwickelt werden können. Gute Konstrukteure arbeiten in dieser Phase daher häufig mit perspektivischen Skizzen oder skizzieren von Hand grobmaßstäblich (s. Abb. 6.7). Für das weitere Entwerfen der Module ist es hilfreich, dabei bereits ein Koordinatensystem und eindeutige Bezeichnungen (z. B. für Bewegungsachsen) zu verwenden, ebenso die Einführung von Bezugsebenen und Bezugsmaßen. Werden viele Zukaufteile verwendet, so ist allerdings der CAD-Entwurf günstiger, da dann schon die realen Bauteile in das Modell eingesetzt werden können und so auch die Dimensionen und Proportionen klarer werden.

Beim qualitativen Entwerfen sind **Handskizzen** ein wertvolles Hilfsmittel, das die eigene Kreativität unterstützt und die Kommunikation erleichtert.

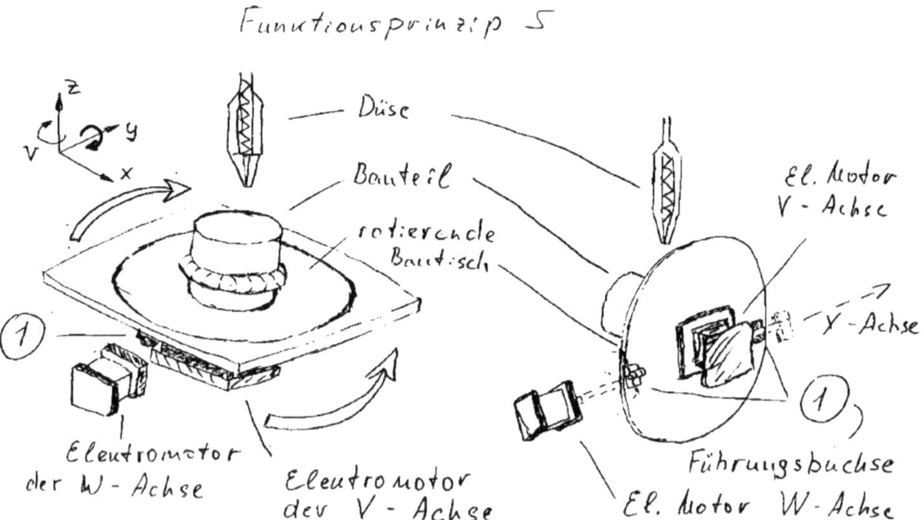

Abb. 6.7 Entwurfsskizze der Bewegungsachsen des Drucktisches eines 3D-Druckers als Basis für die Analyse und den Vergleich verschiedener Lösungsansätze. Hier: Funktionsprinzip mit einer Dreh- und einer Schwenkachse. [KM11 15]

Mit ersten Auslegungsberechnungen werden die wichtigsten Abmessungen und geometrische Bedingungen ermittelt. Hierbei reicht eine Grobauslegung mit Überschlagsrechnungen in vielen Fällen aus. Es kommt hier mehr auf die richtige Größenordnung des Ergebnisses als auf seine Genauigkeit an. Die relevanten Bauteile werden dann bei diesem ersten Entwurf bewusst etwas überdimensioniert, um Sicherheit für ggf. notwendige spätere Anpassungen zu haben. Eine optimierte Auslegung erfolgt dann im Rahmen der Feingestaltung.

Ein weiterer wichtiger Punkt ist, die spätere Fertigung und Montage schon jetzt in die Überlegungen mit einzubeziehen. Nicht nur die grundsätzliche Herstellbarkeit und Montierbarkeit muss sichergestellt werden, sondern auch die Wirtschaftlichkeit der Produktion sollte schon frühzeitig in den Gestaltungsprozess mit einfließen. Werden zum Beispiel in geringen Stückzahlen zu fertigende mechanische Bauteile betrachtet, so sollte der Konstrukteur sich an verfügbaren Halbzeugen oder Vorprodukten orientieren. Analog erfordern in Großserien zu fertigende Teile hierfür geeignete Verfahren, wie Biege-, Stanztechnik bzw. Spritz- oder Druckgusstechnik.

Die **„Machbarkeit“** der Entwürfe muss immer wieder abgesichert werden. Durch Überschlagsrechnungen, Vorversuche, Versuchsmuster oder auch detaillierten Berechnungen und Simulationen werden die gemachten Überlegungen verifiziert und die Zahl der notwendigen Iterationen reduziert.

Nicht nur zum Abschluss der Grobgestaltung, sondern immer wieder im Laufe des Entwurfsprozesses ist es notwendig Gestaltstudien zum Zusammenspiel der verschiedenen Module und des Gesamtsystems zu erstellen. Das ist erforderlich, da die Bedingungen zwischen den Modulen erhebliche Auswirkungen auf ihre Gestaltung im Detail haben können. Zu nennen sind hier Punkte wie z. B. Kollisionsbetrachtungen, Anschlussbedingungen und Schnittstellen, Zugänglichkeit für Bedienung, Wartung und Service sowie Ergonomie.

Während des Gestaltungsprozesses findet neben der Lösungssuche ständig eine Bewertung und Auswahl der Lösungen statt. Die vorliegenden Entwürfe werden nach Fehlern untersucht und optimiert. Trotz dieser kontinuierlichen Prozesse, die häufig auch unbewusst stattfinden, ist es sinnvoll, in regelmäßigen Abständen die gestalteten Module anhand von Kriterien aus der Anforderungsliste bewusst zu beurteilen. Die Bewertung sollte dabei nicht nur durch den Urheber, sondern durch ein Team von erfahrenen Mitarbeitern in Form einer Konstruktionskritik erfolgen. Dieses Vorgehen erhöht die Validität der Bewertung erheblich.

Stellen Sie Ihre Entwürfe immer wieder zur Diskussion. Sie können so das Fachwissen und die Erfahrungen anderer nutzen.

Bestehen Unsicherheiten bzgl. der Realisierbarkeit bestimmter Entwürfe, so sind schon in dieser Phase detaillierte Berechnungen oder entsprechende Versuche durchzuführen. Die Machbarkeit der angestrebten Lösungen muss so früh wie möglich sichergestellt werden.

Als Ergebnis des Schrittes Grobgestaltung wird ein **grobmaßstäblicher Gesamtentwurf** des gesamten zu entwickelnden Produktes angestrebt (s. Abb. 6.8). Das Erreichen der angestrebten Anforderungen muss abgesichert sein und die zu erwartenden Leistungsdaten (z. B. Taktzeiten, Geschwindigkeiten) und Kosten sind wichtige Kriterien für die Freigabe zum nächsten Schritt, dem Feingestalten.

In der **Feingestaltung** wird der grobmaßstäbliche zum **maßstäblichen Gesamtentwurf** weiterentwickelt. Man spricht daher auch vom „Quantitativen Entwerfen". Bisher schon vorausgewählte Zukaufteile oder vorhandene Module aus Vorgängerkonstruktionen werden final ausgewählt. Dazu sind häufig detaillierte Berechnungen und Auslegungen erforderlich. Fertigungs- und Montageverfahren werden, insbesondere bei kritischen Teilen (Funktion, Kosten) vertiefend untersucht und festgelegt. Es wird die initiale Stückliste erstellt, die alle wesentlichen Komponenten enthält.

Wie schon oben dargestellt, ist der maßstäbliche Gesamtentwurf sowie die initiale Stückliste das Ziel der Phase Entwerfen. Entscheidend für die Umsetzung des Gesamtentwurfs in der folgenden Phase „Ausarbeiten" ist, dass die **Machbarkeit** des Entwurfs hinreichend abgesichert ist:

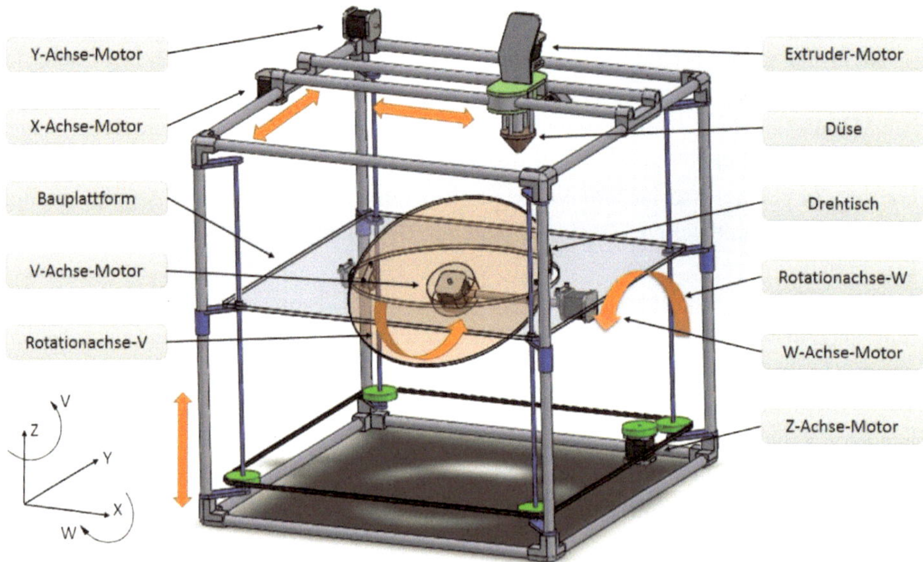

Abb. 6.8 Maßstäblicher Vorentwurf eines 3D-Druckers als Zwischenergebnis im Entwurfsprozess. Bewegungsachsen, Extruder, Gestell sind enthalten, es fehlen aber noch wichtige Elemente, wie Kabelführungen, Schleppketten, Materialzufuhr, Steuerung und Elektrik, die noch ganz erhebliche Auswirkungen auf die Gestaltung haben können. [KM11 15]

- Die Konstruktion und die verwendeten Komponenten wurden sinnvoll ausgelegt und alle hierzu notwendigen Berechnungen wurden durchgeführt.
- Die Funktionstüchtigkeit kritischer Teile oder Module wurde durch experimentelle Untersuchungen oder Versuchsmuster nachgewiesen. Das spätere Verhalten kann realistisch vorhergesagt werden.
- Die grundsätzliche Fertig- und Montierbarkeit ist unter Berücksichtigung der dafür relevanten Randbedingungen (Stückzahlen, Fertigungseinrichtungen des Unternehmens) gesichert.
- Die termingerechte Verfügbarkeit der Zukaufteile, Langläufer, Fertigungs- und Montageeinrichtungen ist gesichert.
- Die angestrebten Kosten werden erreicht.

Im Zweifel erfordern die genannten Punkte, dass schon in der Phase Entwerfen Gestaltungselemente detailliert konstruiert werden, um ausreichend genaue Berechnungen oder Betrachtungen durchführen zu können. Das gilt zum Beispiel für hoch beanspruchte Bauteile, für deren Berechnungen u. a. die Kerbwirkungen berücksichtigt werden müssen oder für Bauteile, die besondere Ansprüche an die Einhaltung von Toleranzen stellen.

Wie die vorhergehenden Ausführungen zeigen, werden beim Entwerfen eine Vielzahl von Tätigkeiten in raschem Wechsel und enger gegenseitiger Abhängigkeit durchgeführt (s. Richtlinie VDI 2223). Dabei beeinflussen die Kenntnisse über die zweckmäßig einzusetzenden Vorgehensweisen und Tätigkeiten maßgeblich die Effizienz und Effektivität. Wichtige Tätigkeiten beim Gestalten werden im Folgenden Abschnitt anhand eines Beispiels erläutert. Da auch bei diesem Beispiel nicht alle Punkte angesprochen werden können, soll Tab. 6.1 als Übersicht dienen.

6.2 Fallbeispiel: Optimierung eines 3D-Druckers

Szenario

Der Bereich Produktplanung Ihres Unternehmens hat auf Basis verschiedener Untersuchungen und Studien grundlegende Anforderungen an einen neuen 3D-Drucker definiert. Das Gerät soll an Schulen und Hochschulen eingesetzt werden und neben einem guten Druckergebnis durch seinen sehr offenen Aufbau als Anschauungsobjekt im Rahmen der Aus- oder Weiterbildung überzeugen. Der Geräteaufbau soll sich an dem erfolgreichen Vorgängermodell RM 3.1 orientieren, bewährte Prinziplösungen sollen übernommen werden. Verbessert werden sollen vor allem die Zuverlässigkeit der Materialzufuhr, die Genauigkeit der Bewegungsachsen und die Lebensdauer des Gesamtsystems. Weiterhin sollen Fertigung und Montage vereinfacht und kostenoptimiert werden. Aufgrund der Konkurrenzsituation soll das überarbeitete Gerät möglichst schnell in den Markt eingeführt und erstmalig auf einer Messe in 9 Monaten präsentiert werden.

Als Mitglied des Entwicklungsteams übernehmen Sie die Verantwortung für das Modul „Bewegungsachsen“ mit den drei translatorischen Achsen in X-, Y- und Z-Richtung,

Tab. 6.1 Tätigkeiten beim Entwerfen (Nach Richtlinie VDI 2223)

Bezeichnung		Zugehörige bzw. verwandte Begriffe (Beispiele)	Hilfen (Beispiele)
Lösungen erzeugen	Lösungen konkretisieren	Gestalt- und Anordnungsstudien erstellen, Lösungen gestalten, suchen, übernehmen, Form, Oberflächen, Lage und Abmessungen festlegen, Halbzeuge, Rohteile, Werkstoffe und Hilfsstoffe festlegen, fertigungs-, montage-, recyclinggerechtes Gestalten	Bauweisen, Kreativitätstechniken, Gestaltungsprinzipien, Konstruktions-regeln, Kataloge, ähnliche Konstruktionen, Werkstoffhandbücher, Daten-banken, Normen und Gesetze, Literatur, Patente, Diskussionen, Beratung, Erfahrung
	Lösungen variieren	Ändern, Modifizieren, Ver- und Ausbessern, Iterieren, Korrigieren, Optimieren Form, Oberflächen, Lage, Abmessungen und Werkstoff variieren	Strategien zum Variieren, Checklisten, Kreativitätstechniken, Kataloge, Literatur, Patente, Diskussionen, Erfahrung, CAD, Optimierungs- programme
	Lösungen vorausberechnen	Überschlagsrechnungen, Kalkulieren, Abschätzen, Optimieren	Überschlagsformeln, Berechnungssoftware, Ähnlichkeitsgesetze
	Lösungen nachrechnen	Simulieren, Eigenschaften prognostizieren, Kalkulieren, Abschätzen	Rechnerunterstützte Simulationsverfahren, Berechnungssoftware
Lösungen beurteilen und entscheiden	Experimentieren	Probieren, Testen, experimentelles Simulieren, Versuche durchführen, Messen, Testen	Versuchs- und Messtechnik, Modelltechnik, Modellwerkstatt, Rapid-Pro-totyping-Technologien
	Lösungen analysieren	Schwachstellen ermitteln, Stärke-Schwächeprofile erarbeiten	Checklisten, Leitlinien, Stärke-Diagramm, Paarvergleich, Werteprofile, Benchmarking
	Lösungen auswählen und bewerten	Auswählen, Bewerten, Vergleichen	Checklisten, Software, Erfahrung, Auswahl- und Bewertungsmethoden, Diskussion, Schwachstellenanalysen, Nutzwertanalyse
	Entscheiden	Festlegen, Definieren	Entscheidungstabellen, Paarvergleich
Lösungen darstellen		Skizzieren, Zeichnen, Modellieren, Dokumentieren, Schreiben, Stücklisten erstellen, Beschriften	Darstellungstechniken, Zeichnungsregeln und -normen, 2D- und 3D-CAD-Systeme, Grafiksysteme, Textsysteme, PPS
Dem Gestalten übergeordnete Tätigkeiten	Informations-beschaffung	Kommunizieren, Information suchen und auswerten, Nachfragen, Schreiben, Erklären, Formulieren, Korrespondieren, Verstehen	Anforderungslisten, Schwachstellenanalysen, Markt- und Wettbewerbs-analysen, Mitarbeiter und Kollegen, Zulieferer, Kataloge, Normen, Richt-linien, Berichte, Zeichnungen, Zeitschriften, Bücher, Brief, Fax, Telefon, Netzwerke, Fremdsprachen, Besprechungen
	Ordnen	Modularisieren, Systematisieren, Gliedern, Reihen, Klassifizieren, Sortieren, Ordnen	Fach- und Methodenwissen, Ordnungssysteme, Klassifikationstechniken, Software

Abb. 3.5. Im Mittelpunkt der folgenden Betrachtungen steht die X-Achse, an der exemplarisch Vorgehensweise, Tätigkeiten und Methoden dargestellt werden (s. Abb. 6.9).

Zentraler Ausgangspunkt für das Gestalten in der Phase Entwerfen ist die Prinziplösung, die durch die initiale Produktstruktur und die Anforderungsliste ergänzt wird. Im ersten Schritt ist es daher absolut notwendig sich sehr intensiv und im Detail mit diesen Themen auseinanderzusetzen.

In der **Anforderungsliste** sind bezüglich der Bewegungsachsen viele Parameter des Vorgängermodells übernommen worden. Unterschiede ergeben sich vor allem durch die wesentlich höhere Zielvorgabe für die Bauteilgenauigkeit (Abb. 6.10).

Bei dem bisherigen 3D-Drucker sind die Toleranzen der gefertigten Bauteile gerade bei großen Abmessungen als grob zu bezeichnen und liegen je nach Abmaß im Bereich von IT15 bis IT17/18. Die Neuentwicklung soll hier wesentlich präziser werden und Teile mit Toleranzen von IT12 bis IT14 ermöglichen. Immer noch deutlich entfernt von den im Maschinenbau üblichen Genauigkeiten (typisch: IT6 bis IT9), aber schon im Bereich von Guss- oder Schmiedeteilen.

Die Erfüllung der Vorgaben aus der Anforderungsliste ist häufig unterschiedlich schwierig. Identifizieren sie die **kritischen Anforderungen** und bearbeiten Sie diese vorrangig.

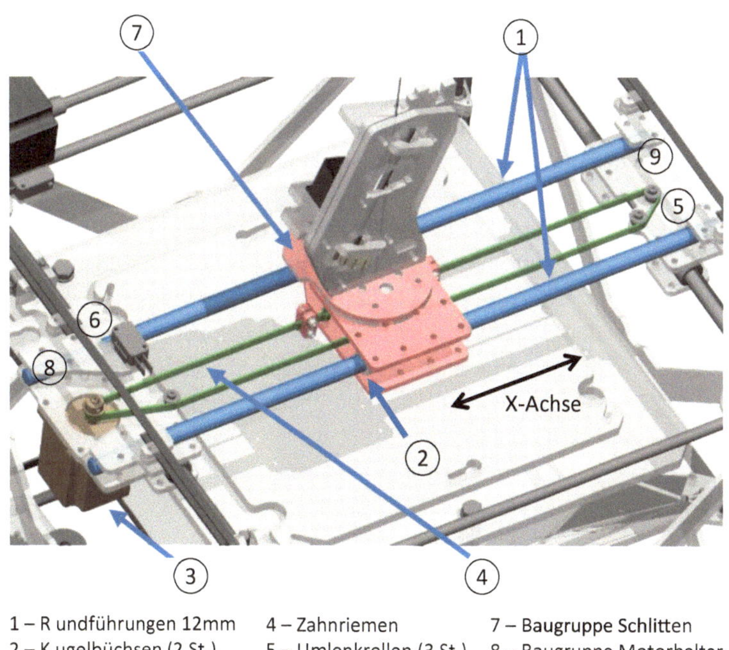

Abb. 6.9 Aufbau der X-Achse des Vorgängermodells RM 3.1. [KM12 15]

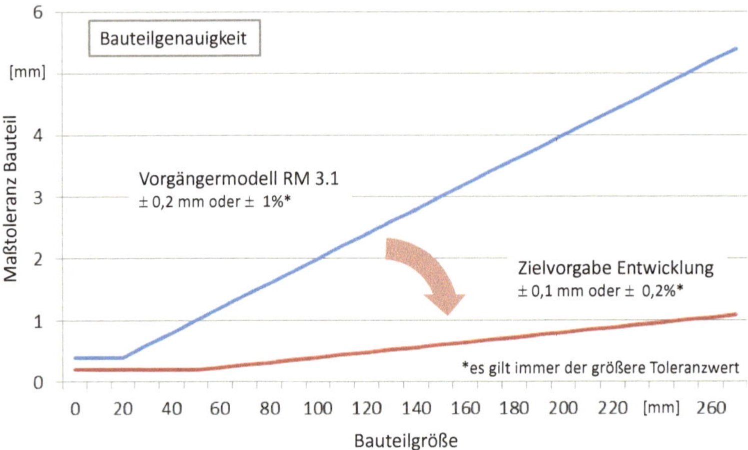

Abb. 6.10 Insbesondere die geforderte höhere Bauteilgenauigkeit ist bei der Anpassungskonstruktion zu beachten

Zweite zentrale Vorgabe aus der Anforderungsliste sind die zulässigen Herstellkosten des Gesamtsystems. Ausgehend von einem geplanten Verkaufspreis von 2000 € sollen die Herstellkosten bei einer Produktionsstückzahl von 1000 Stück/a den Wert von 500 € nicht übersteigen. Vor dem Hintergrund der Zielkundengruppe (Schulen, Hochschulen, Ausbildung) eine nachvollziehbare, aber für die Entwicklung sehr herausfordernde Entscheidung.

Auch wenn die Anforderungsliste viele weitere Vorgaben enthält, so werden für unser Fallbeispiel diese beiden Anforderungen im Mittelpunkt der Betrachtungen stehen. Weitere Punkte können im Rahmen dieses Buches nur am Rande erwähnt werden.

Um das Thema strukturiert und systematisch angehen zu können, ist es wichtig, dass schon sehr frühzeitig ein Überblick über das zu entwickelnde Produkt, seine Module und auch die zu bearbeitenden Themen gewonnen wird. Hierzu dient die initiale Produktstruktur, die bei Entwürfen, die auf Vorgängerprodukten aufbauen, leicht von deren Struktur abgeleitet werden kann, Abb. 6.11 zeigt die vorläufige Produktstruktur für den neuen 3D-Drucker, untergliedert dargestellt nur für den Bereich der X-Achse.

In diese Produktstruktur können alle zu übernehmenden Module und Komponenten eingetragen werden. Module, deren Gestaltung überprüft oder überarbeitet werden soll, werden lösungsneutral vermerkt. Es entsteht so auch ein Überblick über die zu bearbeitenden Themen – wertvoll für die Planung und Steuerung der Arbeiten.

Die Produktstruktur unterstützt auch die Zielkostenrechnung (engl.: target costing; s. a. Abschn. 3.2.2) und wird im Projekt eingesetzt, um die zulässigen Herstellkosten auf die einzelnen Module zu verteilen. Da die Kostenstruktur des Vorgängermodells bekannt ist, können die Kostenvorgaben schon am Projektanfang gut abgeschätzt und sinnvoll vorgegeben werden. Für die X-Achse ergeben sich zulässige Herstellkosten von 50 €.

Elementar wichtig ist die die **Analyse** des Vorgängermodells. Es gibt die Prinziplösungen vor, hat Stärken und Schwächen. Sie sollten diese kennen und verstanden haben, um

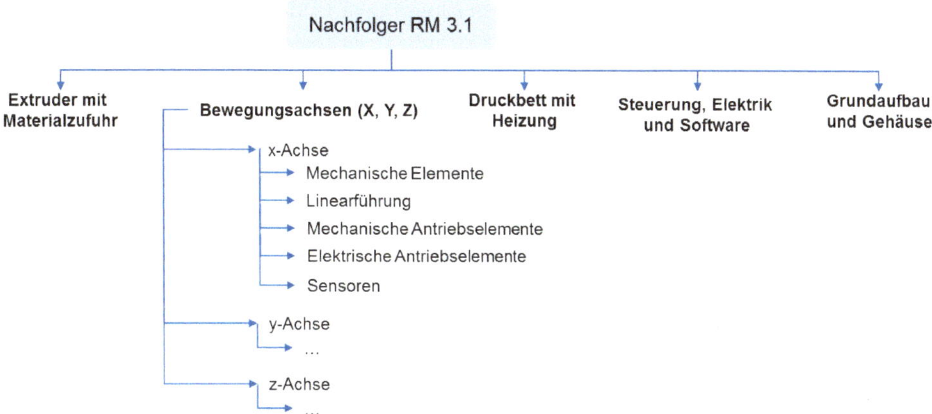

Abb. 6.11 Die initiale Produktstruktur lehnt sich eng an das Vorgängermodell an. Die verschiedenen Komponenten des zu überarbeitenden Moduls X-Achse werden aber erst einmal lösungsneutral bezeichnet solange keine Entscheidung getroffen ist

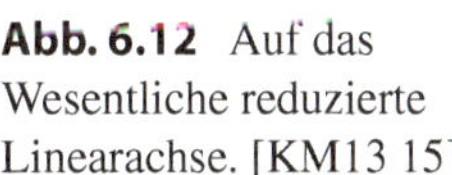

Abb. 6.12 Auf das Wesentliche reduzierte Linearachse. [KM13 15]

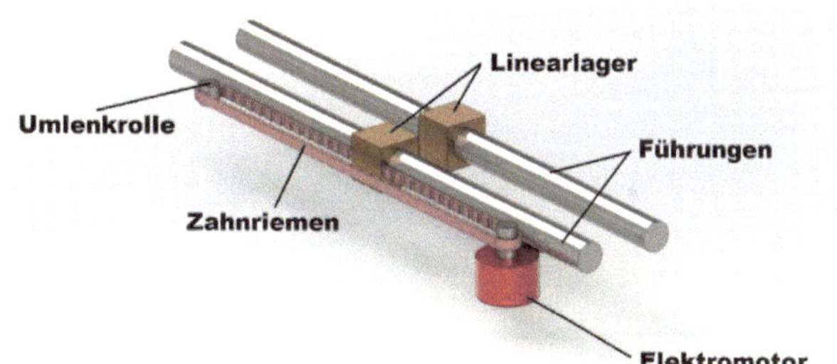

sie bei der Anpassungskonstruktion berücksichtigen zu können. Abb. 6.9 zeigt den Aufbau der X-Achse des Vorgängermodells RM 3.1. Zur Analyse einer vorliegenden Konstruktion müssen zuerst die Systemgrenze, die Schnittstellen und die Funktionen des betrachteten Moduls klar werden. Ziel ist es, eine zwar abstraktere, aber auf das Wesentliche reduzierte und übersichtliche Vorstellung von dem betrachteten System zu erhalten.

Abb. 6.12 visualisiert dieses reduzierte und vereinfachte System, das aus einer Linearführung, dem Linearantrieb (Elektromotor plus Zahnriemen) und mechanischen Halte- und Anschlusselementen besteht. Die Systemgrenze und Schnittstellen werden definiert durch die mechanische Anbindung des Druckkopfs an die Baugruppe „Schlitten" sowie die Anbindung der X-Linearführung an die Rundführungen in Y-Richtung. Weiterhin werden als Schnittstellen die Steckerverbindungen zu Motor und Endschalter definiert. Sie erhalten so ein sehr anschauliches System, dessen Eigenschaften durch die Charakteristika der Linearführung und des Linearantriebs maßgeblich definiert werden.

Lassen Sie uns nun einen Blick auf die Charakteristika der im Vorgängermodell RM 3.1 verwendeten Komponenten werfen. Zuerst einmal fällt auf, dass es sich bei den meisten verbauten Komponenten um Zukaufteile handelt. Nur bei den in Abb. 6.9 mit den

Positionsnummern 7, 8 und 9 bezeichneten Baugruppen und einigen Einzelteilen handelt es sich um Eigenkonstruktionen. Offensichtlich ist die Auswahl optimaler Zukaufteile von großer Bedeutung. Der Schlüssel hierzu sind detaillierte Kenntnisse über die Eigenschaften, die Charakteristik der verschiedenen verfügbaren technischen Möglichkeiten.

Analysieren Sie die Eigenschaften des Vorgängermodells detailliert – insbesondere bezüglich kritischer Anforderungen. Die Betrachtung und Charakterisierung der Eigenschaften von Schlüsselkomponenten ist hierbei besonders wichtig.

Die Linearbewegung wird über Kugelbuchsen in Kombination mit Rundführungen realisiert. Kugelbuchsen sind Wälzlager für Längsbewegungen. Sie bestehen aus einem Gehäuse, den Kugeln und einem Käfig, der die umlaufenden Kugeln hält und führt. Die Kugeln wälzen dabei auf der Führungswelle ab und werden über einen Rücklaufkanal zurückgeführt. Die Welle, auf der sich die Kugelbuchse bewegt, ist in der Regel so gelagert, dass eine freitragende Linearführung entsteht. Das Spiel zwischen Kugelbuchse und Welle liegt bei Toleranzwerten von hundertstel Millimetern und ist damit deutlich höher als die Toleranzen bei Schienenführungen, die sich im µm-Bereich befinden. Kugelbuchsen sind daher ungenauer, haben aber den Vorteil, wegen des größeren Spiels auch höhere Toleranzen in der Anschlusskonstruktion kompensieren zu können.

Zum Antrieb der Linearbewegung wird ein Schrittmotor eingesetzt, dessen Rotationsbewegung mit Hilfe eines Zahnriemens und Umlenkrollen in eine translatorische Bewegung umgesetzt wird (s. Abb. 6.13). Ein Schrittmotor ist ein Antrieb, der gesteuert, ohne Rückmeldung der Winkelposition, eine definierte Anzahl von Winkelstellungen pro Umdrehung anfahren kann. Er wird durch die Vorgabe von Schritten angesteuert. Er benötigt daher im Gegensatz zu geregelten Antrieben kein Positionsmesssystem und wird gerne für eine kostengünstige Antriebslösung eingesetzt. Sein Vorteil, kein Positionsmesssystem zu

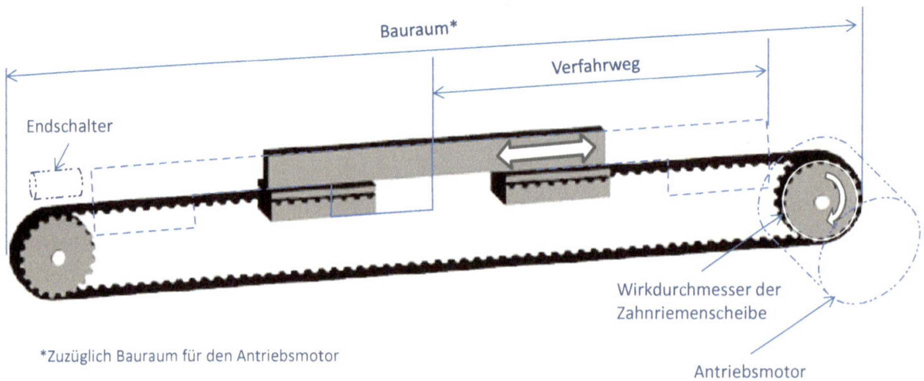

Abb. 6.13 Prinzip des Antriebskonzepts

benötigen, ist aber gleichzeitig sein Nachteil. Wird das zulässige Antriebsmoment überschritten, so „verliert er Schritte". Das heißt, die vorgegebene Position wird nicht erreicht – ohne, dass die Steuerung hiervon Kenntnis erhält.

Ergänzt wird der Antrieb durch einen Endschalter, der hier auch die Funktion eines Referenzschalters hat. Da die Winkellage des Schrittmotors nicht bekannt ist, ist nach dem Einschalten der Maschine auch unbekannt, wo der Schlitten steht. Es wird daher zuallererst nach dem Einschalten eine Referenzfahrt durchgeführt, die mit der Betätigung des Referenzschalters endet. Da die Position des Referenzschalters bekannt ist, ist nun auch die Position des Schlittens bekannt und kann von der Steuerung für die weiteren Bewegungen genutzt werden.

Die Positionierauflösung des Antriebs wird bestimmt durch die mechanische Übersetzung (Zahnriemenantrieb), die Schrittzahl des Antriebsmotors sowie die gewählte Ansteuerung. Bei dem Vorgängermodell RM 3.1 wird ein Standardmotor mit einer Auflösung von 200 Schritten/U eingesetzt. Im Halbschrittbetrieb betrieben, wird eine Auflösung von 400 Schritten/U erreicht, die über ein Zahnriemenrad mit 14 Zähnen und einen T 2.5 Zahnriemen in eine lineare Bewegung umgesetzt wird. Theoretisch wird so eine Schrittauflösung von 0,087 mm erreicht. In der Praxis kommt es bei dem Modell RM 3.1 durch Zahnlückenspiel, Zugträgerdehnung, Zahndeformation, Längenschwankungen des Riemens, Exzentrizitäten der Zahnscheiben, Nachgiebigkeiten und Lagerspiel in der Lineareinheit zu wesentlich höheren Abweichungen. Größenordnung: ±0,1 mm.

Die Analyse des Vorgängermodells und die Informationsbeschaffung sollen auch dabei helfen, eine Modellvorstellung vom Systemverhalten zu gewinnen und wichtige Einflussfaktoren zu erkennen. Darauf aufbauend werden dann weitere Anforderungen deutlich und können bei der Entwicklung berücksichtigt werden.

In unserem Beispiel spielt die Genauigkeit eine zentrale Rolle. Gefordert wird eine wesentlich höhere Bauteilgenauigkeit (Abb. 6.10). Wie aber entstehen bei dem betrachteten 3D-Drucker die Abweichungen von der theoretisch genauen Geometrie und welchen Einfluss hat die X-Achse?

Abb. 6.14 zeigt wichtige Einflüsse auf die Bauteilgenauigkeit. Neben dem Einfluss der Maschine, ist hier der Einfluss der Fertigungstechnologie zu nennen, die auch dem Er-

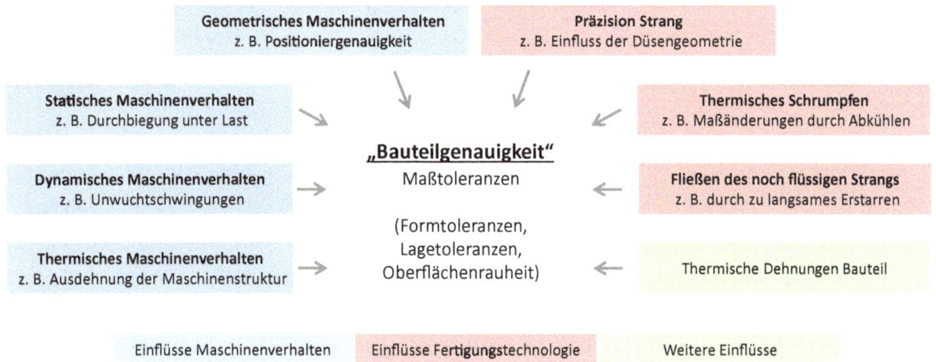

Abb. 6.14 Einflüsse auf die Bauteilgenauigkeit

reichbaren klare Grenzen setzt. Zum Beispiel bestimmt die Präzision des erzeugten Strangs grundlegend die realisierbare Präzision. Das Erstarren der flüssigen Schmelze führt zu einem Schrumpfungsprozess, der je nach Lage der Kontaktfläche zum vorhergehenden Strang auch zu einem unsymmetrischen Abkühlen und Schrumpfen führen kann. Es wird so deutlich, dass es eine ganze Reihe wichtiger Einflussgrößen gibt.

Für eine sinnvolle Festlegung der Anforderungen an die X-Achse sind eine weitergehende Betrachtung, die Identifikation der wichtigsten Einflussgrößen und die Entwicklung einer Modellvorstellung unumgänglich. Für unseren Fall wollen wir vereinfachend davon ausgehen, dass die Einflüsse der Fertigungstechnologie unabhängig von der Bauteilgröße zu Toleranzen von ±0,05 mm führen. Für die Erwärmung des Bauteils durch den Druckprozess und die daraus resultierende Dehnung wird ein Genauigkeitseinfluss von ±0,1 % der betrachteten Bauteillänge abgeschätzt. Für die Positioniergenauigkeit, als wichtigster Maschineneinfluss, wird als Anforderung erst einmal ±0,03 mm zuzüglich ±0,05 % der Verfahrlänge angesetzt.

Die Entwicklung von **einfachen Modellvorstellungen** hilft in vielen Fällen bei einer ersten Auslegung und Abschätzung. Insbesondere, wenn die genauen Zusammenhänge sich nicht deterministisch beschreiben lassen, sehr komplex sind oder der notwendige Aufwand nicht betrieben werden kann.

Bei der Positioniergenauigkeit überlagern sich die Einflüsse der drei verwendeten Achsen (X, Y, Z) vektoriell. Die Anforderungen an die Einzelachsen müssen daher separiert werden (s. Abb. 6.15). Für die X-Achse alleine ergeben sich auf Basis dieser Überlegungen ±0,015 mm zuzüglich ±0,03 % der Verfahrlänge als Anforderung.

Auch, wenn bisher nur einige wenige Aspekte der Vorgängerkonstruktion näher betrachtet wurden, wird deutlich, dass die Analyse der Vorgängerkonstruktion in Kombination mit der hierfür notwendigen Informationsbeschaffung ein umfangreicher und zeitaufwändiger Vorgang ist. Der Wert dieser Analyse ist aber hoch und eine wichtige Grundlage für **das Erkennen gestaltbestimmender Anforderungen**. Daher sollte diese Analyse auch sorgfältig und detailliert durchgeführt werden, detaillierter als es im Rahmen dieses Buches dargestellt werden kann.

Auf Basis der gewonnenen Erkenntnisse kann nun mit der weiteren qualitativen Gestaltung begonnen werden. Im Fall der betrachteten Linearachse könnte man vor dem Hintergrund der stark gestiegenen Genauigkeitsanforderungen auf die Idee kommen die vorliegende Lösung – Zahnriemenantrieb mit Schrittmotor – in Frage zu stellen. Alternative Lösungen wären z. B. ein Gewindespindelantrieb oder die Kombination Zahnstange/Zahnrad. Auch der Einsatz eines geregelten Antriebs mit einem parallel zur Führung angebrachten Linearmesssystem könnte die Genauigkeit ganz erheblich steigern. Eine solche Diskussion und Überprüfung der Prinziplösung ist in vielen Fällen auch gerechtfertigt. In unserem Fall gibt es aber zwei Restriktionen, die dem entgegenstehen: Der enge Zeitplan

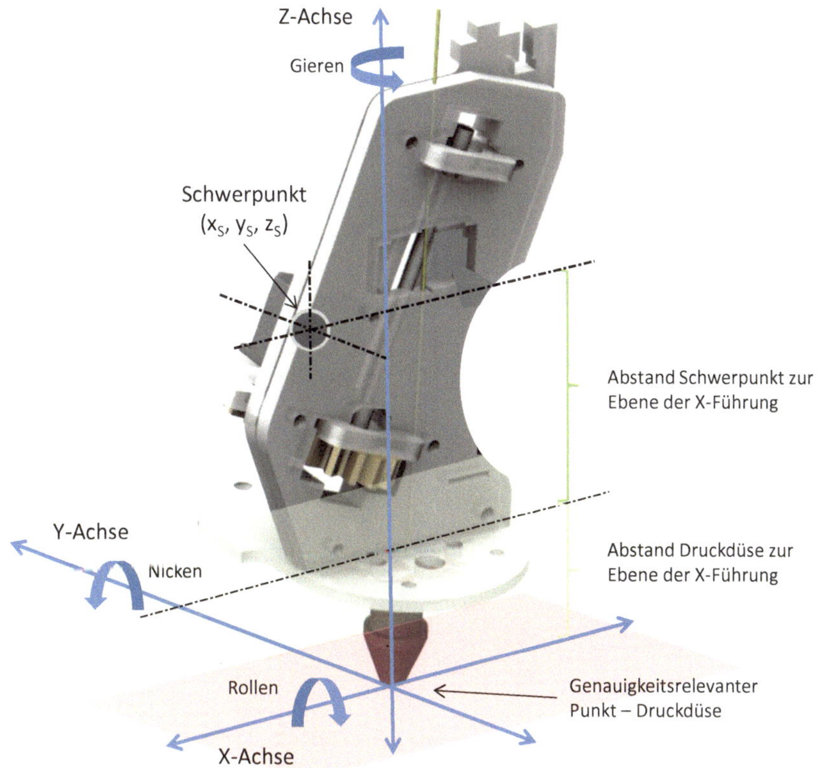

Abb. 6.15 Wichtige Einflussgrößen auf die am Arbeitspunkt erreichbare Genauigkeit sind die Schwerpunktslage sowie die Abstände der Führungsebenen zum genauigkeitsrelevanten Punkt. (3D-Grafik aus [KM12 15])

und die geringen zulässigen Herstellkosten. Der pragmatische Ansatz ist daher, zuerst die „Machbarkeit" der geänderten Anforderungen mit der heutigen Lösung zu prüfen. Nur wenn das nicht möglich ist, sollen Alternativen untersucht werden.

Da im vorliegenden Fall die zentralen Elemente der Linearachse Zukaufteile sind, empfiehlt es sich die Expertise der Spezialisten bei den jeweiligen Lieferanten mit einzubeziehen. Durch die Fokussierung auf bestimmte Maschinenmodule oder -elemente liegen hier umfangreiches Know-how und viele Erfahrungen vor. Häufig auch in Fällen, die dem gerade betrachteten Einsatzfall vergleichbar sind.

Nutzen Sie aktiv die bei Lieferanten vorhandenen Kenntnisse und Erfahrungen.

Entsprechende Gespräche brachten auch im vorliegenden Fall sehr schnell die Erkenntnis, dass die Kombination Zahnriemenantrieb mit Schrittmotor bei richtiger Auslegung die geforderte Genauigkeit grundsätzlich gut erreichen kann. Durch Auswahl geeigneter Komponenten und überschlägiger Auslegung wird die prinzipielle Machbarkeit abgesichert. Die wichtigsten Maßnahmen sind:

- Erhöhung der Schrittzahl des Schrittmotors durch Einsatz einer Mikroschrittansteuerung von 400/U auf 3200/U.
- Ersatz des T 2.5 Zahnriemens durch einen für Positionieraufgaben mit hoher Gesamt- und Wiederholgenauigkeit geeigneten Zahnriemen mit entsprechenden Zahnriemenscheiben.
- Verbesserung des Lauf- und Reibungsverhaltens der Linearführungen zur Vermeidung bzw. Reduktion von Stick-Slip-Effekten oder Ungleichförmigkeiten.
- Einsatz eines Referenzschalters mit höherer Schaltpräzision. Hierdurch kann auch nach einem Stromausfall der Druck präzise fortgesetzt werden.

Auf diese Weise kann im Rahmen der Grobgestaltung in einem ersten Schritt die grundsätzliche Machbarkeit abgeschätzt werden.

Klären Sie die zuerst die grundsätzliche Machbarkeit. Suchen Sie dann durch Variation der Gestaltung eine optimale Lösung.

Ob diese dann bei der konkreten Aufgabe auch erreicht werden kann, bedarf allerdings weiterer Überlegungen. Dabei bestimmt die Gestaltung des Moduls ganz erheblich die Einflussgrößen. Es beginnt ein iterativer Prozess bei dem zuerst ein Grobentwurf skizziert wird und dann die Einflüsse der gewählten Gestaltung auf die Genauigkeit überprüft werden. Durch schrittweise Variation der Gestaltung und anschließende Überprüfung wird so schließlich eine optimale Lösung gefunden.

Die Gestalt eines Bauteils, einer Baugruppe oder einer Maschine kann durch systematische Variation von Parametern verändert werden. Wichtige Variationsmerkmale sind **Form**, **Lage**, **Größe** und **Zahl**.

Je nach Aufgabenstellung erfordert die Suche nach einer optimalen Gestaltung die Kreation und Betrachtung einer großen Anzahl von Varianten. Auch hier sollte sich der Aufwand natürlich an dem zu erwartenden Nutzen orientieren. In unserem Fall erschien die Variation der folgenden Parameter als besonders sinnvoll:

- Lage Riemen – horizontal (Abb. 6.9) oder vertikal (Abb. 6.16).
- Lage Führungen – horizontal (Abb. 6.16, Variante 1) oder vertikal (Abb. 6.16).
- Stillstehender oder bewegter Motor (Abb. 6.16).

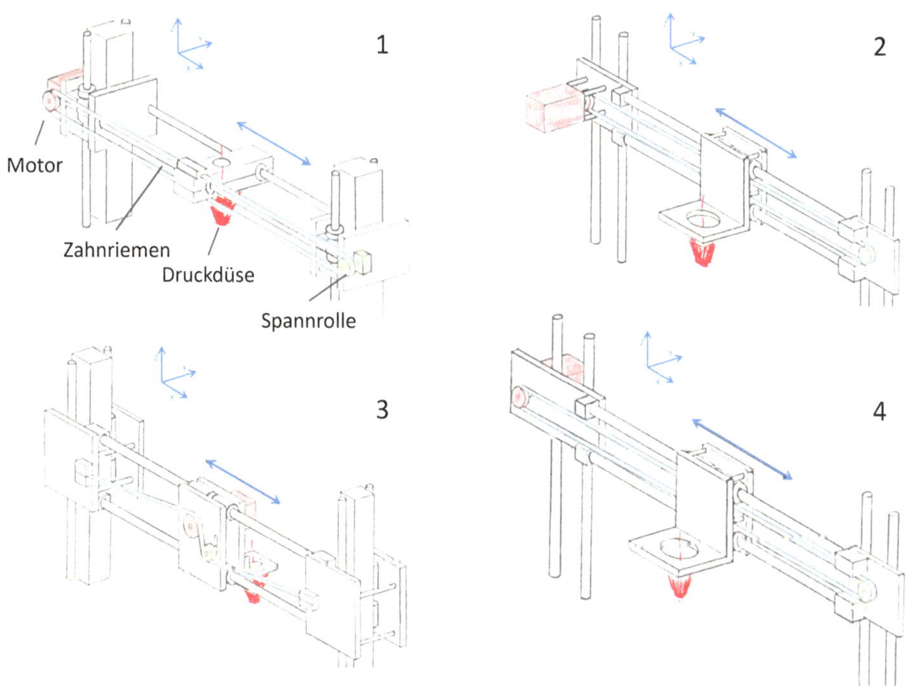

Abb. 6.16 Durch Variation der Lage und Wechsel der Anordnung und Beweglichkeit können verschieden Gestaltungslösungen gefunden werden. Die vier gezeigten Beispiele variieren die Lage der Führungen und des Motors. Sie sind nur ein kleiner Teil möglicher Gestaltungsvarianten. (Skizzen aus [KM12 15])

Neben den gezeigten Lösungen, können diverse Alternativen durch konsequente Variation der Gestalt kreiert werden. Einen guten Einstieg in diese Thematik findet sich in der einschlägigen Literatur, z. B. [Ehr17].

Ausgangspunkt für die Gestaltung der in Abb. 6.16 gezeigten Lösungen war der Ansatz, die Anzahl der Spannrollen von ursprünglich drei (Abb. 6.9) auf eine zu reduzieren. Hierzu wird bei Variante 1 die Riemenlage um 90° gedreht und seitlich neben dem Extruder angeordnet. Diese Lösung ist sicher kostengünstig, nachteilig ist allerdings die dezentrale Einleitung der Antriebskraft in den Schlitten. Hierdurch kann es je nach Qualität der eingesetzten Führungen zu Gierbewegungen des Schlittens kommen. Hochwertige Führungen wären notwendig. Variante 2 verbessert die Krafteinleitung ganz erheblich, führt aber zu einer aufwändigeren Schlittenkonstruktion. Der Ansatz, den Motor auf den bewegten Schlitten zu positionieren (Variante 3) bringt unter dem Strich keinen wirklichen Nutzen. Die Masse des Schlittens wird vergrößert, es müssen weitere Leitungen auf dieses bewegte Teil führen und auch die Gestaltung der Extruder-Baugruppe wird komplexer. Variante 4 entspricht weitgehend der Lösung 2, verbessert aber die Zugänglichkeit durch die Verlagerung des Motors auf die Rückseite.

Wie schon oben gesagt, stellen diese 4 Varianten nur einen Teil der durchgeführten Überlegungen und Gestaltvariationen dar. Unter anderem wurde auch die Anordnung und Zuordnung der Achsen zu Druckkopf- und Werkstückbewegung variiert und analysiert. Abb. 6.16 zeigt zum Beispiel Varianten, bei denen die X-Achse nicht wie beim Vorgängerprodukt auf der Y-Achse, sondern auf der Z-Achse angeordnet ist.

Ergebnis dieser **Gestaltung der maßgebenden Elemente** ist ein Vorentwurf, der auf Basis der prinzipiellen Prüfung der Machbarkeit einen Vorschlag für die Anordnung der wichtigsten Elemente beinhaltet. In unserem Fall fiel die Entscheidung zugunsten von Variante 4, deren Anordnung übernommen und in Analogie zu dem Vorgängermodell auf die Y-Achse aufgesetzt werden soll.

Das Vorgehen beim Entwerfen muss immer wieder strukturiert werden, um ein effizientes und effektives Arbeiten zu erreichen. Ziel ist es, mit möglichst wenigen Iterationen auszukommen.

Um von dem erreichten Stand nun möglichst effizient und geradlinig (Iterationen kosten Zeit und Geld) weiterzuentwickeln, ist es wichtig, sich auch an dieser Stelle noch einmal über die folgenden Schritte klar zu werden. Dazu ist der Vorentwurf zu analysieren und wichtige, bei den folgenden Gestaltungsschritten zu beachtende Punkte zu identifizieren.

In Abb. 6.17 werden vier für die Funktion der Linearachse besonders wichtige Fragen gestellt. Da sie großen Einfluss auf die Gestaltung haben, sollten sie vorrangig geklärt werden. Beginnen sollte man mit der Festlegung von Zukaufteilen, da sie Vorgaben für die weitere Gestaltung definieren. Dann folgen die weiteren Themen nach Schwierigkeit und Wichtigkeit, so dass sich für uns die folgende Reihenfolge ergibt:

- Auswahl Führungsbuchsen/Linearführungen → bestimmt Aufbau des Schlittens,
- Gestaltung Schlitten. Insbesondere Befestigung/ Ausrichtung Führungsbuchsen und Riemenbefestigung,
- Gestaltung Motorhalter und Halter Spanneinheit. Insbesondere notwendige Gestaltung und Tolerierung der Wellenaufnahmen. Fertigung und Montage.

Bei der Auswahl der optimalen Führungslösung sind diverse Punkte zu berücksichtigen, die im Wesentlichen durch die Anforderungen und Randbedingungen der Entwicklungsaufgabe in Kombination mit den Charakteristika der verfügbaren Lösungen definiert werden, Abb. 6.18. Die Alternative, anstelle eines Zukaufteils eine Eigenentwicklung der Linearführung anzugehen, würde eine technisch optimale Lösung ermöglichen. Allerdings erlauben die dabei anfallenden Entwicklungskosten, -zeiten und -risiken diesen Weg im Maschinenbau heute nur in wenigen Fällen.

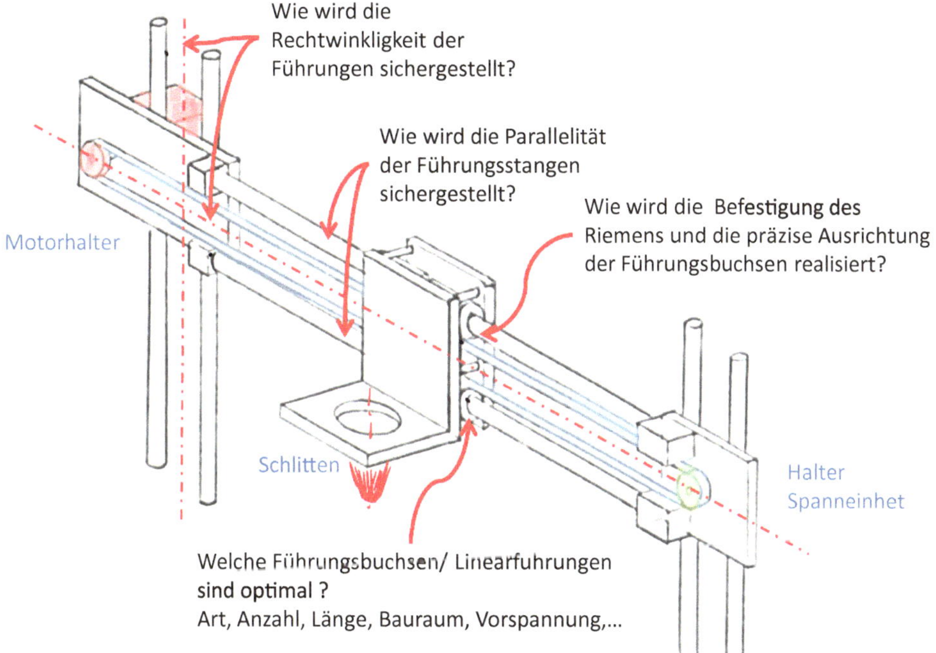

Abb. 6.17 Die Vorentwürfe müssen analysiert und beurteilt werden. Für eine effiziente Bearbeitung ist es sehr wichtig, kritische Punkte zu identifizieren und vorrangig zu bearbeiten. (Skizze aus [KM12 15])

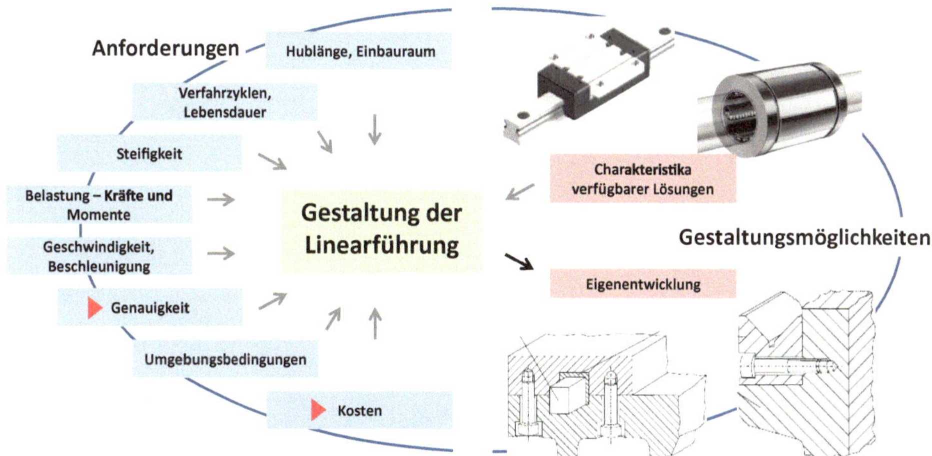

Abb. 6.18 Die Gestaltung der Linearführung wird durch die Anforderungen und die Charakteristika der als Zukaufteile verfügbaren Lösungen bestimmt. Als Alternative kommt eine Eigenentwicklung in Frage

In unserem Fall wurde entschieden, weiterhin bei Rundführungen in Kombination mit Kugelbuchsen als Führungselemente zu bleiben. Als Alternativen wurden eine Reihe von verfügbaren Lösungen betrachtet, u. a. auch der Einsatz von Trockengleitlagern (kostengünstig) und Laufrollen (spielfrei einstellbar). Abb. 6.19 zeigt die verschiedenen Varianten und die letztendlich gewählte Lösung. Ausschlaggebend für die Entscheidung war die angestrebte höhere Genauigkeit in Kombination mit den ambitionierten Kostenvorstellungen. Die unter Kostengesichtspunkten sehr attraktiven Trockengleitlager, wurden nicht gewählt, da sie bzgl. Bewegungsgenauigkeit und Reibungsverhalten Probleme bei der angestrebten Genauigkeit erwarten lassen. Vorteilhaft für die Kugelbuchsen ist auch der Umstand, dass sie für das Unternehmen eine bewährte Lösung darstellen und kein Anpassungsaufwand in Fertigung und Montage erforderlich wird.

Bei Bewegungsachsen, die zwei parallele Wellen verwenden, ist es notwendig, dass sie ausreichend präzise ausgerichtet sind. Stehen sie schief zueinander, so ist die Funktion der Führung gefährdet. Die erforderliche Ausrichtgenauigkeit wird vor allem durch die Lagerungselemente und die generellen Anforderungen an diese Achse definiert. Auch wenn

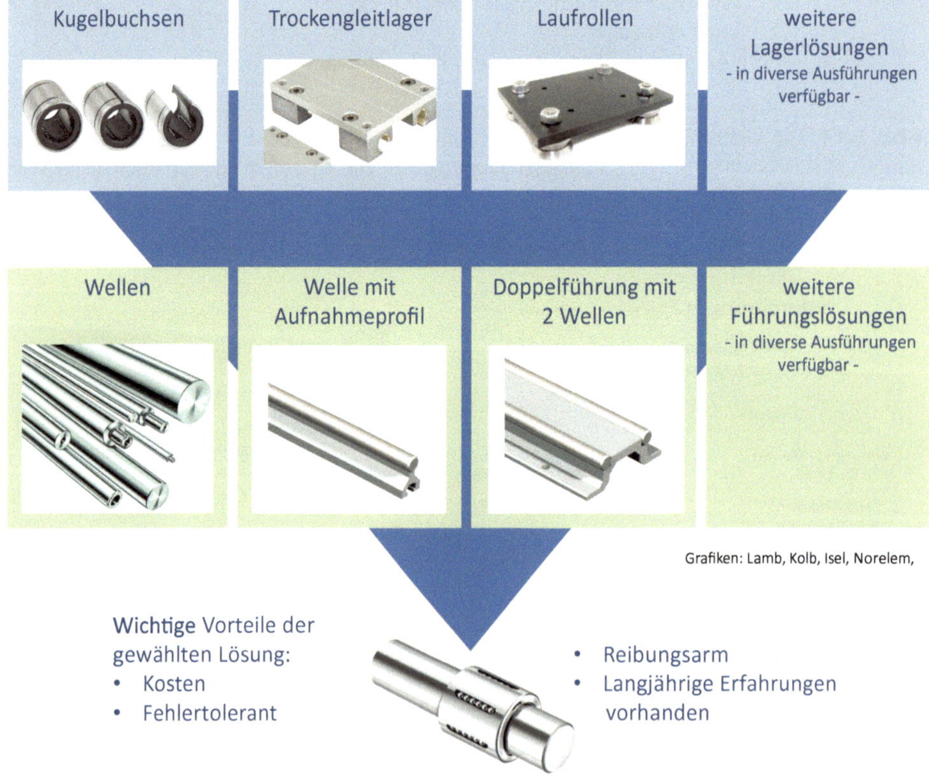

Abb. 6.19 Durch die Vielzahl der verfügbaren Lösungen ist die Auswahl einer optimalen Lösung eine anspruchsvolle Aufgabe. Neben den Eigenschaften der Führung, sind die Auswirkungen auf die Gestaltung der Anschlussbauteile und die Gesamtkonstruktion zu berücksichtigen

Kugelbuchsen hier recht fehlertolerant sind, sind die Vorgaben des Herstellers strikt einzuhalten, um Funktionsfähigkeit und Lebensdauer sicherzustellen.

Weiterhin ist eine hinreichend genaue Ausrichtung der Bewegungsachsen zum Antrieb erforderlich. Auch hier beeinflusst die Art des Antriebs ganz erheblich die einzuhaltenden Toleranzen. Während z. B. Kugelgewindetriebe hohe Anforderungen stellen, ist ein Zahnriemenantrieb in diesem Punkt einfacher zu handhaben. Nichtsdestotrotz müssen auch hier geeignete Maßnahmen bei der Gestaltung berücksichtigt werden.

Sind zwei oder mehr Bewegungsachsen zu realisieren, so kommt die Einhaltung der notwendigen Ausrichtgenauigkeit der Achsen zueinander als weiterer wichtiger, bei der Gestaltung zu berücksichtigender Punkt hinzu. Schon beim Entwerfen müssen die verschiedenen genannten Punkte unter Berücksichtigung der Fertigungs- und Montageprozess berücksichtigt werden. Ist der Entwurf nicht ausreichend fertigungs- und montagegerecht, so kann dies in der Ausarbeitungsphase meistens nicht mehr zufriedenstellend korrigiert werden.

Grundsätzlich gibt es zwei Wege die geforderte Ausrichtgenauigkeit einzuhalten. Der erste ist, die Ausrichtung der beiden Führungswellen während der Montage vorzusehen. Dazu können Lehren oder Vorrichtungen verwendet werden, um die Lage der Wellen zueinander festzulegen. Die Befestigung der Wellen- und Kugelbuchsenhalter, Abb. 6.20, wird so konstruiert, dass ein Verschieben möglich ist. Bei der Montage wird dann die Befestigung der Halter soweit gelöst, dass Korrekturen möglich sind. Die Wellen (und mit ihnen die Halter) werden mit einer Lehre zueinander ausgerichtet und die Halter anschließend wieder befestigt.

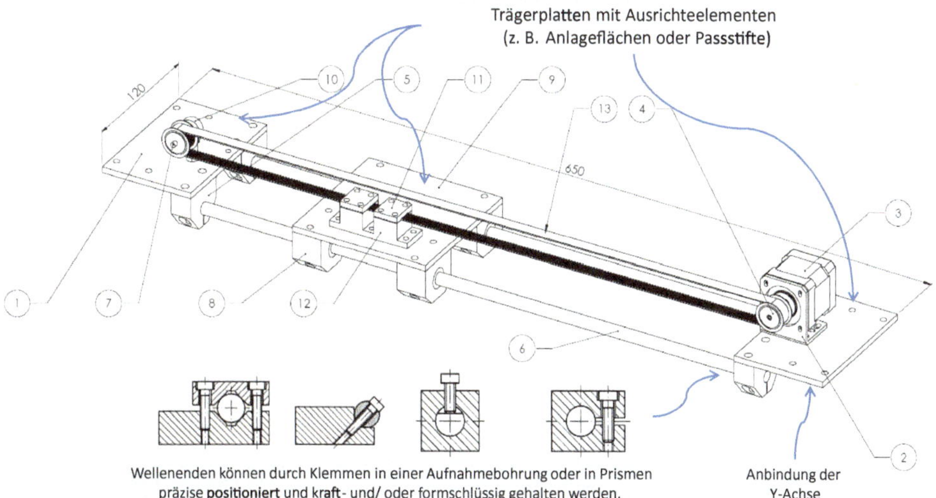

Abb. 6.20 Ausrichtelemente, wie z. B. Anlageflächen oder Passstifte in den Trägerplatten (1, 9) sind wichtige Gestaltungselemente, um die präzise Ausrichtung von Wellen- und Kugelbuchsenhalter (5, 8) für X- und Y-Achse und der Elemente des Zahnriemenantriebs (4, 7, 12, 13) zu erreichen

Alternativ gibt es auch die Möglichkeit, bei schlecht fluchtenden Aufnahmebohrungen für die Welle, diese mit einem größeren Passungsspiel herzustellen. Bei der Endmontage werden dann die Wellen mit den Kugelführungen eingeklebt und während der Aushärtezeit ausgerichtet. Vorschriften bezüglich Klebespalt, Aushärtezeit usw. sind dabei natürlich zu beachten.

Die beschriebene Möglichkeit, der Ausrichtung während der Montage, ist in bestimmten Fällen sinnvoll und manchmal auch nicht zu umgehen, empfehlenswert ist sie aber, gerade bei Serienprodukten, nicht. Sie birgt eine Reihe von Risiken. Unter anderem ist die Sicherstellung einer konstanten Qualität schwierig, die Montagezeit erhöht sich und es sind entsprechende Ausrichthilfen notwendig. Besser ist es, durch eine geeignete Gestaltung sicher reproduzierbare, fehlerarme Montageprozesse zu erreichen.

Dazu muss die Lage der verschiedenen Elemente **eindeutig** und ausreichend präzise durch die Konstruktion definiert werden. In unserem Beispiel (Abb. 6.20) gelingt dies durch die Einführung von Ausrichtelementen, wie z. B. Anlageflächen oder Passstifte in den Trägerplatten (1, 9). An diesen Geometrieelementen können die Halter während der Montage ausgerichtet werden und anschließend die Halterbefestigung festgezogen werden. In der Praxis werden die Geometrieelemente z. B. durch Fräskanten realisiert, die die Lage der Halter in der Plattenebene eindeutig definieren (s. Abb. 6.21).

Besonders geschickt ist es, die verschiedenen Ausrichtelemente auf einem Bauteil anzuordnen und sie in einem Bearbeitungsgang in einer Aufspannung herzustellen. So können z. B. bei der Trägerplatte 1 (Abb. 6.20) von der Unterseite Anschlagkanten für die beiden Wellenhalter der X-Achse und für einen weiteren Wellenhalter der Y-Achse (nicht eingezeichnet) gefräst werden. Hierdurch wird sichergestellt, dass die beiden X-Halter im richtigen Abstand und ohne Verdrehung zueinander montiert werden können. Zusätzlich wird die Rechtwinkligkeit zwischen X- und Y-Achse sichergestellt. Eine **einfache** Lösung, die bei gering erhöhtem Fertigungsaufwand – die Trägerplatte muss sowieso bearbeitet werden – eine sichere und einfache Montage ermöglicht.

Damit dieser Ansatz funktioniert, müssen die Wellen im Wellenhalter eindeutig positioniert werden. Vorteilhafte Lösungen hierfür sind ebenfalls in Abb. 6.20 dargestellt. Abb. 6.22 zeigt einen alternativen Ansatz der Wellenbefestigung, hier wird versucht, durch

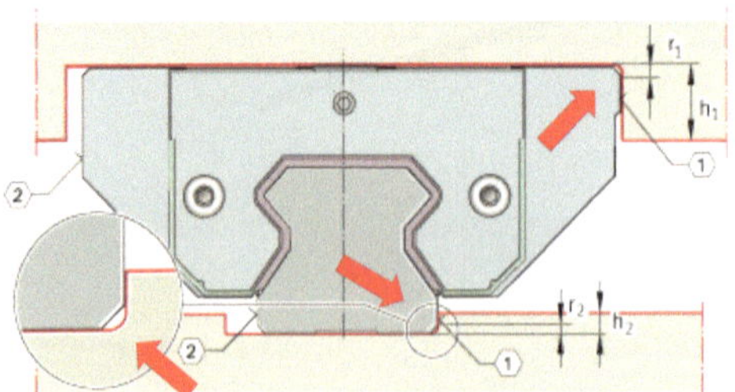

Anschlag- oder Fräskanten erleichtern die präzise Ausrichtung von Bauteilen erheblich.

Hier: Ausrichtung von Profilschienenführungen

Abb. 6.21 Beispiel für den Einsatz von Anschlag- oder Fräskanten zur einfachen Ausrichtung. Die Kanten werden in geringer Höhe ausgeführt und können wirtschaftlich aus dem Grundmaterial hergestellt werden. (Grafiken: THK, Schaeffler)

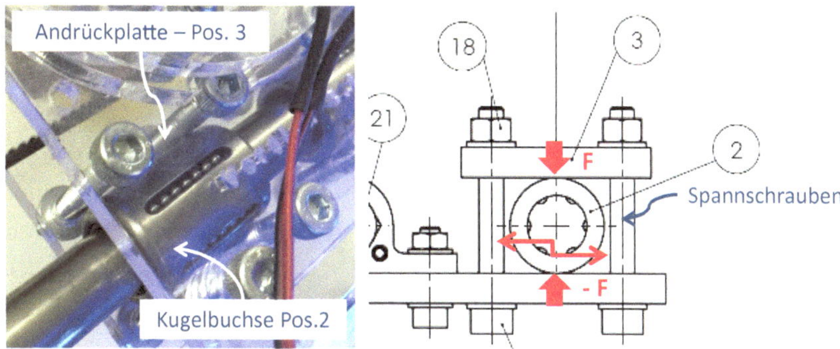

Abb. 6.22 Beispiel für eine mangelhafte Gestaltung der Buchsenhalterung. Angelehnt an die Lösung für ein Demonstrationsobjekt (Foto) aus Acrylplatten, soll die Kugelbuchse alleine durch die Verspannung zwischen zwei Metallplatten gehalten werden

ausschließliche Verwendung von plattenförmigen Bauteilen, eine besonders kostengünstige Lösung zu erreichen.

Bei dieser Lösung wird die Lage in der Horizontalen alleine durch die Verspannung zwischen Andrück- und Grundplatte erreicht. Die Lage der Welle ist nicht eindeutig. Auch ein Ausrichten bei der Montage ist schwierig, da es beim Anziehen der Spannschrauben zu Verspannungen kommt, die nach Entfernen der Ausrichtlehre zu Lageänderungen führen können. Ein nicht eindeutiger Gestaltungsvorschlag, der auch aus anderen Gründen (Abb. 6.22) abzulehnen ist.

Das im Vorhergehenden diskutierte Beispiel unterstreicht die Wichtigkeit der **Grundregeln der Gestaltung: Einfach – Eindeutig – Sicher – Wirtschaftlich.** Sie sind immer anzuwenden und führen im Allgemeinen zu funktionssicheren und kostengünstigen Produkten. Dabei ist eine „einfache" konstruktive Lösung in der Gestaltung häufig wesentlich anspruchsvoller als eine komplexe Lösung.

Grundregeln der Gestaltung: Einfach – Eindeutig – Sicher – Wirtschaftlich

Neben der Grundregeln der Gestaltung gibt es eine ganze Reihe weiterer **Grundsätze für das Entwerfen,** [PaBe13, Ehr17]. Von besonderer Bedeutung sind dabei die Gestaltungsrichtlinien und hier vor allem das **fertigungs- und montagegerechte Gestalten**, das bei jeder Konstruktion zu berücksichtigen ist. Schon beim Thema „Ausrichten" wurden verschiedene montage- und fertigungstechnische Gesichtspunkte angesprochen und bei der Gestaltung berücksichtigt. Im Folgenden wollen wir uns den Entwurf aus Abb. 6.20 vor diesem Hintergrund noch einmal genauer ansehen.

Der obige Entwurf ist gekennzeichnet durch die Verwendung von vielen Zukaufteilen (siehe auch Abb. 4.7). Bis auf die Trägerplatten, die Zahnriemenbefestigung und die Nacharbeit an einzelnen Zukaufteilen (Zahnriemenscheiben) besteht die gesamte Konstruktion aus zugekauften Teilen. Für eine Baugruppe, die in kleiner Stückzahl hergestellt wird, ein sicher sinnvoller Gestaltungsansatz. Bei der vorgesehenen Stückzahl von 1000 Stück/a und vor dem Hintergrund der geringen zulässigen Herstellkosten ein Punkt der zu hinterfragen ist.

Es soll daher im Folgenden ein Teilaspekt, die montagegerechte Gestaltung, näher betrachtet werden. Ausgangspunkt für diese Betrachtung sind die Regeln, die sich für die montagegerechte Gestaltung etabliert haben, Abb. 6.23.

Prüfen wir mit diesen Regeln den vorliegenden Entwurf, so werden Optimierungspotenziale deutlich, auch wenn nicht alle Regeln für unseren Fall anwendbar sind. Abb. 6.24 zeigt die Potenziale der Funktionsintegration. Die Anzahl der Bauteile kann bei drei Baugruppen ganz erheblich reduziert werden. Zum Beispiel können bei Baugruppe C fünf Bauteile durch nur ein Teil ersetzt werden. Gleichzeitig entfallen natürlich auch die bisherigen Verbindungs- und Ausrichtelemente sowie die Montageoperationen. Das System wird unter Montagegesichtspunkten ganz erheblich vereinfacht.

Auf der anderen Seite bedürfen diese Gestaltungsvorschläge neuer fertigungstechnischer Überlegungen und Ansätze. Das kann wiederum Auswirkungen auf die Anordnung haben. Angedeutet in Abb. 6.24 durch die neue Ausrichtung der Motorachse, die zu einem kompakteren und besser zu fertigenden Bauteil führt.

Durch die nun wesentlich komplexer gewordenen Bauteilgeometrien werden urformende Verfahren, wie die verschiedenen Metall- und Kunststoffgießverfahren für diese Anwendung interessant. Auf eine weitergehende Diskussion soll aber hier aus Platzgründen verzichtet werden. Ausführliche Darstellungen der Gestaltungsrichtlinien finden sich in der allgemeinen Literatur zur Konstruktionslehre, z. B. [PaBe13].

Wichtige Regeln für die montagegerechte Gestaltung:

- Gliedere das Modul in Baugruppen, die unabhängig voneinander in der **Vormontage** hergestellt werden können.
- Minimiere die Bauteilzahl durch **Funktionsintegration**.
- Minimiere die Anzahl von Montageoperationen und Verbindungsmittel.
- Gestalte die Bauteile **fehlerverhindernd** oder fehlertolerant.
- Minimiere **Ausrichte- und Justageoperationen**.
- Gestalte **Wiederholbaugruppen**.
- Sorge für ausreichende **Zugänglichkeit**.
- Nutze **einfache Montageoperationen**. Z. B. Snap-in-Verbindungen.
- Vermeide separate Verbindungsmittel.
- Minimiere die **Montagerichtungen** strebe einfache Bewegungsmuster an.

Abb. 6.23 Wichtige Regeln für die montagegerechte Gestaltung

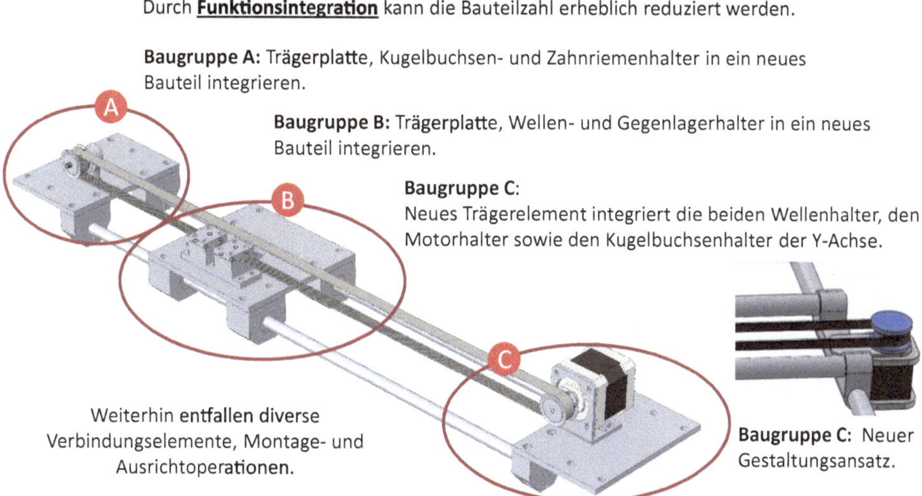

Abb. 6.24 Die Prüfung eines vorliegenden Entwurfs mit den Regeln für montagegerechtes Gestalten kann erhebliche Potenziale aufdecken. In diesem Fall kann durch Funktionsintegration der Montageprozess ganz erheblich vereinfacht werden

Resümee

Auch wenn wir das Fallbeispiel „Optimierung eines 3D-Druckers" auf die Betrachtung einer Linearachse reduziert haben und es somit ganz wesentlich vereinfachten, konnten wir bisher nur Teilaspekte dieser Aufgabe diskutieren. Es wird sehr deutlich, dass die Gestaltung eines Produktes eine sehr komplexe Aufgabe ist, bei der eine Vielzahl von Einflussgrößen zu beachten sind.

Von der Vorstellung mit einer festen Vorgehensweise jede Aufgabenstellung lösen zu können, muss man sich lösen und dazu übergehen, **die vorhandenen Methoden, Grundsätze und Regeln aufgabengerecht einzusetzen**. Die in Abb. 6.3 dargestellte grobe Gliederung der Vorgehensweise in „Grobgestalten – Feingestalten – Vervollständigen und Kontrollieren" gibt eine gute, wenn auch recht grobe Orientierung. Es ist immer wieder notwendig, zwischen diesen drei Schritten vor- und zurückzuspringen. In unserem Fallbeispiel haben wir das immer wieder – vom Leser vielleicht unbemerkt – gemacht. Bei der Überprüfung der Einsetzbarkeit der Antriebslösung Schrittmotor/Zahnriemenantrieb (Schritt Grobgestaltung) wurde zum Beispiel schon die Auslegung und Auswahl von Komponenten durchgeführt – eigentlich ein Thema der Feingestaltung. Die zuletzt durchgeführte Betrachtung der montage- und fertigungsgerechten Gestaltung führte zu dem Vorschlag einer neuen Anordnung der Motorachse und damit zu einer grundlegenden Änderung des Vorentwurfes aus Abb. 6.17. Wird dieser Vorschlag weiterverfolgt, so ist die Gestaltung des gesamten Moduls in einer Iteration erneut zu überprüfen und ggf. zu ändern.

Um die Anzahl solcher Iterationen und damit Zeit und Aufwand zu reduzieren, ist es wichtig, sich bei jeder Gestaltung Gedanken über die grundsätzliche Umsetzbarkeit

(Machbarkeit) der Lösung sowie den Einfluss wichtiger Anforderungen zu machen. Zur Klärung dieser Punkte ist es häufig notwendig im Ablauf vorzuspringen, ggf. auch bis hin zur konkreten Festlegung von Detailausführungen.

Liegen zum Beispiel Gestaltungsvorschläge vor (Abb. 6.16), so müssen diese schon bezüglich Fertigung und Montage weiter untersucht werden. Die Definition oder Eingrenzung von sinnvollen Fertigungsverfahren sollte schon hier erfolgen, ggf. bis hin zur Klärung der erreichbaren Toleranzen, Belastbarkeit, etc. Erst auf dieser Basis sollte dann die Entscheidung für den weiter zu verfolgenden Entwurf gefällt werden.

Dabei ist es unumgänglich, dass der Produktentwickler über ein breites und in seinem Spezialgebiet stark vertieftes Fachwissen verfügt. Dazu gehören nicht nur die im Studium vermittelten Grundlagenkenntnisse, sondern auch das Wissen über kommerziell verfügbare technische Lösungen (Zukaufteile, etc.), moderne Fertigungs- und Montageverfahren, unternehmensspezifische Vorgaben, Richtlinien und Gesetze sowie weitere Randbedingungen. Die Fähigkeit Kosten von Komponenten und Fertigungsoperationen auch ohne Angebot mit hinreichender Genauigkeit abschätzen zu können, beschleunigt Entscheidungsprozesse und reduziert die Entwicklungszeit.

Wichtig für eine effiziente Entwurfsphase ist es, dass der Entwickler durch eine systematische Analyse die kritischen Punkte einer vorliegenden Aufgabe erkennt und die gestaltungsrelevanten Themen in der notwendigen Tiefe und Detaillierung mit möglichst wenigen Iterationen bearbeitet. Er kann so die **vorhandenen Methoden, Grundsätze und Regeln aufgabengerecht einsetzen** und effizient zu einer Lösung gelangen.

Auch bei dem diskutierten Beispiel, der Optimierung eines 3D-Druckers, liegt der Schlüssel für eine effiziente Projektbearbeitung in der systematischen Analyse der kritischen Punkte, deren vorrangigen Bearbeitung und Lösung sowie der immer wieder durchzuführenden Absicherung der Umsetzbarkeit („Machbarkeit"). Im vorliegenden Fall handelt es sich bei den kritischen Punkten natürlich in erster Linie um die am Anfang des Abschn. 6.2 (*Szenario*) genannten Anforderungen. Behält man die im Laufe der Bearbeitung sorgfältig im Auge, kann auch diese Aufgabe erfolgreich und zu angemessenen Zeiten und Kosten bearbeitet werden.

6.3 Weitere Quellen

VDI-Richtlinien:VDIVerlag,Düsseldorf

[WeB13] Weck,M.,Brecher,C.:Werkzeugmaschinen2:KonstruktionundBerechnung.SpringerFachmedienWiesbaden(2013)

Literatur

[Ehr17] Ehrlenspiel, K.: Integrierte Produktenwicklung, 6. Aufl. Hanser, München (2017)

[Moe 12] Moeller, R.: Grundlagen des Produktdesigns. Unterlagen zur Lehrveranstaltung Modul Grundlagen des Produktdesign an der Fachhochschule Südwestfalen, SS (2012)

[PaBe13] Pahl, G., Beitz, W.: Konstruktionslehre, 8. Aufl. Springer, Berlin/Heidelberg (2013)

[KM11 15] Semesterarbeit im Fach Konstruktionsmethodik an der TH Köln; Team 11: Dickmann, S., Golubev, A., Meisenberg, J., Plechanov, D., Rempel, W., Dozent: Prof. Dr. Luderich, SS (2015)

[KM12 15] Semesterarbeit im Fach Konstruktionsmethodik an der TH Köln; Team 12: Vigelius, L., Peekhaus, J., Bähner, N., Büter, M., Zigann, A., Lischka, M.; Dozent: Prof. Dr. Luderich, SS (2015)

[KM13 15] Semesterarbeit im Fach Konstruktionsmethodik an der TH Köln; Team 13: Esser, S.: Kurscheid, S., Zeiss, M., Börger, M., Reichert, M., Ben Guiza, A., Cerrahoglu, B.; Dozent: Prof. Dr.Luderich, SS (2015)

[KM18 15] Semesterarbeit im Fach Konstruktionsmethodik an der TH Köln; Team 18: Essers, J., Hagenkamp, J., Kirchhoff, J., Sezenlik, C., Wolf, T.C., Knispel, D.; Dozent: Prof. Dr. Luderich, SS (2015)

Neukonstruktion

7

Die anspruchsvollste Aufgabe für einen Konstrukteur ist natürlich die Entwicklung eines völlig neuen Produkts. Für diesen Fall ist allerdings eine umfangreiche Vorbereitungsarbeit erforderlich, an der der Konstrukteur in der Regel zwar beteiligt sein sollte, aber zunächst nicht die Hauptrolle spielt. Die möglichen Vorgehensweisen, die dazu führen, dass einer oder mehrere Mitarbeiter der Konstruktionsabteilung schließlich damit beauftragt werden, eine genau definierte Aufgabenstellung zu bewältigen, wurden in Kap. 2 behandelt. In diesem Kapitel werden nun an einem praxisnahen Beispiel Vorgehensweisen und Methoden dargelegt, die immer dann Anwendung finden, wenn eine neue Prinziplösung für eine neue oder bekannte **Aufgabenstellung** erforderlich ist, es sich also um eine **Neukonstruktion** handelt.

Es ist außerdem noch erwähnenswert, dass durch „Neukonstruktion" nicht nur vollständig neue technische Erzeugnisse, die dazu auch noch von komplexer Struktur sein können, sondern auch **Weiterentwicklungen** bestehender Produkte entstehen. Es kann sich ebenso um die Auswahl und/oder die Kombination bereits bekannter Funktionsprinzipien oder Technologien handeln, die einem neuen Anwendungszweck dienen sollen. Sehr häufig stellt sich auch die schlicht klingende Aufgabe, die Herstellkosten für ein bereits bestens bekanntes Produkt zu senken, um wieder oder besser konkurrenzfähig zu werden. Außerdem muss sich die Aufgabe, eine Neukonstruktion zu bewältigen, nicht immer auf ein vollständiges **Produkt** beziehen, es kann sich auch um eine oder mehrere **Baugruppen** oder lediglich einzelne **Teile** handeln.

Bei jeder anstehenden Entwicklungsaufgabe ist es daher wichtig zu analysieren, ob es sich im Ganzen oder nur in Teilen um eine Neukonstruktion handelt. Dabei ist nicht jede im Firmenjargon als „Neuentwicklung" bezeichnete Aufgabe wirklich unter konstruktionsmethodischen Gesichtspunkten als Neukonstruktion zu betrachten. In vielen Fällen handelt es sich lediglich um eine **Anpassungskonstruktion**, die auf bewährten Prinzipien

P. Naefe, J. Luderich, *Konstruktionsmethodik für die Praxis*,
https://doi.org/10.1007/978-3-658-31187-2_7

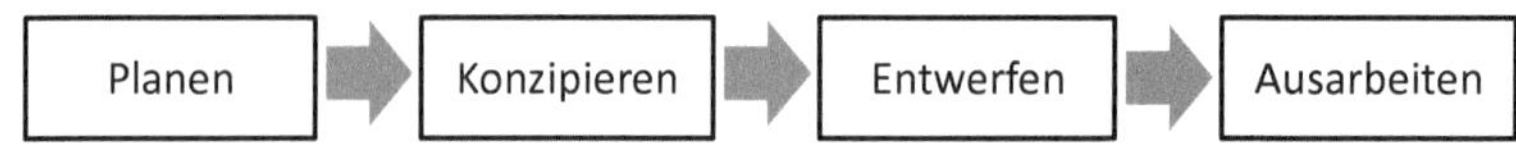

Abb. 7.1 Die vier Phasen des Konstruktionsprozesses

aufsetzen. Entscheidend ist, dass eine neue Prinziplösung für Teile oder die Gesamtheit der zu lösenden Aufgabe gefunden werden muss. Diese neue Prinziplösung wird in der Konzeptphase systematisch gesucht (s. Abb. 7.1).

Ist eine neue Prinziplösung für einen Teil oder das gesamte Produkt erforderlich, so wird der notwendige Entwicklungsprozess als Neukonstruktion bezeichnet. Bei einer Neukonstruktion sind immer konzipierende, d. h. das Lösungsprinzip suchende Tätigkeiten erforderlich.

Für das weitere Vorgehen wurde ein Fallbeispiel gewählt, das in ähnlicher Weise im Lehrbetrieb der TH Köln im Kontext der Fächer Systementwicklung und Konstruktionsmethodik projektorientiert bearbeitet wurde. Hierdurch steht eine Reihe von Lösungsansätzen unterschiedlicher Qualität zur Verfügung, auf die im Weiteren zurückgegriffen wird.

7.1 Fallbeispiel „3D Drucker" – Szenario und Aufgabenstellung

Szenario

Das Fallbeispiel 3D-Drucker basiert auf der Annahme einer Situation, wie sie in der industriellen Praxis immer wieder vorkommt. Ein Unternehmen erkennt eine Chance, seinen Umsatz durch eine neue Produktlinie zu erhöhen und startet ein **Eigenentwicklungsprojekt**. Das angestrebte neue Produkt passt zum aktuellen Angebot und lässt Synergieeffekte sowohl im Vertrieb als auch im Bereich der Technik erwarten. Im Gegensatz zu Auftragsentwicklungen für externe Kunden liegt kein Lastenheft vor, die Anforderungen aus Vertrieb, Produktmanagement und Geschäftsleitung werden vorerst in Form eines internen Dokumentes beschrieben. Gerade in der Anfangsphase eines Projekts sind die Informationen häufig noch wenig strukturiert und in der Regel unvollständig. Durch die technische Kooperation mit einem Partnerunternehmen oder Forschungsinstitut können auch klein- und mittelständische Unternehmen auf spezielles **Know-how** zugreifen (hier: Verfahrenstechnologie 3D-Druck) und sich durch Kombination mit ihrem Kern-Know-how (hier: NC-Maschinen) neue Märkte und Umsatzpotenziale erschließen. Auch in diesem Punkt spiegelt sich eine in der Praxis sinnvolle und häufig geübte Vorgehensweise wider.

Für dieses Fallbeispiel wurde bewusst ein komplexes Produkt ausgewählt, um neben den vielen Aspekten und Methoden, die bei Neukonstruktionen zu beachten sind, den typischen mechatronischen Charakter heutiger Maschinen darzustellen.

Anforderungen
Ein mittelständisches Maschinenbauunternehmen, das kleine NC-Fräsmaschinen (Tischmaschinen) entwickelt und herstellt, will in den expandierenden Markt für 3D-Drucker einsteigen und eine eigenen Produktlinie etablieren. Es wird ein entsprechendes Entwicklungsprojekt initiiert und damit der Bezug zur Praxis enger wird, erfolgt die weitere Beschreibung des Fallbeispiels so, als ob der Leser direkt in das Geschehen einbezogen wäre. Sie (also der Leser) werden, nach einigen Jahren in denen Sie sich als Entwicklungsingenieur im Unternehmen bewährt haben, erstmalig mit der Projektleitung betraut.

Aufgabenstellung
Der 3D-Drucker ist als kostengünstige Maschine zu konzipieren, die in der Lage ist, Multi-Material-Prototypen aus Kunststoff herzustellen. Dabei sollen in Analogie zu konkurrierenden, bereits auf dem Markt befindlichen Systemen, solche Polymere eingesetzt werden, die sich mithilfe von UV-Licht in Sekunden aushärten lassen. Der Verkaufspreis soll so positioniert werden, dass neue Marktsegmente erschlossen und größere Stückzahlen erreicht werden können. Zum besseren Verständnis dessen, worum es bei dem Begriff „Prototyp" geht, dient Abb. 7.2.

Weiterhin werden von Vertrieb und Geschäftsleitung auf Basis vorhergehender Studien die folgenden technischen Anforderungen aufgestellt:

- 2,5D-Maschine, die in zwei Achsen NC gesteuert verfahren wird. Die dritte Achse führt eine schrittweise Zustellung aus.
- Das herzustellende Teil liegt in Form einer oder mehrerer stl-Dateien vor. Vor jeder Bearbeitung werden aktuellen Dateien von einem Server heruntergeladen.

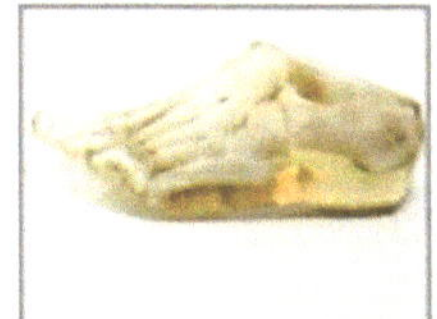

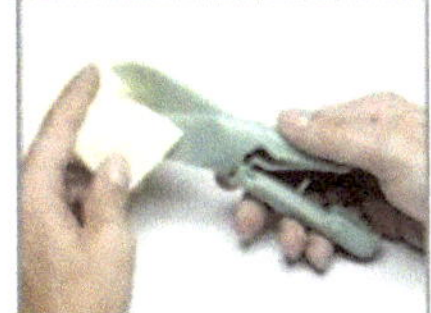

Abb. 7.2 Beispiele für Prototypen, die auf einem 3D-Drucker hergestellt wurden (Stratasys Ltd.)

- Material: Lichthärtende Polymere mit unterschiedlichen Materialeigenschaften. Wenigstens sieben verschiedene Materialeigenschaften sollen genutzt werden können.
- Die maximale Bauteilgröße soll $100 \times 100 \times 100$ mm³ betragen.
- Die Höhe der Herstellkosten für die Maschine soll 10.000 € nicht überschreiten.
- Es soll nur elektrische Energie von außen zugeführt werden (Netzspannung 230V).
- Die Maschine soll auf dem europäischen Markt (EU) verkauft werden.

Das für den eigentlichen Druckprozess notwendige verfahrenstechnische Know-how (Polymere, Dosiertechnik, UV-Strahler) liegt im Betrieb bisher nicht vor, da aktuell ausschließlich Fräsmaschinen hergestellt werden. Es wurde daher in diesem Bereich eine Kooperation mit einem Partnerunternehmen vereinbart, das präzise Vorgaben für die Ausführung der entsprechenden Komponenten (Druckkopf, Materialkartuschen, UV-Lichtquelle) sowie die verfahrenstechnischen Parameter macht. Zentrale Komponente ist der Druckkopf, für den eine modifizierte Variante eines kommerziell erhältlichen Druckkopfs eingesetzt werden soll (Abb. 7.3).

Der Hinweis auf die Notwendigkeit der Modifikation bezieht sich darauf, dass dieser Druckkopf eigentlich für die Verarbeitung von UV-aushärtenden Farben statt von Polymeren vorgesehen ist. Die Abmessungen des Druckkopfs sind mit dieser Auswahl festgelegt und können ebenfalls in die Anforderungsliste übernommen werden:

$$\text{Breite} \times \text{Tiefe} \times \text{Höhe} = 200\ \text{mm} \times 25\ \text{mm} \times 59{,}3\ \text{mm}.$$

In einer gemeinsamen Sitzung mit der Geschäfts- und Vertriebsleitung werden Sie über die bisherigen Überlegungen unterrichtet und zum **Projektleiter** ernannt (die Ernennung des Projektleiters hat nach der Lehre des **Projektmanagements** immer als erstes zu erfolgen). Sie erhalten die oben dargestellten Informationen und die Aufgabenstellung, innerhalb von 4 Wochen eine Planung zu erstellen, wie das Ziel erreicht werden kann.

Die Ernennung zum Projektleiter zeigt das große Vertrauen, das Sie bei der Firmenleitung genießen und ist ein schöner beruflicher Erfolg. Aber was nun? Wie machen Sie das Projekt zu einem Erfolg? In einem solchen Fall ist es sinnvoll, noch kurz einige arbeitsorganisatorische Betrachtungen anzustellen. Einer der wichtigsten Gesichtspunkte für den

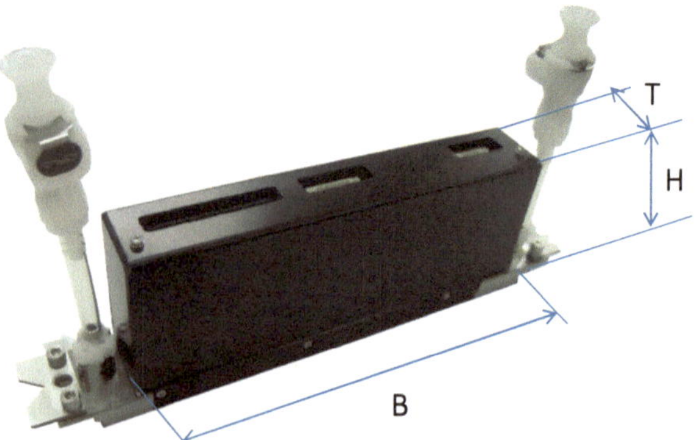

Abb. 7.3 Druckkopf (© Fa. Kyocera. Typ KJ4A)

Projektleiter (aber auch den Konstrukteur) ist nämlich, die Übersicht zu behalten. Eine bewährte Methode, seine Arbeit gut zu strukturieren und mit den anderen beteiligten Personen oder Organisationseinheiten des Betriebs zu koordinieren, ist die Anwendung der Regeln des Projektmanagements. Es gibt ein umfangreiches Literaturangebot zu diesem Thema, auf das hier nur hingewiesen werden soll, z. B. [Jak15].

Als Projektleiter übernehmen Sie die Verantwortung für die erfolgreiche Durchführung des Projekts, d. h. Sie sind für das termin- und kostengerechte Erreichen des Projektziels zuständig. Das bedeutet nicht, dass Sie alle Aufgaben selber bearbeiten müssen. Im Gegenteil: Die Bildung eines **Projektteams** und die Übertragung der meisten Aufgaben auf die Teammitglieder oder andere Personen, z. B. bei Zulieferfirmen, ist eine Ihrer zentralen Aufgaben. Allerdings bleibt auch für übertragende Aufgaben die Verantwortung letztendlich bei Ihnen, dem Projektleiter. Sie müssen die erfolgreiche Bearbeitung der Teilaufgaben überprüfen, um ihrer Gesamtverantwortung für das Projekt gerecht zu werden.

7.2 Klären und Präzisieren der Aufgabenstellung – Planen

In der Planungsphase werden die Voraussetzungen für eine erfolgreiche Projektbearbeitung geschaffen. Sie bildet die Basis für alle folgenden Arbeiten und ist gerade bei der Entwicklung komplexer Maschinen essenziell für eine funktions-, kosten- und termingerechte Lösung.

Wichtige Arbeitspunkte in dieser Phase sind das Klären und Präzisieren der Aufgabenstellung, die in der **Anforderungsliste** dokumentiert werden. Weiterhin die Planung des Projekts, die sich in verschiedenen zusätzlichen Dokumenten niederschlägt. Beide Punkte bedingen, dass ein ausreichendes Wissen über die Anforderungen aus Kunden- und Unternehmenssicht, den Stand der Technik, zu beachtende gesetzliche Vorgaben, Richtlinien und weitere zu berücksichtigende Themengebiete vorliegt. Oder mit anderen Worten: Die mit dem Projekt betrauten Produktentwickler müssen über umfangreiche fachliche Kenntnisse verfügen und sich ausreichend tief in die verschiedenen Themen eingearbeitet haben.

Die Arbeiten in der Planungsphase können in die in Abb. 7.4 angegebenen Hauptarbeitspunkte gegliedert werden. Zur Verdeutlichung, welche Themen im Einzelnen hinter diesen Punkten stehen, dient die folgende Auflistung.

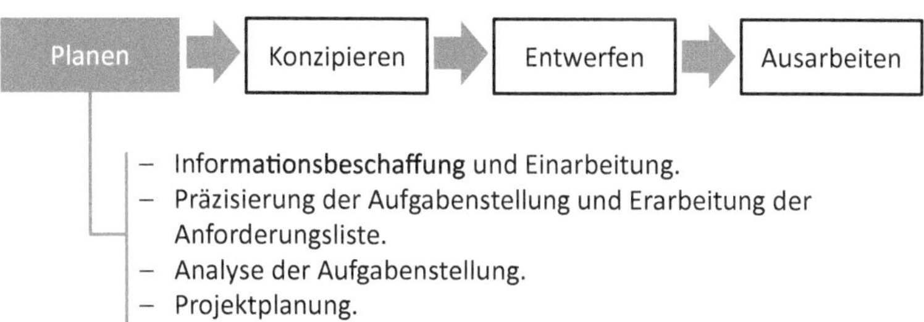

Abb. 7.4 Hauptarbeitspunkte in der Planungsphase

- Informationsbeschaffung und Einarbeitung
  - Stand der Technik, Konkurrenzbetrachtungen, Literatur, Patente
  - Gesetzliche Randbedingungen, Normen und Richtlinien
  - Unternehmensinterne Vorgaben und Richtlinien, Werksnormen, Verwendung von firmeneigenen Maschinenmodulen bzw. -elementen, Fertigungs- und Montagemöglichkeiten, u. v. m.
- Präzisierung der Aufgabenstellung und Erarbeitung der Anforderungsliste
  - Interne und externe Anforderungen an das Entwicklungsergebnis
  - Beschreibung und Abstimmung des erwarteten Entwicklungsergebnisses, Lastenheft, Pflichtenheft, Produktspezifikation
  - Erarbeitung und Abstimmung der ersten Anforderungsliste
- Analyse der Aufgabenstellung
  - Erste Strukturierung des erwarteten Entwicklungsergebnisses – Produktstrukturplan
  - Festlegung der optimalen Vorgehensweise durch Klärung der Konstruktionsart für das gesamte Produkt oder Teilbereiche (Neukonstruktion, Anpassungskonstruktion, Variantenkonstruktion)
- Projektplanung
  - Auflistung aller Arbeitspakete und Dokumentation im Projektstrukturplan
  - Zeit- und Terminplanung, Meilensteine
  - Abschätzung der Kosten, notwendigen Ressourcen und Kapazitäten

Je nach Aufgabenstellung sind alle oder auch nur einige der genannten Punkte zu beachten. Es ist auch möglich, dass weitere Aspekte zu ergänzen sind. Die folgenden Ausführungen erläutern vor dem Hintergrund unseres Fallbeispiels sinnvolle Vorgehensweisen.

7.2.1 Informationsbeschaffung und Einarbeitung

Für das Entwicklungsergebnis ist es sehr wichtig, dass die Produktentwickler den aktuellen Stand der Technik, die geltenden Gesetze und Normen gut kennen. Neben dem Literaturstudium sind die Analyse konkurrierender Produkte und der relevanten Patente die ergiebigsten Quellen. Weiterhin muss bekannt sein, welche unternehmensinternen Vorgaben (Werksnormen, Know-how, Fertigungseinrichtungen, usw.) zu beachten sind. Ein in diesem Fachgebiet langjährig tätiger Entwickler wird über diese Informationen weitgehend verfügen, ein Anfänger wird sich entsprechend lange einarbeiten müssen. Im Rahmen dieses Buches ist es aus Platzgründen nicht möglich, die notwendige Informationsbeschaffung und Einarbeitung umfassend darzustellen. Die folgenden Ausführungen geben daher nur einen eingeschränkten Einblick in das typische Vorgehen und die für den 3D-Drucker relevanten Themen. Es wird versucht, allgemein anwendbare Regeln anzugeben, deren Einsetzbarkeit allerdings von dem jeweils vorliegenden Thema abhängt und geprüft werden muss.

Die Arbeitsweise eines 3D-Druckers beruht darauf, dass mithilfe von computergestützten (CAD-)Vorlagen das gewünschte Werkstück nicht durch das Abtragen von Material von einem Halbzeug oder Rohling, sondern durch den Aufbau (Schicht für Schicht) aus einem flüssigen und/oder pulverförmigem Werkstoff entsteht. Bekannt unter dem Begriff „Rapid Prototyping" hat sich diese Technologie in den letzten 25 Jahren dynamisch entwickelt. Heute sind verschiedene technische Lösungen kommerziell erhältlich und stehen dem stark expandieren Markt zur Verfügung. Es sind diverse Veröffentlichungen verfügbar, die eine umfassende Einarbeitung in das Thema ermöglichen, z. B. [Geb13].

Auf dem Markt wird inzwischen eine derartige Vielzahl von 3D-Druckern angeboten, dass es an dieser Stelle nicht möglich ist, eine vollständige Marktanalyse wiederzugeben. Die Auswahl an Vorbildern für die Neukonstruktion wird aber unter anderem auch dadurch eingeschränkt, dass in der Aufgabenstellung zwei Vorgaben gemacht werden:

- Verwendung von lichthärtenden Polymeren mit verschiedenen Materialeigenschaften,
- Herstellkosten max. 10.000 €.

Der erste Punkt lenkt die besondere Aufmerksamkeit auf die beiden amerikanischen Herstellerfirmen *3D-Systems Inc.* und *Stratasys Inc.*, die als Marktführer gelten. Einen Überblick über wichtige Modelle dieser beiden Firmen gibt Tab. 7.1.

Das grundsätzliche Funktionsprinzip der Drucker ist bei beiden Herstellern identisch. Das Bau- und Stützmaterial wird in Kartuschen gelagert und von dort zu den jeweiligen Druckköpfen geleitet. Ist das Material aufgetragen, so wird es von zwei seitlich angebrachten UV-Lichtquellen polymerisiert und mit Hilfe einer Walze zusätzlich geglättet. Die Anzahl der Drückköpfe variiert abhängig von der Anzahl der Druckmaterialien. Jeder der Stratasys-Drucker verfügt über 2,5 Achsen. Auf der z-Achse, das heißt in vertikaler Richtung, wird demnach nicht stufenlos verfahren, sondern stets nur um den Betrag der geforderten Schichtstärke. Dabei verfährt die Bauplatte mit Hilfe einer Stellachse in negativer z-Richtung, während sich die Druckköpfe über Linearachsen frei in der waagerecht liegenden x,y-Ebene bewegen. Bis auf die Connex-Reihe verfügt keiner der Drucker über eine Farbtechnologie.

Die Drucker der Firma 3D-Systems sind so konstruiert, dass sich der Druckblock in positiver z-Richtung bewegt und die Bauplatte dagegen in x-Richtung verfahren wird. Eine Bewegung in y-Richtung findet nicht statt, da die Breite der Druckköpfe die gesamte Bauplatte abdeckt.

Der neu zu entwickelnden Drucker unterscheidet sich von den im Markt etablierten Systemen durch eine hohe Genauigkeit bei preislich attraktiver Positionierung. Drucker vergleichbarer Genauigkeit kosten aktuell ein Vielfaches. Gleichzeitig wird das mögliche Bauvolumen reduziert.

Konkurrenzanalysen sind eine wichtige Quelle, um den aktuellen Stand der Technik zu erfassen. Verkaufsunterlagen, Betriebs- und Serviceunterlagen enthalten sehr viele wertvolle Informationen. Auch Analysen direkt am realen Konkurrenzprodukt, wie die Aufnahme von Leistungsdaten, messtechnische Untersuchungen oder Einzelteilanalysen (Kosten, Funktion, Ausführung) werden in der Praxis immer wieder eingesetzt, um die eigene Entwicklung zu optimieren.

Tab. 7.1 Kenndaten wichtiger Konkurrenzmodelle der Hersteller Stratasys Inc. und 3D-Systems Inc.

Hersteller	Stratasys			3D Systems	
Modelltyp	Objet 24	Objet Eden 260V	Objet 260 Connex	ProJet 5500 X	ProJet HD 3000+
Abbildung					
Maße (BxTxH) [mm]	825 x 620 x 590	870 x 740 x 1200	870 x 735 x 1200	1700 x 900 x 1650	737 x 1215 x 1504
Masse [kg]	93	280	264	934	254
Achsenauflösung (x;y;z) [dpi]	600 x 600 x 900	600 x 600 x 1600	600 x 600 x 1600	750 x 750 x 890	750 x 750 x 1600
Genauigkeit [mm]	0,1	0,1 - 0,2	0,02 - 0,2	-	0,025 - 0,05
Bauvolumen (x;y;z) [mm]	234 x 192 x 148,6	255 x 255 x 200	255 x 252 x 200	533 x 381 x 300	203 x 178 x 152
Druckkopfanzahl [Stück]	2	8	8	-	-
Schichtdicke [µm]	28	16	16	29	16
Materialienanzahl [Stück]	1	18	90	3	-
Dateiformate	STL;SLC	STL;SLC	STL;SLC;OBJDF	STL;SLC	STL;SLC
Preis [$]	≈ 32.000	≈ 142.000	-	≈ 224.000	-

Beachten Sie aber immer, dass die heute kommerziell erhältlichen Produkte den Stand der Technik zu ihrem Entwicklungszeitpunkt darstellen. Der **Stand der Technik**, oder besser der Stand der Erkenntnisse ist daher oft schon mehrere Jahre alt! Im Bereich des 3D-Drucks existiert eine Vielzahl von **Patenten**, die den gesamten Prozess des Druckens abdecken. Dies beinhaltet nicht nur die eingesetzten Materialien oder Technologien, sondern zusätzlich verwendete Software, Regelungsmechanismen und sogar Designkonzepte. Die stetig steigende Bedeutung des 3D-Drucks, insbesondere im 21. Jahrhundert, zeigt sich anhand der Entwicklung der eingereichten und bewilligten Patente innerhalb der letzten 30 Jahre, die in Abb. 7.5 neu dargestellt ist. Das IPO (*Intellectual Property Office*) [IPO] verzeichnete rund 9000 Patente im Bereich 3D-Druck in diesem Zeitraum.

Die Patentsituation wird dadurch etwas entspannt, dass inzwischen ältere Patente (mehr als 20 Jahre Laufzeit) nicht mehr gültig sind. Die Anzahl der in den Jahren ab 1993 angemeldeten Schutzrechte hat allerdings explosionsartig zugenommen. Der Schwerpunkt

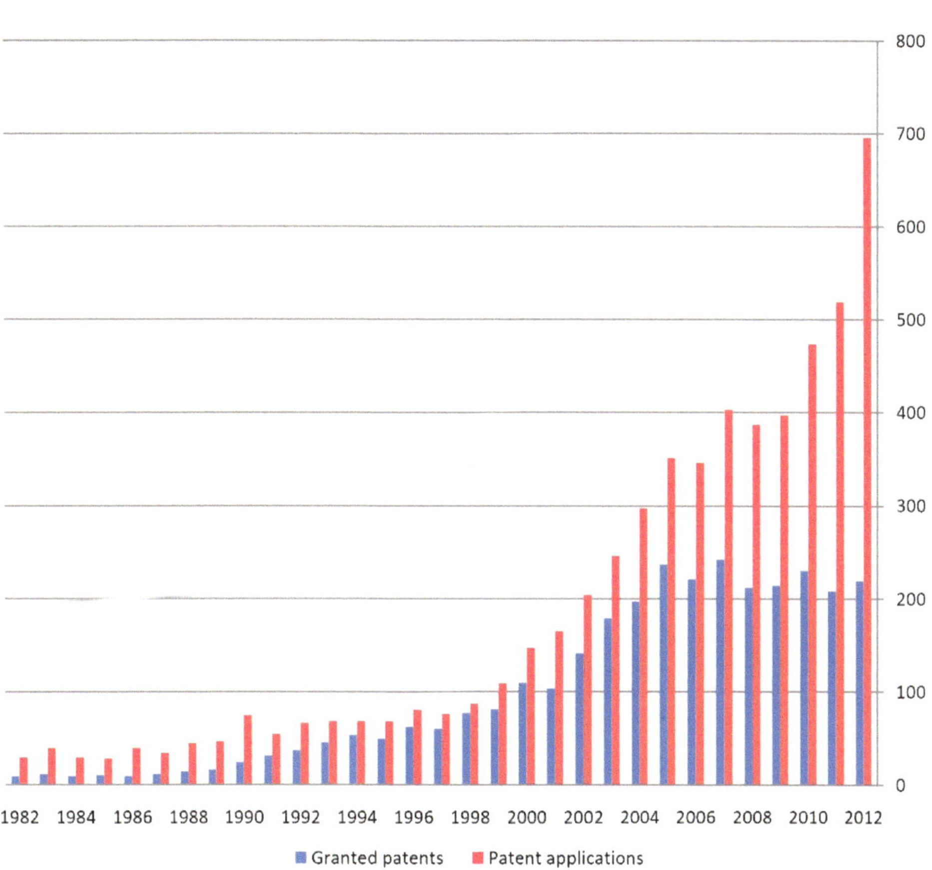

Abb. 7.5 Entwicklung der Patentanmeldungen und Patenterteilungen im Bereich 3D-Druck in den Jahren 1982–2012. [IPO]

liegt in den USA und Ländern in Fernost, zurzeit sind ca. 2000 Patente in Verbindung mit 3D-Druckern bekannt. Es ist also ersichtlich, dass eine sorgfältige Recherche durchgeführt werden muss, bevor man sich mit einer Neukonstruktion auf diesem Gebiet befassen will. Das ist aufwändig aber unerlässlich, weil dadurch vergebliche Arbeit vermieden werden kann.

Um die Lösungsvielfalt in unserem Fallbeispiel „3D-Drucker" nicht zu stark einzuschränken und den Rahmen des Buches nicht zu sprengen, wird von der Berücksichtigung der Patentsituation bei den weiteren Betrachtungen abgesehen. In der industriellen Praxis ist das natürlich nicht möglich!

In Patenten werden internes Firmenwissen und neuartige Ideen offenbart. Sie haben von daher eine einzigartige Qualität für die Konkurrenzanalyse.

Bei jeder Produktentwicklung muss immer versucht werden, Patentverletzungen zu vermeiden. Eine umfangreiche Entwicklung ohne Kenntnis der Patentsituation zu beginnen ist daher risikoreich und kann zu einem Totalverlust der investierten Entwicklungsgelder führen. Auf der anderen Seite vergeht immer erhebliche Zeit zwischen der Anmeldung und der Offenlegung eines Patentes. In Deutschland sind das in der Regel 18 Monate, in der die Erfindung für Außenstehende nicht zugänglich ist. Trotz **Patentanalyse** verbleibt daher immer ein Restrisiko.

Zum besseren Verständnis des weiteren Vorgehens ist es unerlässlich, sich in den Herstellprozesses für die Prototypen in ausreichender Tiefe einzuarbeiten. Unter der Bezeichnung „Photopolymere Verfahren" versteht man einen Prozess, in dem flüssige Polymere mittels UV- oder ganz allgemein durch Lichtstrahlen ausgehärtet werden. Diese Aushärtung geschieht entweder in einem Bad oder durch das schichtweise Auftragen der flüssigen Substanz (oder mehrerer Substanzen) und das unmittelbar darauf folgende Aushärten auf einem Objektträger. In den beiden Abb. 7.6 und 7.7 ist dieser Ablauf dargestellt.

Beim in Abb. 7.7 gezeigten Verfahren, das entweder die Bezeichnung Poly-Jet-Modeling (PJM) oder Multi-Jet-Modeling (MJM) trägt, kann es erforderlich sein, je nach der Form des Prototyps, zusätzlich zu dem Polymer ein wachsähnliches Material als Stützkonstruktion einzusetzen. Dieser Stoff wird dann nach Fertigstellung des Prototyps, z. B. mittels Wärmeeinwirkung entfernt. Das ist ohne Weiteres möglich, weil sein Schmelzpunkt wesentlich niedriger gewählt wird als der des ausgehärteten Polymers. Dieses Verfahren hat den Vorteil, dass unterschiedliche Kunststoffe mit verschiedenen Festigkeitseigenschaften und Farben verarbeitet werden können. Zusätzlich ist noch zu erwähnen, dass wegen der geringen Tropfengröße, die beim Druck möglich ist, eine hohe Genauigkeit bei Form und Oberfläche erzielt werden kann. Man muss dann allerdings eine längere Fertigungszeit akzeptieren.

Wichtige Anforderungen, die aus der Verfahrenstechnologie resultieren, sind für den zu entwickelnden 3D-Drucker u. a. sinnvolle Verfahrgeschwindigkeitsbereiche, die minimal

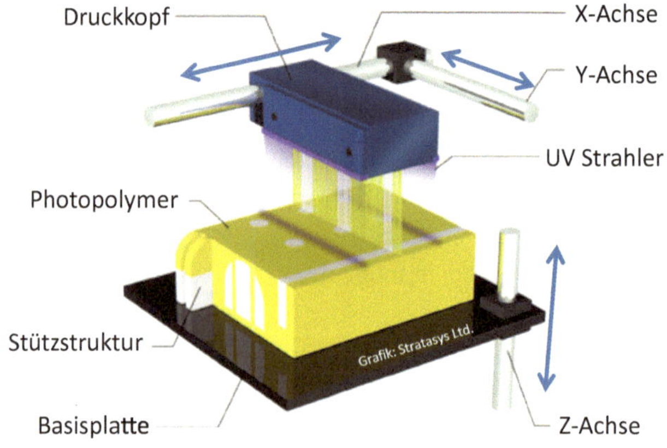

Abb. 7.6 Prinzip des Poly-Jet-Modeling. (Grafik: Stratasys Ltd.)

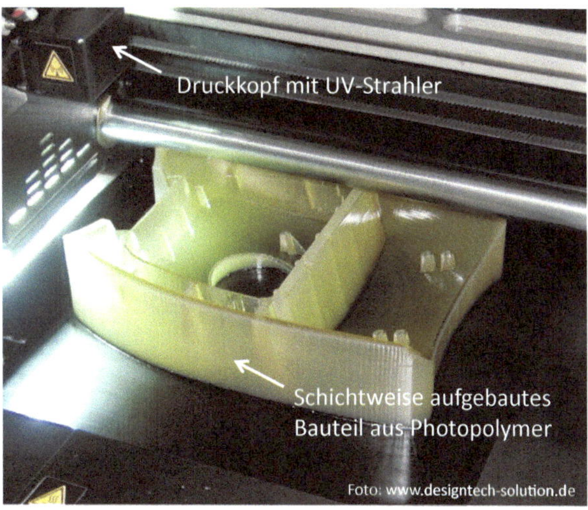

Abb. 7.7 Mit dem PJM Verfahren gedrucktes Bauteil im 3D-Drucker

erforderliche Bewegungsauflösung, die maximal erreichbare Produktionsgeschwindigkeit (mm^3/min), notwendige Sicherheitseinrichtungen (z. B. um den Bediener vor dem UV-Licht zu schützen), die Abschirmung des Arbeitsraums von UV-Licht (z. B. Sonneneinstrahlung von außen, usw.).

Zentrale Anforderungen resultieren aus dem zur Realisierung des „Zwecks“ (Energie-, Stoff- oder Informationsumsatz) in dem Produkt eingesetzten Verfahren. Es ist unerlässlich sich mit dem verwendeten Verfahren bzw. der eingesetzten Technologie im Detail auseinanderzusetzen.

Ein wichtiger marketingtechnischer Aspekt ist die Frage, wie sich das geplante Produkt gegenüber dem Wettbewerb auszeichnen soll und welche **Alleinstellungsmerkmale** es haben soll. Diese Merkmale, im englischen Sprachgebrauch „unique selling proposition (USP)“ genannt, finden sich in den Vorgaben von Vertrieb und Geschäftsleitung u. a. in der „Nutzung von wenigstens sieben lichthärtenden Polymeren mit verschiedenen Materialeigenschaften und Farben“, der „hohen geforderten Maschinengenauigkeit“ und den „niedrigen angestrebten Herstellkosten“.

Die angedeuteten Forderungen müssen präzise formuliert werden, damit sie in die Anforderungsliste aufgenommen werden können. Sie lauten folgendermaßen:

- Genauigkeit der Formkontur: ±0,02 mm,
- Wiederholgenauigkeit: ±0,002 mm,
- min. Schrittweite: 0,01 mm.

Damit zu erkennen ist, dass diese zu einem späteren Zeitpunkt entstanden sind als die bereits erwähnten, werden sie in grüner Schrift in der Anforderungsliste ausgeführt (s. Abschn. 7.2.2).

Neben diesen Punkten wurde bei der Einarbeitung und Analyse des aktuellen Stands der Technik im Rahmen der bereits erwähnten Semesterarbeiten an der TH Köln Folgendes ermittelt:

- Die für Privatanwender konzipierten 3D-Drucker müssen benutzerfreundlicher gestaltet werden.
- Die Qualität der hergestellten Prototypen lässt noch Wünsche offen.
- Der technische Aufwand bei den 3D-Druckern ist noch zu groß.
- Auch bei einfachen Druckern sollte Mehrfarbendruck möglich sein.
- Die Druckgeschwindigkeit ist oft zu gering.

Die vom Produktmanagement/Marketing/Vertrieb vorgegebenen, herausragenden Leistungsmerkmale (Alleinstellungsmerkmale) sind elementar für den angestrebten Verkaufserfolg. Sie sollten bezüglich ihrer Machbarkeit (Funktion, Preis, Zeit und Qualität) überprüft und ggf. durch weitere Aspekte in Absprache ergänzt werden. Häufig sind Marketing und Vertrieb nicht mit den neuesten technologischen Möglichkeiten vertraut, so dass von Seiten der Produktentwicklungen weitere Potenziale und Chancen aufgezeigt werden können.

In Bezug auf Sicherheitsvorschriften, Normen und Richtlinien wurden die folgenden Informationen ermittelt:

- Eine Richtlinie VDI existiert für den 3D-Druck und die Drucker seit dem Februar 2015 unter der Nummer 3405.
- Der VDMA sondiert zurzeit, ob er eine Richtlinie formulieren soll.
- Es gelten als Orientierungshilfe für den Konstrukteur die folgenden allgemeingültigen Richtlinien: Maschinenrichtlinie 2006/42/EG, Produktsicherheitsrichtlinie 2001/95/EG, Umgebungslärmrichtlinie 2002/49/EG, Recyclingrichtlinie 2002/96/EG, CE-Kennzeichnung gemäß EU-Verordnung 765/2008, GS-Siegel (geprüfte Sicherheit gemäß § 21 des Produktsicherheitsgesetzes).

Auch die Kenntnis der relevanten Gesetze, Normen und Richtlinien ist elementar für die Planung. Sie müssen schon während der Entwicklung berücksichtigt werden. Das entwickelte Produkt erst im Nachhinein auf die Erfüllung der Vorschriften zu überprüfen ist ineffizient und kann zu erheblichen Zusatzaufwänden führen.

Fazit

Es ist unabdingbar, sich in der Planungsphase ausreichend tief in das relevante Fachgebiet einzuarbeiten und eine gründliche Recherche durchzuführen, in der die Konkurrenzsituation, gegebenenfalls vorhandene Schutzrechte und gesetzliche Regelungen offengelegt werden. Dieser Stand der Technik ist zu analysieren und die Vorgaben für das geplante Projektergebnis sind zu überprüfen. Es ist nicht ungewöhnlich, dass durch die detaillierte Analyse aus Sicht des Technikers weitere Chancen, Risiken, Schwächen und Potenziale erkannt werden. Durch die Frage nach den Alleinstellungsmerkmalen und deren genauer Beschreibung werden die Gesichtspunkte des Marketings schon frühzeitig diskutiert und verinnerlicht.

7.2.2 Präzisierung der Aufgabenstellung und Erarbeitung der Anforderungsliste

Grundlegend für jede Produktentwicklung ist, dass das **Projektziel** und die daraus resultierenden Anforderungen geklärt und abgestimmt sind. Ohne eine ausreichende Klärung und Präzisierung der Aufgabenstellung kann eine Produktentwicklung nicht erfolgversprechend begonnen werden. So einfach diese Binsenweisheit ist, so oft wird sie in der Praxis vernachlässigt. Ergebnis sind fehlgeschlagene Entwicklungen, unnötiger Kostenaufwand und Frustration bei den Beteiligten.

Beginnen Sie keine Produktentwicklung ohne eine ausreichende Klärung und Präzisierung der Aufgabenstellung.

Fragen Sie sich daher bei jeder Entwicklung: Habe ich das Projektziel und die Anforderungen wirklich verstanden? Sind sie ausreichend vollständig, abgestimmt und genehmigt?

In unserem Fallbeispiel müssen Sie diese Fragen mit einem klaren „Nein“ beantworten. Es fehlen Angaben zu ganz elementaren Randbedingungen:

- Welche Anzahl von Produkten (Maschinen) soll pro Jahr hergestellt werden?
- Wie lange darf ein Druckprozess dauern?
- Wer soll diese Maschine bedienen? Welche Kenntnisse können vorausgesetzt werden?
- Baugröße? Tisch- oder Standmaschine?

Diese und weitere, das erwartete **Projektergebnis** beschreibende Informationen/Anforderungen müssen unbedingt vor Projektbeginn erfasst und dokumentiert werden. Bei externen Aufträgen in Form eines **Lastenheftes**, bei internen Entwicklungsprojekten in

Form einer **Produktspezifikation**. In der Praxis sind für dieses Dokument viele weitere Bezeichnungen in Gebrauch. Die Anforderungen des internen oder externen Kunden werden als Kundenspezifikation (requirement specification), Produktskizze, Funktionelle Spezifikation oder feature specification bezeichnet. Die Bezeichnungen selber sind für den Produktentwickler von geringer Bedeutung, viel wichtiger ist, dass das erwartete Entwicklungsergebnis präzise und eindeutig, mess- und/oder prüfbar beschrieben ist. Nur so kann am Projektende eine Überprüfung des Ergebnisses durchgeführt werden.

Leider kommt es in der industriellen Praxis immer wieder vor, dass Lastenhefte oder interne Produktspezifikationen entweder gar nicht oder nur unvollständig erstellt werden – „es ist ja sowieso alles klar" – . Teilweise wird aus Zeitgründen zur Dokumentation auf Gesprächsnotizen zurückgegriffen oder grundlegende Spezifikationen sollen parallel zur Entwicklung ergänzt werden – „wir fangen schon einmal an".

Immer wieder kommt es auch vor, dass bei Projektbeginn viele Informationen noch nicht vorliegen und/oder erst noch beschafft werden müssen. In einem solchen Fall ist es unvermeidbar, dass die Informationen zuerst ausgewertet werden, um dann in entsprechende Anforderungen umgesetzt zu werden. Verzichtet man auf diesen Schritt oder verschiebt ihn, so besteht die Gefahr, dass zusätzlicher Aufwand an Zeit- und Kosten entsteht oder das Projekt möglicherweise sogar scheitert.

Eine „ausreichende" Klärung ist dann gegeben, wenn alle Konzept definierenden Anforderungen (Initialanforderungen – für die Bearbeitung der Phase „Konzipieren" unabdingbar) abgeklärt sind.

In unserem Fallbeispiel „3D-Drucker" liegt genau so ein unzureichendes Vorgehen vor. Das erwartete Entwicklungsergebnis wird nur in Teilen beschrieben, wichtige Aspekte wurden noch gar nicht betrachtet. Als Projektleiter sind Sie nun in der Situation diese Informationen einzufordern und mit Hilfe der Anforderungsliste zu **dokumentieren** und abzustimmen. Für das **Klären und Präzisieren der Aufgabenstellung** bleibt also noch Einiges zu erledigen. Wie bereits gesagt, ist diese Situation in der Praxis aber nicht ungewöhnlich. Der Konstrukteur muss dann versuchen, mithilfe des Marketings, des Vertriebes oder gegebenenfalls mit dem Kunden direkt zusätzliche Angaben zu erhalten, die ihm helfen diesen ersten Arbeitsschritt der Vorgehensweise nach Richtlinie VDI 2221 (s. Abb. 1.3 oder ggf. Abb. 1.5) zu bewältigen. Es ist das Ziel des ersten Arbeitsschritts, alle (bisher erkennbaren) Ansprüche an das zu entwickelnde Produkt in nachvollziehbarer und überprüfbarer Form niederzulegen (**Projektdokumentation**).

Es ist sinnvoll, die Anforderungsliste in formalisierter Form aufzustellen, in der Literatur gibt es über ihr Aussehen zahlreiche Beispiele. Wie genau ein gegebenenfalls zu benutzendes Formblatt aussehen soll, ist aber letzten Endes dem Unternehmen oder der entsprechenden Fachabteilung (Normenabteilung) überlassen. Für die vorliegende Aufgabe wird die Form gewählt, die bereits beim Beispiel für die Variantenkonstruktion (s. Abschn. 5.2.1) verwendet wurde.

Um für das weitere Vorgehen eine Grundlage zu schaffen, sind alle bisher bekannten Anforderungen in Tab. 7.2 übersichtlich dargestellt. Der Einfachheit halber wird auch hier

Tab. 7.2 Anforderungsliste für den 3D-Drucker

Maschinenbau GmbH Betzdorfer Str. 2 50679 Köln Projekt 3D-Drucker Projektnr. 4711 Projektltg. Peter Schmitz	**Projekt 3D-Drucker** Anforderungsliste Version 1.07 Datum 23.06.2015 Datei AL4711_v1.07.xls		Seite 1 von ...
F/W		Erstellungs-/ Änderungs-datum	Verantwortlich / Quelle
	1. Geometrie		
F	1.1 Max. Größe des zu erzeugenden Bauteils (Prototyp) 100x100x100 mm³	05.01.2015	PS
F	1.2 Die genauen Abmessungen des zu erzeugenden Bauteils werden in einer stl-Datei beschrieben	05.01.2015	PS
F	1.3 Fläche des Objektträgers 120x120 mm	21.05.2015	EM
	... ...		
	2. Kinematik	05.01.2015	PS
F	2.1 Der 3D-Druck erfolgt in drei Achsen (x, y und z). x und y-Achse werden NC-gesteuert, die z-Achsenzustellung erfolgt schrittweise	05.01.2015	PS
F	2.2 Maßtoleranz f. d. Prototyp: ± 0,02 mm	16.03.2015	PS
F	2.3 Wiederholgenauigkeit d. Pos.: ± 0,002 mm	16.03.2015	PS
F	2.4 min. Schrittweite: 0,01 mm	16.03.2015	PS
F	2.5 Druckkopf BxTxH = 200x25x59,3 mm, Fa. Kyocera	05.01.2015	PS
W	Druckköpfe anderer Hersteller als Option	05.01.2015	PS
F	2.6 Fahrweg für x-Achse 100 mm, y-Achse 50 mm	21.05.2015	EM
F	2.7 Fahrweg z-Achse 100 mm	21.05.2015	EM
F	2.8 Toleranzen unter 2.2, 2.3 nur für x und y Achse	21.05.2015	EM
F	2.9 Alle Achsen so auslegen, dass sie wahlweise gesteuert oder im geschlossenen Regelkreis betrieben werden können	21.05.2015	EM
	... ...		
	3. Kräfte		
F	3.1 Gewichtsbelastung der Bewegungsachsen 4 bis 10 kg	21.05.2015	EM
	... ...		
	4. Energie		
F	4.1 Antriebsenergie: elektrisch, 230 V	05.01.2015	PS
F	4.2 Zur Aushärtung ist UV-Licht zu verwenden (Wellenlängen auf Anfrage)	05.01.2015	PS
F	4.3 Aushärtezeit: 10 Sek.	05.01.2015	PS
	... ...		

	5. Stoff		
F	5.1 Zur Erzeugung der Prototypen sind sieben verschiedene Polymere zu verwenden	05.01.2015	PS
F	5.2 gleichzeitig mehrere Farben drucken (1 bis 7 Farben)	16.03.2015	EM
F	5.3 gleichzeitig mehrere Materialien drucken (1 bis 7)	16.03.2015	EM
	... ...		
	6. Information		
F	6.1 stl-Datei für die Definition des zu erzeugenden	05.01.2015	PS
	... ...		
	7. Sicherheit		
F	7.1 EG-Richtlinien 2006/42, 2001/95, 2002/49, 2002/96 und EU-Verordnung 765/2008 sind zu beachten	05.01.2015	PS
F	7.2 Einschlägige Unfallverhütungsvorschriften (BGV) beachten	05.01.2015	PS
F	7.3 Risikoanalyse	05.01.2015	PS
	... ...		
	8. Ergonomie		
F	8.1 Bedienbarkeit des 3D-Druckers nach DIN 33402-2 sicherstellen	05.01.2015	PS
	... ...		
	12. Transport		
F	12.1 Der ges. 3D-Drucker muss auf einer Europalette transportierbar sein	05.01.2015	PS
	... ...		
	13. Gebrauch		
F	13.1 Wg. Benutzung in geschl. Räumen Geräuschpegel max. 80 dBA	05.01.2015	PS
	... ...		
	16. Kosten		
F	16.1 Herstellkosten max. 10 000 €	05.01.2015	PS
F	16.2 Stückzahl: 100/Jahr	21.05.2015	EM
	... ...		
	17. Termin		
	17.1 SOP (start of production) 30.06.2016	05.01.2015	PS
F	... ...		

Tab. 7.2 (Fortsetzung)

nur die Unterscheidung in **Forderungen (F)** und **Wünsche (W)** verwendet. In der Darstellung wurde soweit wie möglich die Systematik der Leitlinie (s. Tab. 4.1) befolgt. Die Nummerierung der Merkmale ist in Kap. 5 bereits beschrieben und auch hier mit der Dezimalklassifikation vorgenommen worden. Den **Hauptmerkmalen der Leitlinie** kommen wieder die Ziffern 1 bis 17 zu.

Als besonderes Merkmal gegenüber der üblichen Beschriftung in der Standardfarbe schwarz, enthält diese Anforderungsliste verschiedenfarbige Eintragungen. Dahinter steht die Absicht, Erkenntnisse, die nicht sofort bei Auftragserteilung bereits klar formulierbar waren, sondern erst später gewonnen werden konnten, zu kennzeichnen. Da sich die Gewinnung der zusätzlichen Informationen im Wesentlichen in zwei Abschnitte unterteilen ließ, ergaben sich drei verschiedenfarbige Eintragungen, die folgendermaßen zu verstehen sind:

- Schwarz: Bei Erteilung des Entwicklungsauftrags feststehende Forderungen oder Wünsche.
- Grün: In der zweiten Phase der Erkenntnisgewinnung zutage tretende Fakten.
- Blau: Erkenntnisse, die in der dritten Phase gewonnen wurden.

Dadurch ist nachvollziehbar, wie die Anforderungsliste nach und nach vervollständigt wurde. Im weiteren Verlauf der Ausführungen wird an entsprechender Stelle darauf hingewiesen, um welche neu gewonnenen Informationen es sich jeweils handelt.

Gehen Sie bei der weiteren Erarbeitung der Anforderungsliste am besten in zwei Schritten vor. Im ersten Schritt dokumentieren Sie die explizit vom internen oder externen Kunden geäußerten Anforderungen, die Rahmenbedingungen und die aus den Erfahrungen und Möglichkeiten des Unternehmens entspringenden Anforderungen. Im zweiten Schritt erarbeiten Sie mit Hilfe von geeigneten Methoden (z. B. Hauptmerkmalliste, s. Tab. 4.1) weitere Anforderungen, die dann mit dem Auftraggeber abgestimmt werden müssen.

Wie aus Abb. 7.8 zu entnehmen ist, können Anforderungen aus ganz verschiedenen Quellen kommen (s. a. Kap. 2).

Überlegen Sie, welche Anforderungen Sie unbedingt kennen müssen, um das Produktkonzept erarbeiten zu können und fordern Sie diese konsequent ein. Die Identifizierung und Festlegung dieser „**Initialanforderungen**" muss vorrangig erfolgen, auch wenn es hierdurch zu zeitlichen Verzögerungen kommt, da anderseits noch größere Verzögerungen und Zusatzkosten durch Iterationsschritte entstehen können.

Alle Konzept definierenden Anforderungen (nitialanforderungen) müssen vor Beginn der Konzeptphase identifiziert und spezifiziert werden.

Auf der anderen Seite ist es, wie bereits angedeutet, unmöglich bzw. unter Zeit- und Kostengesichtspunkten nicht sinnvoll, alle Anforderungen vor Beginn der Konzeptphase festlegen zu wollen. Die Anforderungsliste wächst mit der Produktentwicklung. Zum Beispiel ist die Farbgebung des Gehäuses oder die Feingestaltung der Display-Bedienoberfläche in den meisten Fällen nicht relevant für die Findung der Prinziplösung. Die Festlegung dieser Anforderungen kann daher später erfolgen.

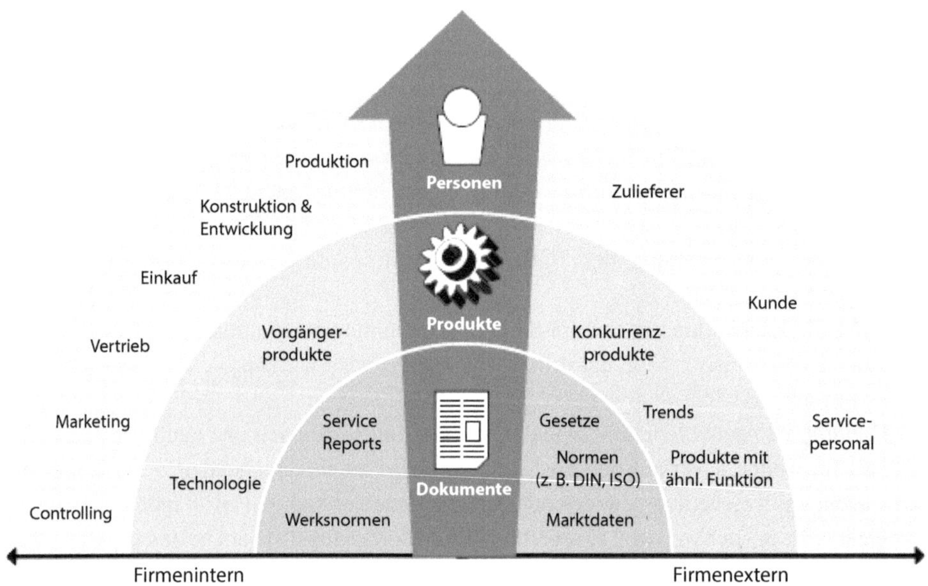

Abb. 7.8 Herkunft der Anforderungen an ein Produkt aus Dokumenten, Produkten oder Personenkontakten. [PaBe13]

Sie müssen sich in Bezug auf die Initialanforderungen immer die Frage stellen: „Was muss ich wissen, um eine Prinziplösung entwickeln zu können?“ Ohne Kenntnis dieser Anforderung können Sie konsequenterweise nicht den nächsten Schritt tun. Auf der anderen Seite können natürlich alle schon bekannten und feststehenden Anforderungen in die Anforderungsliste eingetragen werden, auch wenn sie erst in einer späteren Projektphase relevant werden.

Welche Initialanforderungen für die Entwicklung des 3D-Druckers als notwendig erachtet werden, hängt auch von den Funktionen ab, die neu entwickelt werden müssen. Nur für diese muss die Konzeptionsphase durchlaufen werden. Wie schon vorstehend beschrieben, ist es bei den weitaus meisten Entwicklungen nicht sinnvoll für alle Funktionen neue Prinziplösungen zu suchen. Häufig können bewährte Prinzipien übernommen werden und Neukonstruktionen auf wenige Funktionen beschränkt werden. Zum Beispiel gibt es für die Realisierung von Linearbewegungen viele bewährte Konzepte, bei Gehäusen spielt die Formgebung und Fertigungsart die entscheidende Rolle und die Verwendung von klassischen Konstruktionselementen sollte stets angestrebt werden. Alles Arbeitspunkte, für die keine neuen Prinziplösungen erforderlich sind und die daher erst in der Entwurfsphase zu betrachten sind.

Fazit

In vielen Fällen reicht die erste Formulierung der Wünsche und Forderungen an ein neu zu entwickelndes technisches Erzeugnis nicht aus, um eine auch nur annähernd vollständige Anforderungsliste aufzustellen. Der Konstrukteur muss dann in Zusammenarbeit mit dem

Kunden, dem Produktmanagement und/oder dem Marketing eine Klärung der aus seiner Sicht noch offenen Fragen herbeiführen. Die Pflege und Vervollständigung der Anforderungsliste ist ein Prozess, der nicht nach der Planungsphase abgeschlossen ist, sondern das Entwicklungsprojekt durch die Phasen Konzipieren und Entwerfen begleitet. Immer wieder werden, auch durch die Lösungsfindung selber, neue oder geänderte Anforderungen deutlich, die zu ergänzen sind.

7.2.3 Analyse der Aufgabenstellung

Ziel der Analyse der Aufgabenstellung ist es, einen Überblick über den Umfang, aber auch die Art der anstehenden Entwicklungsarbeiten zu erhalten. Diese Informationen sind grundlegend für die Projektplanung, die Abschätzung der notwendigen Personalressourcen, Finanzmittel und den Zeitbedarf.

Ziel der Analyse der Aufgabenstellung ist es, einen Überblick über den Umfang, aber auch die Art der anstehenden Entwicklungsarbeiten zu erhalten.

Einen Überblick über das zu entwickelnde Produkt und den vollständigen Lieferumfang kann man aus zwei Blickrichtungen gewinnen. Auf der einen Seite aus Funktionssicht. Ausgehend von den vom Produkt zu erfüllenden Funktionen wird hier die **Funktionenstruktur** des Produktes entwickelt. Im Gegensatz zu dieser abstrakten Sichtweise, erfolgt die zweite Betrachtung aus physischer, konkreter Richtung. Die **Produktstruktur** stellt das Produkt mit seinen realen Modulen, Baugruppen und Einzelteilen dar und kann im weiteren Projektverlauf zur Stückliste weiterentwickelt werden. Bei der Analyse der Aufgabenstellung spielt die Produktstruktur in der Praxis eine ganz zentrale Rolle und wird daher im Rahmen dieses Buches in den Mittelpunkt der Betrachtungen gestellt. Damit wird ein Weg beschritten, der in der Konstruktionsmethodik nicht selbstverständlich ist. Es wird daher im Folgenden Abschnitt zum besseren Verständnis erst einmal auf die verschiedenen Möglichkeiten der Strukturierung und die Eigenschaften und Einsatzgebiete von Funktionen- und Produktstruktur eingegangen.

7.2.3.1 Produktarchitektur – Funktionenstruktur – Produktstruktur

Ein Produkt wird während der Entwicklung aus zwei Perspektiven betrachtet: funktional und physisch. Während die funktionale Beschreibung lösungsneutral ist, schränkt die Produktstruktur mögliche Lösung zur physischen Realisierung der geforderten Produktfunktionen ein und definiert nach Überführung in die Stückliste die **eine** ausgewählte Lösung.

Funktionen- und Produktstruktur beschreiben beide das zu entwickelnde Produkt. Die Funktionenstruktur funktional und lösungsneutral, die Produktstruktur physisch und lösungseinschränkend.

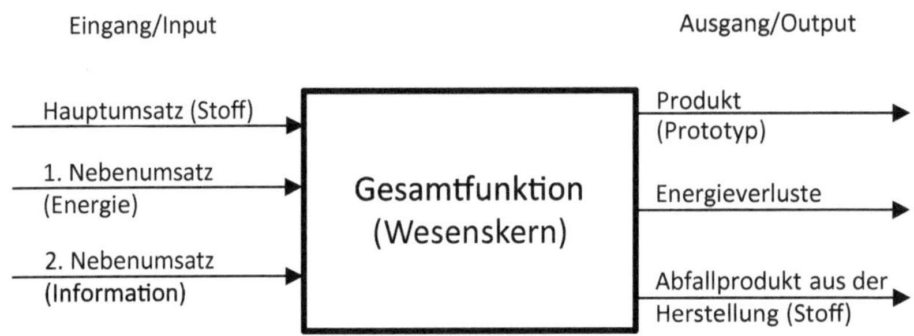

Abb. 7.9 Black Box für die Gesamtfunktion eines Stoff verarbeitenden Systems (3D-Drucker)

Die klassische Konstruktionsmethodik empfiehlt, für eine Neukonstruktion die notwendigen Elemente, aus denen die Produktstruktur bestehen soll, mithilfe der vom Produkt zu erfüllenden Funktionen zu ermitteln. Dabei geht man sinnvollerweise bei technischen Produkten „von innen nach außen" vor. Beginnend beim Zweck der Maschine (**Gesamtfunktion**), werden die erforderlichen Funktionen und deren Zuordnungen erkannt. Beim 3D-Drucker könnte die Formulierung dieser Gesamtfunktion, auch **Wesenskern** genannt wird und sich als „Black Box" darstellen lässt (s. Abb. 7.9), unter Berücksichtigung der bekannten Aufgabenstellung, z. B. lauten:

„Erzeugung von Prototypen aus Kunststoffen mit einem Aushärteverfahren, das auf UV-Lichteinwirkung beruht".

Daraus ergibt sich als Kernprozess, dass ein flüssiger Kunststoff definiert bereitgestellt, mittels einer gesteuerten Bewegung aufgetragen und durch UV-Bestrahlung ausgehärtet wird. Dementsprechend kann eine erste Strukturierung für die Funktionen vorgenommen werden, sie besteht aus:

- Polymer verarbeiten bzw. Polymerverarbeitung – fasst die Funktionen Drucken, Leiten und Lagern zusammen,
- Bewegung erzeugen bzw. Bewegungsachsen – fasst alle für die Erzeugung der Relativbewegung des Druckkopfs notwendigen Funktionen zusammen,
- Polymer aushärten bzw. UV-Aushärtung – fasst alle für die Erzeugung, Lenkung und Steuerung der UV-Strahlung notwendigen Funktionen zusammen.

Um sich diese Aufgabe zu erleichtern ist es ratsam, zunächst nur den **Hauptumsatz** (Stoff) zu berücksichtigen und dabei schrittweise von der ersten Ebene (Gesamtfunktion) ausgehend weitere Ebenen zu gestalten. In Abb. 7.10 ist dargestellt, wie die Gliederung der verbal beschriebenen **Teilfunktionen** (2. Ebene) mit den ihnen zugeordneten weiteren Teilfunktionen (3. Ebene) aussehen könnte.

Es wird allerdings bereits in der 3. Ebene deutlich, dass man alleine mit dem Hauptumsatz nicht sehr weit kommt, es ist erforderlich, die **Nebenumsätze** (Energie, Information) ebenfalls einzubeziehen. Die Bewegung des Druckkopfes und/oder der Koordinatenachsen erfordern elektrischen Strom, die Aushärtung des Harzes UV-Licht und die Steuerung des Druckprozesses benötigt eine Vorgabe (stl-Datei), wie die Form des Prototyps aussehen soll.

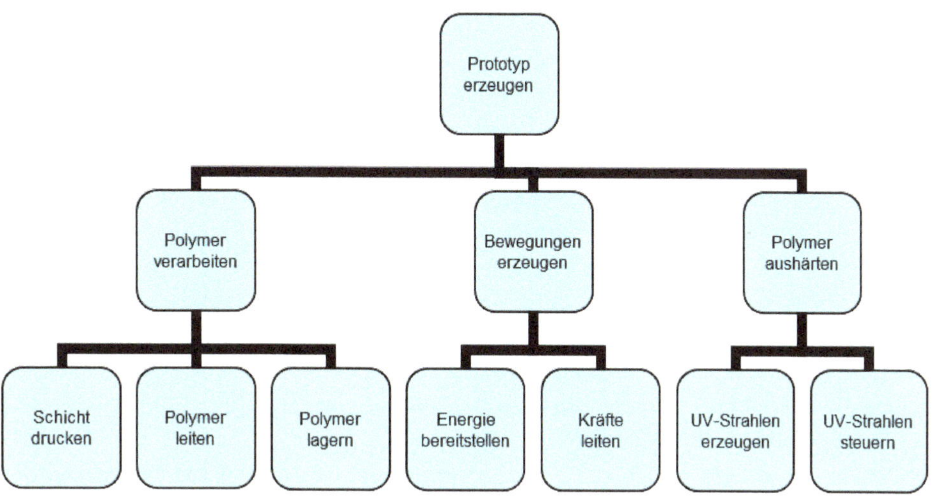

Abb. 7.10 Beginn einer Funktionenstruktur für den 3D-Drucker

Es ist offensichtlich, dass die Detaillierung der Struktur in weitere Folgeebenen zu einer schnell wachsenden Anzahl von Teilfunktionen (auch Folgefunktionen genannt) führt, bis schließlich die letzte Ebenen der **Elementar-** oder **Einzelfunktionen** erreicht wird. Man läuft Gefahr, die Übersicht zu verlieren, oder die notwendigen Funktionen gar nicht im Vorhinein erkennen zu können. Außerdem besteht die Möglichkeit, dass als Folge der Suche nach dem Konzept zur Realisierung von Funktionen die Struktur geändert werden muss, weil zusätzlich notwendige Funktionen erkannt werden. Es ist deshalb ratsam, den Versuch zu unternehmen ab der 3. oder 4. Ebene bereits in die Konzeptphase einzutreten und gegebenenfalls durch iteratives Vorgehen bei Bedarf die Struktur zu verändern und dann erneut Lösungen für die Konzeptentwicklung zu suchen.

Komplexe Produkte vollständig durch eine Funktionenstruktur darzustellen, ist in der Praxis nicht sinnvoll umsetzbar. Sinnvoll ist es, Funktionenstrukturen für Teilbereiche oder bis zu einer geringen Detaillierungsebene zu verwenden.

Diese Schwierigkeit lässt sich in der Regel dadurch überwinden, dass man die Sichtweise auf das zu entwickelnde Produkt wechselt. Von der Sicht auf die Funktionen (abstrakt) zu der Sicht auf die **Bauelemente** (physisch, konkret), mit der Frage: „Was ist für die Realisierung der Funktionen erforderlich?"

Da ja auch das Produkt einen systematischen Aufbau hat, es besteht aus Einzelteilen, die zu Komponenten und Montagegruppen zusammengefasst werden können, wird offenbar, dass zusätzlich zur **Funktionenstruktur** eine **Produktstruktur** bestehen muss. Letztere wird in älteren Lehrbüchern meist als **Baustruktur** bezeichnet, weil sie für dic

Denkweise steht mit der eine Stückliste für die Fertigung und Montage aufgebaut wird. In der neueren Literatur wird der Zusammenhang zwischen der Funktionenstruktur und der Produktstruktur als **Produktarchitektur** bezeichnet.

Die methodische Vorgehensweise bei einer Neukonstruktion geht von einer genügend detaillierten Funktionenstruktur aus, die dann auf Basis der Teil- oder Einzelfunktionen in der Konzeptphase in Bauteile oder Komponenten überführt wird. Diese serielle Vorgehensweise hat aus traditioneller Sicht auf den Konstruktionsprozess ihre Berechtigung, besitzt aber bei der Entwicklung komplexer technischer Erzeugnisse (z. B. 3D-Drucker) und der heute oft geforderten Modularisierung des Produktes, zur Erleichterung des „simultaneous engineering“ (s. Abschn. 3.2), oft Nachteile.

Die Produktarchitektur verknüpft die Funktionen- und die Produktstruktur so miteinander, dass sich die folgenden drei Bestandteile erkennen lassen:

- Funktionenstruktur – zeigt die Detaillierung von der Gesamtfunktion ausgehend,
- Produktstruktur – repräsentiert den Aufbau des Produktes, beginnend bei den Bauteilen und/oder Komponenten,
- Transformation – zeigt den Zusammenhang zwischen funktionaler (abstrakter) und physischer (realer) Beschreibung des Produktes.

Dieser Zusammenhang ist in Abb. 7.11 anhand der METUS-Raute [PaBe13] verdeutlicht. Die Darstellung der Zugänge von beiden Seiten soll darauf hinweisen, dass man grundsätzlich von der funktionalen oder realen Sicht vorgehen kann.

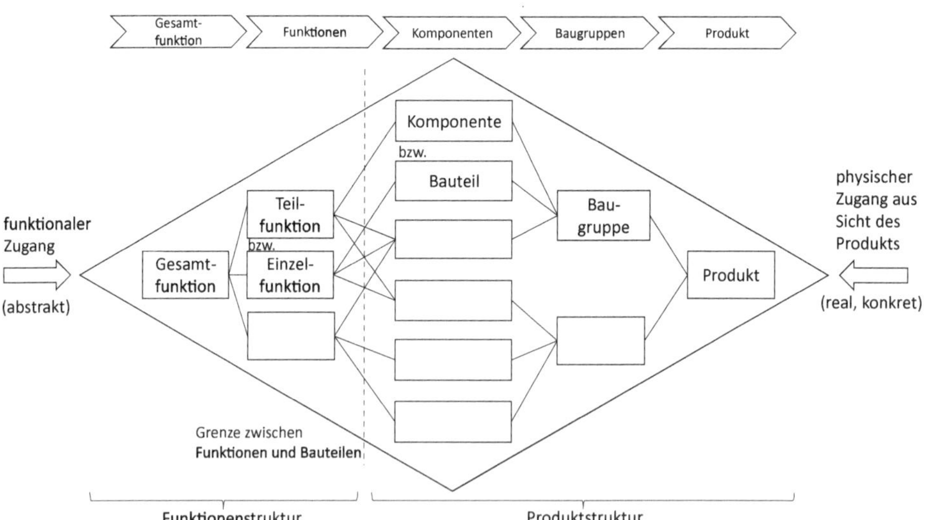

Abb. 7.11 Produktarchitektur als Zusammenführung von Funktionen- und Produktstruktur. (Nach [PaBe13])

In der Darstellung ist auch erkennbar, dass mehrere Funktionen von einer Komponente (Bauteil) erfüllt werden können. Innerhalb der Produktstruktur (Baustruktur) gilt aber, dass eine Komponente (Bauteil) nur einer Baugruppe angehören kann, nähere Erläuterungen können dem Lehrbuch von *Pahl/Beitz* [PaBe13] entnommen werden.

Der Produktarchitektur wird ein hoher Stellenwert beigemessen, weil sie dazu dient, die Funktionen, die Produkteigenschaften, die Modularität und die möglichen Varianten zu definieren. Diese Festlegungen haben Einfluss auf die Kosten und Effizienz der Produktentstehung. Durch die richtige Produktarchitektur werden die Mehrfach- oder Wiederverwendung von Komponenten erleichtert, die Variantenvielfalt reduziert, der Montageaufwand vermindert und die Lieferantenstruktur optimiert. Für den Hersteller ergeben sich dadurch Vorteile im Hinblick auf den Profit und die „Time-to-market"-Abläufe, er erzielt also letztlich Wettbewerbsvorteile. Eine gelungene Produktarchitektur stellt auf diese Weise einen zentralen Erfolgsfaktor für das Unternehmen dar.

Damit die Verknüpfung von Funktionen- und Produktstruktur mithilfe der METUS-Raute ein wenig anschaulicher wird, sind die Inhalte der Abb. 7.10 und 7.11, die konkret den 3D-Drucker betreffen, in Abb. 7.12 auch einmal in dieser Sichtweise dargestellt.

Da bei vielen Entwicklungen Vorgängermodelle oder Konkurrenzprodukte mit bewährten Lösungen bekannt sind, fokussiert sich die als Neukonstruktion bezeichnete Entwicklungsarbeit häufig auf bestimmte Einzel- oder Teilfunktionen. Für die anderen werden dann bekannte Prinziplösungen oder andere zur Verfügung stehende Maschinenmodule übernommen. In diesen Fällen ist die Erstellung einer Funktionenstruktur überflüssig und wird daher in der Praxis natürlich auch vermieden. Unterstützend wirkt sich die heute bei vielen Produkten des Maschinenbaus anzutreffende Modularisierung und die vielfältige Verwendung von Zukaufteilen und -modulen aus.

Es ist daher in vielen Fällen schon in der Planungsphase möglich, eine erste Produktstruktur zu entwerfen. Dabei werden Funktionen, für die noch keine Prinziplösungen bekannt sind, in diese aufgenommen. Hierdurch entsteht eine Struktur, die streng genommen keine reine Produktstruktur ist, sondern eine Mischform darstellt. Sie hat den Vorteil, den geplanten Lieferumfang des zu entwickelnden Produkts – in unterschiedlichen Abstraktionsgraden und Detaillierungsstufen – schon sehr frühzeitig in einer ersten Version umfassend darzustellen. Die initiale Produktstruktur hat dabei für viele Baugruppen und Teile lösungseinschränkende, aber noch keine lösungsdefinierende Bedeutung.

Im Rahmen dieses Buches ist diese Vorgehensweise gewählt worden, die auch in der Praxis in vielen Fällen sinnvoll ist. Funktionenstrukturen werden nur dort erstellt, wo sinnvolle Prinziplösungen noch nicht bekannt sind. Wie erwähnt, ist diese Vorgehensweise vorrangig bei modularen Produktarchitekturen sinnvoll. Bei Produkten, deren Aufbau nicht oder nur in geringem Umfang modularisiert werden kann (integrale Produktarchitektur) findet dieses pragmatische Vorgehen seine Grenze.

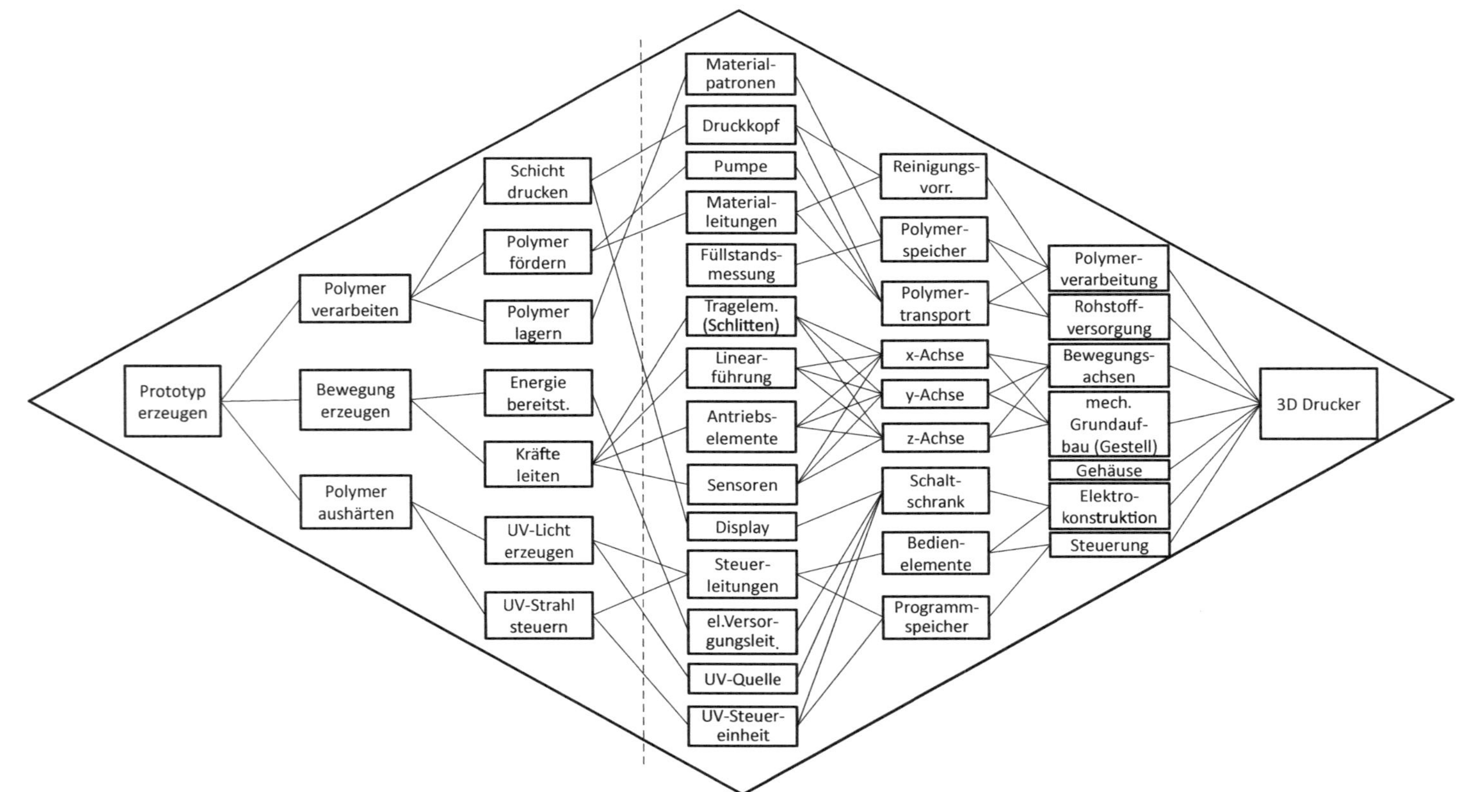

Abb. 7.12 Produktarchitektur des 3D-Druckers

7.2.3.2 Der Produktstrukturplan

Wichtiges Werkzeug für die Analyse der Aufgabenstellung ist der **Produktstrukturplan**. Der Produktstrukturplan beschreibt alle Bestandteile, Komponenten bzw. Softwaremodule, die am Ende des Projekts vorliegen bzw. ausgeliefert werden müssen.

Jedes Produkt besteht aus einer Anzahl von **Komponenten**, die definierte **Funktionen** realisieren. Diese Komponenten und Funktionen stehen in bestimmten Beziehungen zueinander und können hierarchisch gegliedert dargestellt werden. Analog zu **Stücklisten** kann eine baumartige Struktur aufgebaut werden, die entweder grafisch oder in Listenform dargestellt werden kann. Abb. 7.13 zeigt das Prinzip der grafischen Darstellung.

Die Gliederung in horizontaler Richtung kann hierbei unter verschiedenen Gesichtspunkten erfolgen. Nach Funktionen (Drehbewegung realisieren), nach technischen Fachgebieten (Mechanik, Elektrik, Software, Dokumentation, usw.), unter Fertigungs- oder Montagegesichtspunkten oder nach Maschinenmodulen (firmeneigene oder handelsüblich verfügbare Lösungen). Sinnvoll kann es auch sein, während der Entwicklung eine Gliederung in Analogie zu den Entwicklungsverantwortlichkeiten zu wählen oder zum Aufbau eine Kombination der verschiedenen Gliederungskriterien zu verwenden.

Der Produktstrukturplan ist eine hierarchisch gegliederte Übersicht über das gesamte Produkt bzw. den Lieferumfang.

Ganz ähnlich wie bei der Anforderungsliste ist es sinnvoll, in einem ersten Schritt einen **initialen Produktstrukturplan** zu entwerfen, der dann im Laufe des Projektes ergänzt und angepasst wird. In vielen Fällen wird es dann so sein, dass dieser erste Produktstrukturplan eine Mischung aus Maschinenmodulen (Übernahme vorhandener Lösungen), feststehenden Prinziplösungen, Funktionen (neue Prinziplösung erforderlich) und technischen

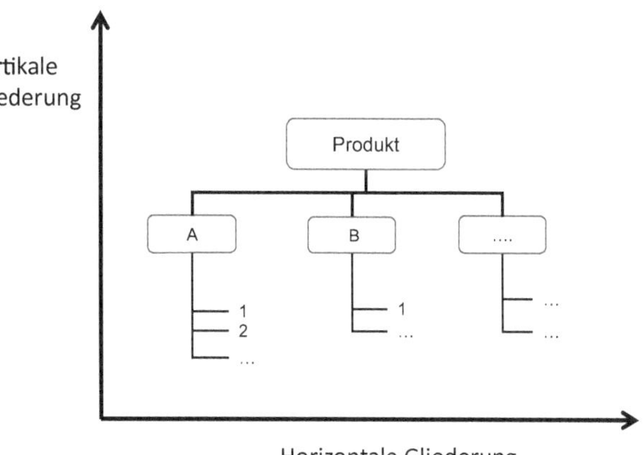

Abb. 7.13 Grafische Darstellung eines Produktstrukturplans – Prinzip

Fachgebieten (z. B. Zusammenfassung der zu erstellenden Dokumentation) ist. Mit dem Fortschreiten der Entwicklung wird der Produktstrukturplan sich dann immer mehr **vom Abstrakten zum Konkreten** ändern und am Projektende die konkreten Lösungen (Komponenten, Teile) wiedergeben. Bei konsequenter Anwendung stellt er dann letztendlich die Stückliste des entwickelten Produktes dar.

Wie beschrieben, sollen in den Strukturplan nicht nur bekannte Baugruppen und Komponenten, sondern auch Funktionen (neue Prinziplösung erforderlich) und feststehende Prinziplösungen (Gestaltung erforderlich) aufgenommen werden. Es entsteht, streng genommen, eine Mischform zwischen Funktionenstruktur und Produktstruktur. Bei Betrachtung der Metus-Rauten in Abb. 7.11 und 7.12 wird dieses deutlich. Auch, wenn dieser pragmatische Ansatz nicht der reinen Lehre entspricht, so bietet er in der Praxis so viele Vorteile, dass er im Folgenden unter dem Begriff „**Produktstrukturplan**" konsequent weiterverfolgt wird.

Unter dem Begriff „Produktstrukturplan" soll eine Übersicht verstanden werden, die gerade am Anfang einer Entwicklung, neben lösungsdefinierenden und lösungseinschränkenden Elementen, auch lösungsneutrale Elemente enthalten kann.

Um den initialen Produktstrukturplan zu entwickeln, empfiehlt sich die Orientierung am Aufbau des Vorgängermodells. Gibt es kein Vorgängermodell, kann das Studium von Konkurrenzprodukten oder bewährten Lösungen aus anderen Technikbereichen eine große Hilfe sein. Obwohl 3D-Drucker im Detail große Unterschiede, z. B. in den Varianten der in ihnen ablaufenden Prozesse und den Marktpreisen aufweisen, ist ihr Aufbau sehr ähnlich. Das ist dadurch bedingt, dass es Vorgaben für den zu verarbeitenden Rohstoff, die Verarbeitungs- und Aushärteverfahren und die Eigenschaften des zu erzeugenden Prototyps gibt. Mit anderen Worten, bei der Neukonstruktion eines solchen „Apparates" kann man von bereits bekannten Vorstellungen ausgehen, die Abb. 7.14 entnommen werden können.

Die Arbeitsweise ist gut zu erkennen, es handelt sich im Wesentlichen um eine Mechanik, mit deren Hilfe ein Objektträger und/oder Druckkopf in den drei Achsen des Raumes bewegt werden kann. Aus Gründen der Sicherheit ist allerdings eine Einhausung erforderlich, die außen um den Rahmen, der in diesem Fall aus Aluminiumprofilen besteht, anzuordnen ist. Anhand des abgebildeten Musters ist zu erkennen, dass die **Produktstruktur** offenbar aus folgenden Elementen besteht:

Mechanischer Grundaufbau, Gehäuse (nicht dargestellt), Druckeinheit, Bewegungsachsen, Objektträger, Steuerung mit Anzeige- und Bedienelementen, Software, Elektrokonstruktion sowie gegebenenfalls noch die Möglichkeit, den Drucker mobil zu machen (Transportgestell mit Rollen).

Auch für den Aufbau der einzelnen Module haben sich bestimmte Strukturen und Lösungen etabliert. Am Beispiel der Linearachse einer Werkzeugmaschine soll der prinzipielle Aufbau einer computergesteuerten Linearachse erläutert werden, Abb. 7.15.

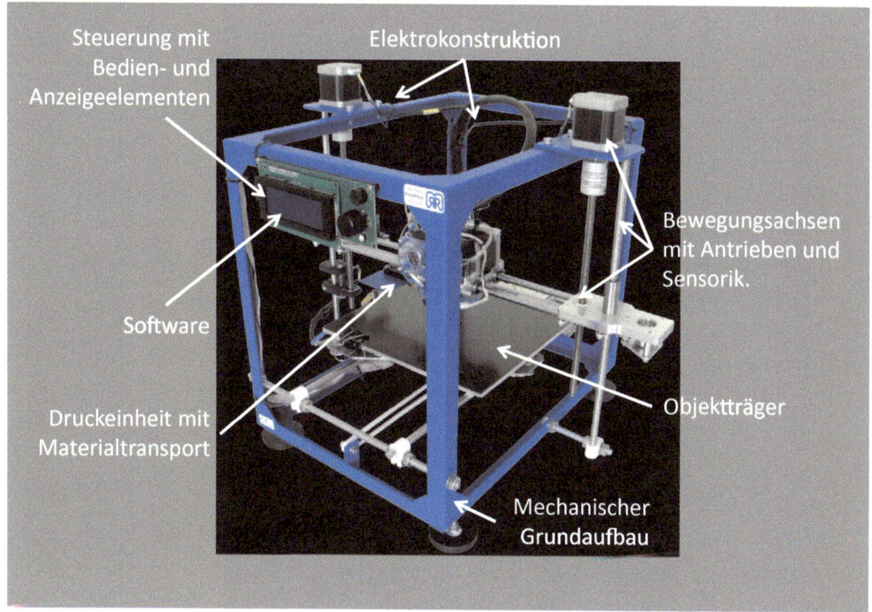

Abb. 7.14 Prinzipieller Aufbau eines 3D-Druckers. (© RepRap-Protos, www.RepRap.org) (s. a. Abb. 3.8)

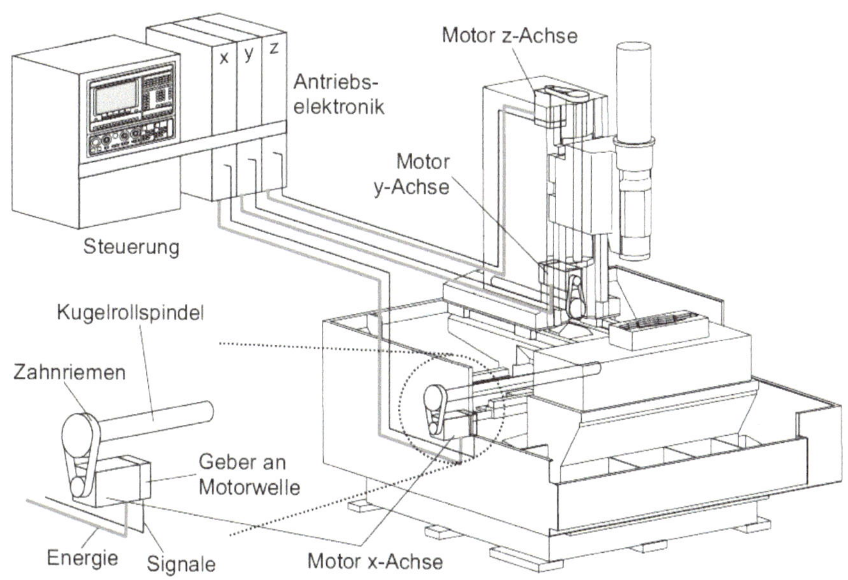

Abb. 7.15 Prinzipieller Aufbau von Linearachsen an einer Werkzeugmaschine. [Wec13]

Für jede der drei angedeuteten Achsen (x, y, z) zeigt die Grafik die folgenden Elemente:

- Mechanische Elemente – Schlitten, Grundaufbau,
- Linearführung zur Erzeugung einer geradlinigen Bewegung,
- Mechanische Antriebselemente, bestehend aus
  - Kugelumlaufspindel zur Wandlung einer Dreh- in eine Linearbewegung,
  - Zahnriementrieb zur Untersetzung,
  - weitere, nicht dargestellte Komponenten, wie der Lagerung der Kugelrollspindel und die Ankoppelung der Spindel an den bewegten Schlitten.
- Elektrisches Antriebselement – Elektromotor,
- Sensoren und Signalgeber:
  - Drehgeber an der Motorwelle und
  - End- und Referenzschalter (nicht dargestellt).
- Leitungen für Energie und Signale mit ggf. notwendigen Kabelführungen (z. B. Energieketten bei bewegten Leitungen),
- Antriebselektronik zur Bereitstellung der Antriebsenergie und Verarbeitung der Signale von Antrieb, Sensoren und Signalgebern.
- Steuerung zur Verarbeitung der Signale und Regelung der Linearachse
  - Hardware (z. B. el. Bauteile),
  - Software mit diversen Funktionen
    Ablauf des NC-Programms,
    Signalverarbeitung und Aufbereitung. Interpolation, Richtungserkennung, usw.,
    Aufbereitung der Geometrie- und Technologiedaten,
    Lageregler, Geschwindigkeitsregler,
    Kompensationsalgorithmen.

Es wird deutlich, dass schon eine „einfache" NC-Achse bei genauer Betrachtung einen beachtlichen Komplexitätsgrad erreicht, der eine Strukturierung erforderlich macht. Außerdem darf bei dem vorgestellten Beispiel nicht vergessen werden, dass es nur eine mögliche Ausführungsform darstellt. Alternative Lösungen können z. B. mit einer anderen Antriebsenergie (Pneumatik, Hydraulik) oder Richtung (Linear- anstelle Rotationsantrieb), einer anderen Antriebsmechanik (Zahnstange, Riemen, Reibrad) oder Sensorik (Linearmaßstab, Drehgeber) konzipiert werden.

> Bei der Entwicklung von initialen Produktstrukturplänen helfen von Vorgängerversionen oder Vorbildern aus anderen technischen Bereichen bekannte Strukturen.

Die beiden Beispiele mit dem prinzipiellen Aufbau eines 3D-Druckers (Abb. 7.14) und einer computergesteuerten Linearachse (Abb. 7.15) verdeutlichen, dass es auch bei Neukonstruktionen möglich ist, mithilfe von Vorbildern initiale Produktstrukturen zu entwickeln. Dabei ist es für die praktische Handhabung wichtig, dass die Baugruppen in unterschiedlichen Konkretisierungsgrad eingetragen werden können. Es können die folgenden Stufen grob unterschieden werden:

- **Baugruppen oder Komponenten, die unverändert übernommen werden,** z. B. Steuerung mit Anzeige- und Bedienelementen vom Vorgängermodell.
- **Baugruppen oder Komponenten, die als Entwurf vorliegen.** Für die finale Gestaltung ist nur die Phase Ausarbeiten zu durchlaufen, z. B. die Anpassung von vorhandenen Komponenten des Grundaufbaus an eine neue Antriebslösung.
- **Funktionen von denen Prinziplösungen vorliegen.** Die Gestaltung (Phase Entwerfen) muss noch erfolgen, z. B. Linearachse, die durch eine Gleitführung in Kombination mit einer Trapezgewindespindel und einem Schrittmotor realisiert werden soll. Anordnung, Auslegung der Linearachse sowie die finale Auswahl der Zukaufteile müssen noch erfolgen.
- **Funktionen deren Realisierung noch unklar ist.** In einem ersten Schritt ist eine neue Prinziplösung zu finden und der gesamte Entwicklungsprozess ist zu durchlaufen, z. B. Entwicklung einer neuartigen Reinigungseinheit für den Druckkopf.

Dem aufmerksamen Leser wird aufgefallen sein, dass die letzten drei Punkte nichts anderes als die drei Konstruktionsarten Variantenkonstruktion, Anpassungskonstruktion und Neukonstruktion beschreiben. Auch auf der Modul- und Baugruppeneben kann eine entsprechende Unterscheidung getroffen werden.

Sinnvoll ist diese Unterscheidung vor dem Hintergrund der Entwicklungsplanung. Neukonstruktionen sind immer durch eine wesentlich höheres Entwicklungsrisiko und noch unbekannte Auswirkungen auf die anderen Maschinenmodule gekennzeichnet. Es ist daher ratsam, diese Themen frühzeitig im Entwicklungsablauf anzugehen oder in eine Vorentwicklungsphase auszulagern. Vorentwicklungen dienen dazu, vor dem eigentlichen Entwicklungsprojekt Prinziplösungen zu finden, um eine bessere Planbarkeit (Zeiten, Kosten, Risiken) des eigentlichen Entwicklungsprojektes zu erreichen.

Die Unterscheidung der Substrukturen eines Produktstrukturplans in Analogie zu Neu-, Anpassungs- und Variantenkonstruktionen, erleichtert die zeitliche Planung des Entwicklungsprojektes.

Für die weitere Vorgehensweise in unserem Fallbeispiel wird für den Drucker die in Abb. 7.16 dargestellte initiale Produktstruktur entworfen. Sie zeigt eine zunächst noch grob untergegliederte Struktur in der sich die wesentlichen Module wiederfinden. Der 3D-Drucker wird im ersten Entwurf in neun Gruppen gegliedert, die später näher untersucht werden. Die vorliegende Gliederung orientiert sich dabei an fachlichen Gesichtspunkten (z. B. Elektrokonstruktion, Software). Sie ist eine pragmatische Strukturierungs-

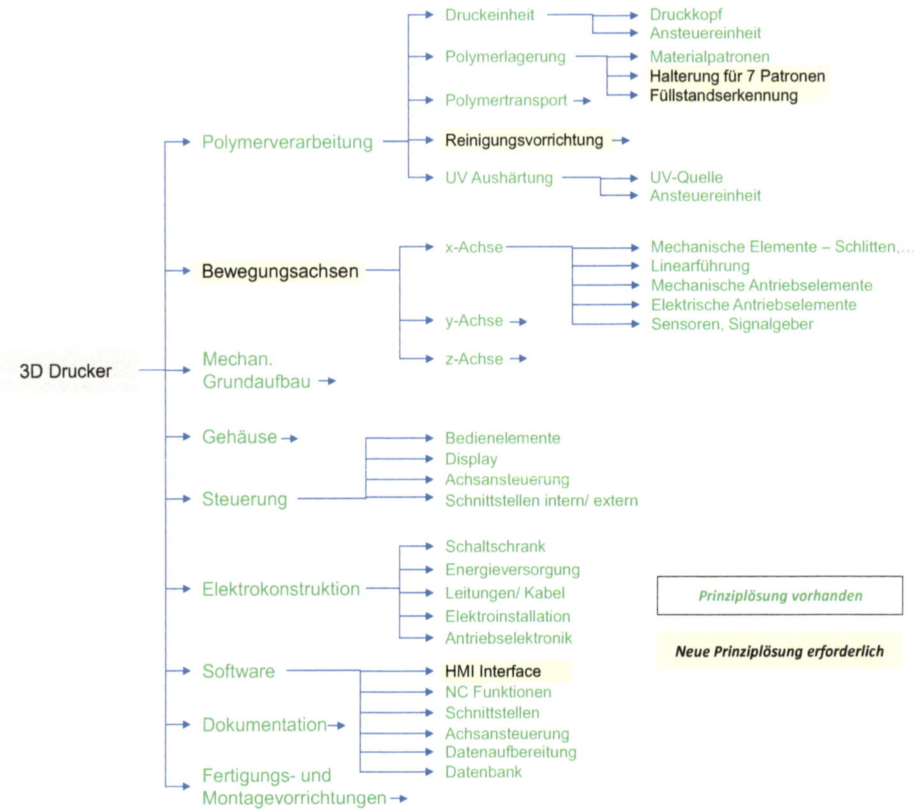

Abb. 7.16 Initialer Produktstrukturplan 3D-Drucker

variante, die die häufig vorzufindende Arbeitsteilung in interdisziplinären Teams (Mechanik – Elektronik (Hardware) – Software – technische Dokumentation – Produktion) berücksichtigt. Von daher bilden sich auch die geplanten Entwicklungsverantwortlichkeiten in der Struktur ab.

Die in Abb. 7.16 dargestellte Gliederung folgt den nachfolgend beschriebenen Regeln:

1. Zuerst werden alle mechanischen und elektrischen Komponenten (Hardware), die funktionell eindeutig einem Modul zugeordnet werden können, in der hierarchischen Gliederung zusammen dargestellt. Es wird quasi eine Systemgrenze mit entsprechenden Schnittstellen gezogen und es entstehen mechatronische Module mit definierten Eigenschaften. Software wird nur dann diesen Modulen zugeordnet, wenn sie sich auf einer Hardware dieses Moduls befindet, also wird z. B. die Software der Ansteuereinheit des Druckkopfes in das Modul „Druckeinheit" einbezogen.
2. Zentrale Steuereinheiten werden genauso wie die zugehörige Software separat betrachtet und unter fachlichen Gesichtspunkten eingegliedert (Software, Steuerung).

3. Heutzutage werden in Maschinen, zur Vereinfachung der Montagevorgänge, häufig vorkonfektionierte Kabelbäume eingebaut. Diese werden separat betrachtet und in einer eigenen Struktur (z. B. Elektrokonstruktion) dargestellt.

Auf diese Weise entsteht ein Produktstrukturplan, der später in eine, typischerweise unter Produktionsgesichtspunkten gegliederte, detaillierte Stückliste überführt werden kann.

In dieser ersten Übersichtsdarstellung wurde in gelber Hervorhebung gekennzeichnet, für welche Module neue Prinziplösungen gefunden werden müssen. Es sich also um eine Neukonstruktion handelt, bzw. in grün, bei welchen Modulen auf bekannte und ggf. auch schon vorhandene Prinziplösungen zurückgegriffen werden kann. Dabei ist es ganz typisch für die meisten Maschinenentwicklungen mit geringen bis mittleren Stückzahlen (100 Stück/a – siehe Anforderungsliste), bevorzugt auf bekannte Lösungen zurückzugreifen. Hierdurch sinkt das Entwicklungsrisiko, die Entwicklungskosten sind besser kalkulierbar und auch die Entwicklungszeit wird kürzer. Als grundlegend neu zu entwickelnde Funktionalitäten wurden die folgenden Punkte identifiziert:

- Halterung für 7 Materialpatronen, die einen einfachen und sicheren Patronenwechsel ermöglichen. Das Eindringen von Luft in das Leitungssystem muss sicher verhindert werden (führt zu Fehlern im gefertigten Prototyp).
- Füllstandserkennung für die 7 Materialpatronen.
- Reinigungsvorrichtung zur Sicherstellung einer konstanten Druckleistung auch nach längerem Stillstand.
- Kinematisches Konzept für die 3 Bewegungsachsen. Bei der Realisierung der Bewegungsachsen selber soll auf bekannte Prinziplösungen zurückgegriffen werden.
- HMI Interface (Human-Machine-Interface: Mensch/Maschine-Schnittstelle, Benutzerschnittstelle) die eine einfache, selbsterklärende Bedienung des 3D-Druckers ermöglicht.

Bei allen anderen Modulen kann auf bekannte Prinziplösungen zurückgegriffen werden, so dass hier Anpassungs- oder Variantenkonstruktionen vorliegen und nur die Phase Entwerfen und/oder Ausarbeiten bei der Produktentwicklung durchlaufen werden.

Fazit

Die Analyse der vorliegenden Entwicklungsaufgabe ist gerade bei komplexen Themenstellungen von grundlegender Bedeutung. Der Produktstrukturplan ist hierbei ein ganz wesentliches Hilfsmittel. Auch wenn in einer frühen Planungsphase noch viele Details nicht bekannt sind, so gewinnt man doch auch schon mit einem ersten Entwurf einen wichtigen Überblick über die zu entwickelnde Maschine. Hierbei ist das erste Ziel, alle wesentlichen Teile des Produkts und deren hierarchische Gliederung auf den oberen Hierarchieebenen zu erfassen.

7.3 Konzeption

Nachdem eine erste Form der Anforderungsliste und eine Produktstruktur vorliegen, kann also der Versuch gemacht werden, die erforderlichen Schritte in Richtung der Lösung der Aufgabe zu unternehmen. Es wird der Einstieg in die **Konzeptionsphase** (Phase II) vollzogen, mit der Möglichkeit, bei Bedarf durch schleifenförmiges Vorgehen (Iteration) noch einmal in die erste Phase (Präzisieren der Aufgabenstellung oder auch Planungsphase genannt) zurückzuspringen.

7.3.1 Zentraleinheit

Die Bezeichnung **Zentraleinheit** könnte zunächst für das Element „Bewegungsachsen" im Produktstrukturplan verwendet werden (s. Abschn. 7.2.3.2, Abb. 7.16). Mit der Entscheidung für die Produktion des Prototyps nach dem PJM- oder MJM-Verfahren wird es allerdings zusätzlich erforderlich, dass die Zentraleinheit die Druckeinheit und einen Objektträger beinhaltet. Da die Arbeitsweise in diesen Prozessen es erfordert, dass der Prototyp Schicht für Schicht entsteht, muss entweder der Druckkopf oder der Objektträger in der Höhe verstellbar sein. Zusätzlich ist volle Beweglichkeit in den zugeordneten Richtungen (Koordinaten) erforderlich, da nur so ein dreidimensionales Gebilde entstehen kann. Diese Forderung war im Prinzip bereits in der Aufgabenstellung formuliert worden und es wird jetzt festgelegt, dass diese Koordinaten die Bezeichnungen z in vertikaler Richtung und x, y in der zugeordneten waagerecht angeordneten Ebene erhalten (s. Abb. 7.17). Die Art der Steuerung wurde ebenfalls bereits in der Aufgabenstellung bestimmt, die Achsen x und y werden eine NC-Steuerung erhalten, die z-Achse ist mit einer Zustellung zu versehen, die schrittweise erfolgt. (Damit wird auch die Bezeichnung „2,5D-Drucker", die in diesem Zusammenhang verwendet wurde, verständlich).

Mit der vorstehenden Beschreibung der möglichen Bewegungsarten und -richtungen, sind mehrere Konzepte für die Relativbewegungen zwischen Objektträger und Druckkopf vorstellbar, die im Rahmen von Semesterarbeiten [StAG14] im SS 2014 entwickelt wurden. Sie werden im Folgenden mit ihren Vor- und Nachteilen näher beschrieben. Abschließend erfolgt eine Bewertung, die die Entscheidung für eines oder mehrere Konzepte, die dann in der Entwurfsphase weiter bearbeitet werden, nachvollziehbar macht. Dabei wird davon ausgegangen, dass die Bewegungen von der Mittelposition des Objektträgers nach beiden Seiten (x- und y-Richtung) gleichmäßig erfolgen und die z-Richtung nur in einer Richtung durchgeführt wird. Mit „Position des Benutzers" in Abb. 7.17 soll angedeutet werden, dass dieser in den hier betrachteten Konzepten als vor dem 3D-Drucker in Richtung der x-Achse befindlich angenommen wird. Die nunmehr als Kinematikkonzepte bezeichneten Kombinationen der Bewegungsarten sind in den Abb. 7.18, 7.19, 7.20, 7.21 und 7.22 dargestellt und ihre Hauptmerkmale kurz beschrieben.

Es ist auch eine Konzeptvariante 6 denkbar, bei der der Druckkopf in Richtung der x-Achse bewegt wird und der Objektträger in y- und z-Achse, auf eine Abbildung kann

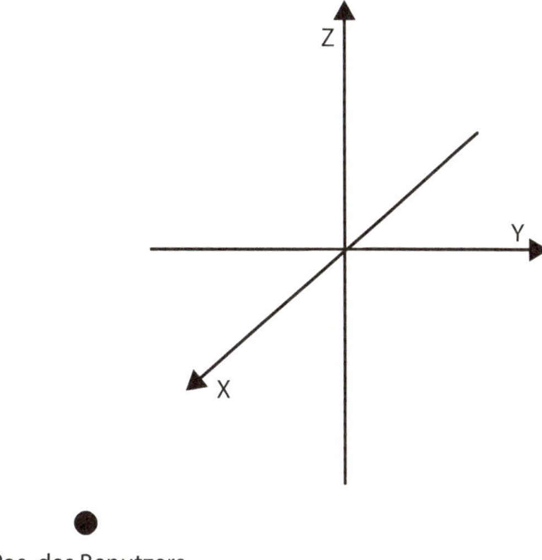

Abb. 7.17 Zuordnung der drei Raumkoordinaten

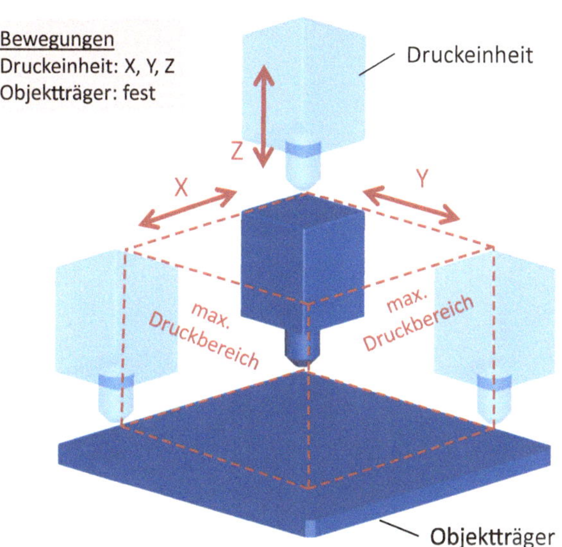

Abb. 7.18 Konzeptvariante 1, Bewegung des Druckkopfes in allen drei Achsen, Objektträger ruht

verzichtet werden, diese Variante stellt sich in der folgenden Bewertung wie Nr. 5 dar, deshalb wird nicht im Detail darauf eingegangen.

Damit man zu einer möglichst objektiven **Bewertung** gelangt, ist es erforderlich, Kriterien zu finden die eindeutig beschreibbare Unterscheidungsmerkmale aufweisen (**Bewertungskriterien**). Dabei sind prinzipiell zwei Wege denkbar:

- Es gibt **ein** Bewertungskriterium, das auf jeden Fall von jedem Konzept erfüllt werden **muss**. Erfüllt eines diese Bedingung nicht, scheidet dieses Konzept aus der weiteren Betrachtung aus, es handelt sich dann um ein so genanntes **KO-Kriterium**.

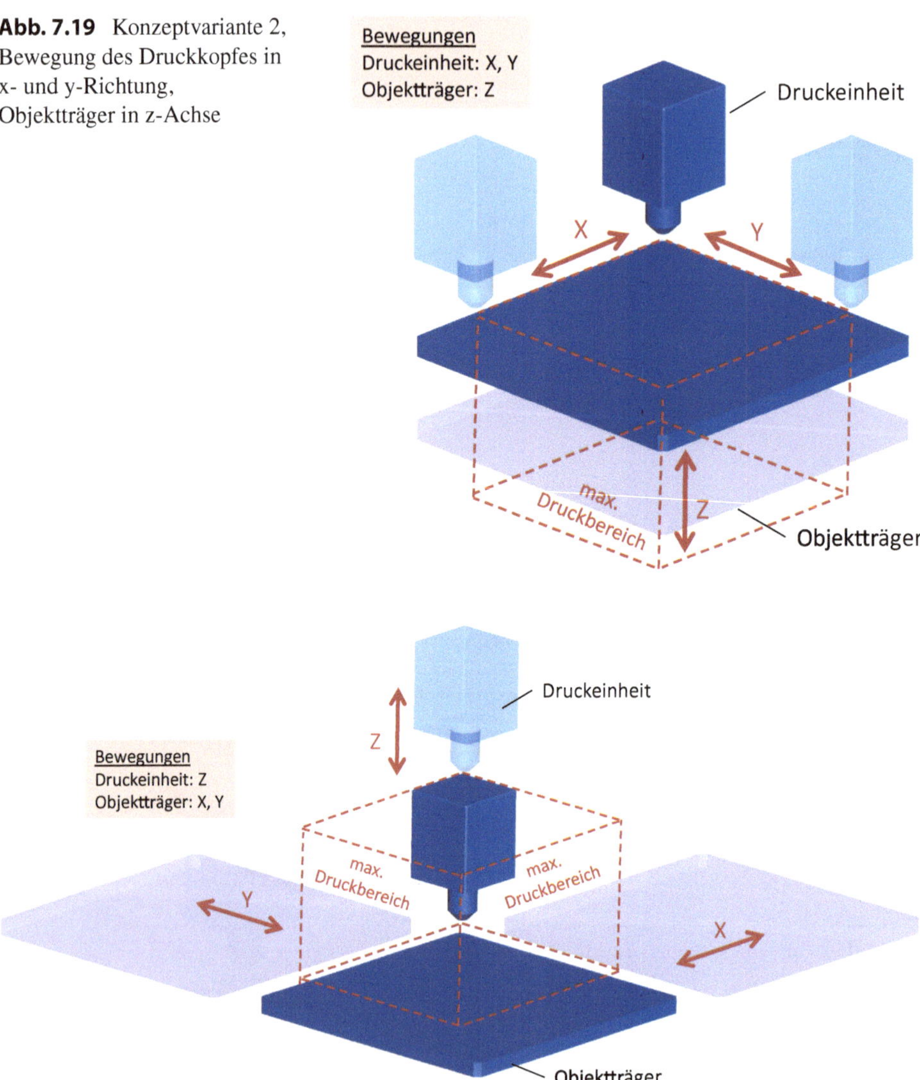

Abb. 7.19 Konzeptvariante 2, Bewegung des Druckkopfes in x- und y-Richtung, Objektträger in z-Achse

Abb. 7.20 Konzeptvariante 3, Bewegung des Druckkopfes in z-Achse, Objektträger in x- und y-Achse

- Es lassen sich mehrere Kriterien finden, die von den einzelnen Konzepten jeweils unterschiedlich gut erfüllt werden. Es erfolgt eine Bewertung, die zu einer Rangfolge führt. Die zwei oder höchstens drei besten Konzepte werden dann in der Entwurfsphase weiter verfolgt.

Als KO-Kriterium für den vorliegenden Fall ließe sich Folgendes anführen. Da der Druckkopf mit 420 g (Herstellerangabe) wohl erheblich schwerer ist als der Objektträger mit dem

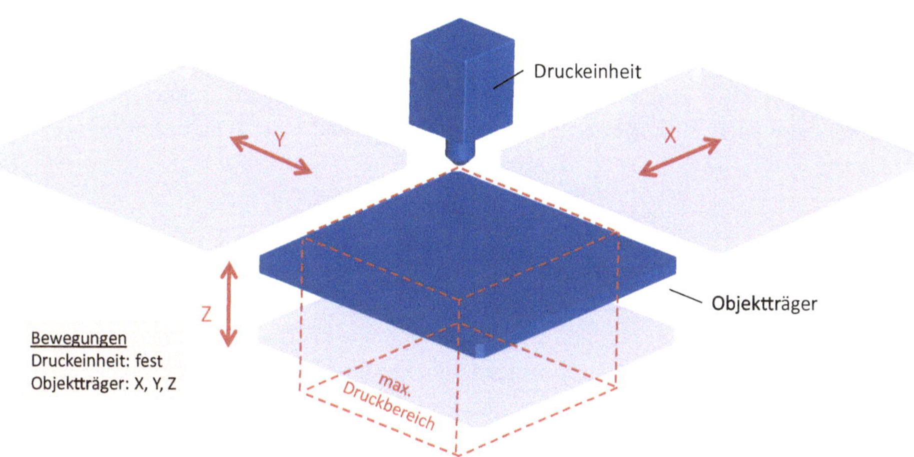

Abb. 7.21 Konzeptvariante 4, Bewegung des Objektträgers in x-, y- und z-Achse, Druckkopf ruht

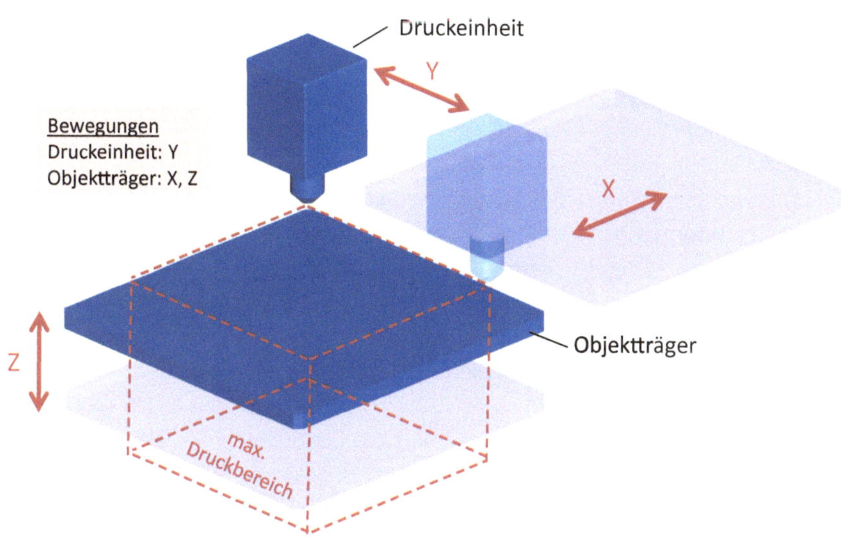

Abb. 7.22 Konzeptvariante 5, Bewegung des Druckkopfes in y-Achse, Objektträger in x- und z-Achse

fertigen Prototypen und auch noch die Versorgungsleitungen zu ihm führen, ist es vorteilhaft diesen beim Druckvorgang gar nicht zu bewegen. Dadurch ergäben sich zwei Vorteile:

- Es treten keine Beschleunigungskräfte an ihm auf.
- Die Schlauchleitungen, die den Rohstoff von den Vorratsbehältern zum Druckkopf führen, werden ebenfalls nicht bewegt. Sie brauchen deshalb nicht besonders flexibel zu sein und sie unterliegen keiner mechanischen Beanspruchung, es besteht nahezu keine Gefahr, dass die Verbindungsstellen undicht werden.

Diese Bedingung erfüllt nur die Variante 4, alle anderen nicht, sie würden damit ausscheiden.

Da es aber noch andere Eigenschaften gibt die einer näheren Betrachtung wert sind, werden diese auch in die Bewertung einbezogen. Es handelt sich dabei um die folgenden Aspekte:

1. Einfacher, kompakter Aufbau,
2. Gute Zugänglichkeit der Antriebe und Führungselemente für Wartung (Reinigung),
3. Anzahl der Bewegungsrichtungen die der Druckkopf ausführen muss, möglichst gering,
4. Beschleunigungskräfte für den Druckkopf möglichst gering,
5. Platzbedarf für die Bewegungen des Druckkopfes in der x/y-Ebene nur so groß wie unbedingt erforderlich (die genauen Maße werden in die Anforderungsliste später eingetragen),
6. Position für die Entnahme des fertigen Prototyps günstig erreichbar (vorn am Druckergehäuse),
7. Geringe Störanfälligkeit.

Es ist besonders darauf zu achten, dass die Beschreibungen keine Überschneidungen aufweisen und keine Manipulation bei der Bewertung zulassen.

Für die Durchführung der Bewertung kommen mehrere Methoden in Betracht, die einen unterschiedlich großen Aufwand erfordern. In der Konzeptionsphase ist es empfehlenswert, ein möglichst einfaches Bewertungsverfahren zu benutzen, da Anzahl und Genauigkeit der Informationen zu den Eigenschaften der Konzepte an dieser Stelle des Konstruktionsprozesses eher gering sind.

Einen relativ geringen Aufwand bei gleichzeitig zufriedenstellender Aussagekraft erfordert die **Methode des technisch/wirtschaftlichen Wertes** nach Richtlinie VDI 2225. Auf die Ermittlung des wirtschaftlichen Wertes (y) kann hier allerdings verzichtet werden, weil es noch keine Informationen zu den zu erwartenden Herstellkosten gibt. Es kommt also nur der technische Wert (x) in Betracht. Eine Gewichtung der Kriterien wie bei der Nutzwertanalyse ist in der VDI-Richtlinie nicht vorgesehen, was zur weiteren Vereinfachung der Durchführung beiträgt. Die Bewertung in den einzelnen Kriterien erfolgt dann nach einem System mit fünf Stufen:

0	Punkte: unbefriedigend (kann auch als ungeeignet interpretiert werden),
1	Punkt: gerade noch tragbar,
2	Punkte: ausreichend,
3	Punkte: gut geeignet,
4	Punkte: sehr gut geeignet.

Für die Formulierung der Bewertungskriterien werden die vorstehenden, gewünschten Eigenschaften (Aspekte) der Kinematikkonzepte benutzt.

Die Ermittlung des technischen Wertes wird am besten nach folgendem Schema durchgeführt:

- Es wird eine Matrix (Spalten- und Zeilenraster) erstellt, die in der erste Spalte die Beschreibung der Bewertungskriterien enthält, in den folgenden Spalten die mit den Ziffern 1 bis 5 (Nummern der Konzeptvarianten) versehen Plätze für die Eintragung der Bewertungspunkte (s. Tab. 7.4). Eine zusätzliche Spalte für die Eintragung der Punkte, die der Ideallösung zukommen (max. mögliche Punktzahl).
- Die Anzahl der Zeilen wird zunächst durch die mit 1 bis 7 bezifferten Bewertungskriterien bestimmt.
- Für jedes Bewertungskriterium wird nacheinander für jede Variante eine Punktzahl (0 bis 4) vergeben, um einen relativen Wert festzulegen. Eine Zeile darunter erfolgt die Summierung.
- In einer letzten Zeile wird die Rangfolge für die jeweilige Variante eingetragen. Dabei gilt die Regel, dass bei Gleichrangigkeit der nächstfolgende Rang übersprungen wird (z. B. zwei mal Rang 2 vergeben, nächster Rang ist 4).

In den meisten Fällen ist die gerechte Vergabe der Bewertungspunkte eine nicht ganz einfach zu lösende Aufgabe, die etwas Geduld und Einfühlungsvermögen (Erfahrung) erfordert. Es ist nicht zu empfehlen, dies einer einzelnen Person (z. B. Projektleiter) zu überlassen. Am besten wird man das Entwicklungsteam damit betrauen. Es ist außerdem sinnvoll, das Team um einen Vertreter des Marketings und/oder des Controllings zu erweitern, falls diese Bereiche nicht bereits vertreten sind. Es ist aber darauf zu achten, dass die Gesamtzahl der beteiligten Personen 8 bis 10 nicht überschreitet.

Falls ein Bewertungskriterium quantifizierbare Eigenschaften aufweist, kann die Punktevergabe nach einer Wertefunktion erfolgen, was ein Maximum an Objektivität gewährleistet. In vorliegenden Fall trifft dies eindeutig auf das Kriterium Nr. 3 zu. Es gibt drei Bewegungsrichtungen für den Druckkopf im Raum, nämlich in Richtung der Achsen x, y und z. Die geringste Anzahl an Bewegungsrichtungen ist 0, das trifft auf den Fall zu, dass sich der Druckkopf überhaupt nicht bewegt. Eine Wertefunktion, die einen eindeutigen Zusammenhang zwischen Eigenschaften und Punkten herstellt, lässt sich damit schaffen (Abb. 7.23). Die maximale Punktzahl erhält die Variante, bei der sich der Druckkopf nicht bewegt. Die Punktzahl 0 wird nicht vergeben, weil auch bei Bewegung in allen drei Achsen dieses Konzept ja nicht als ungeeignet angesehen werden muss.

Lässt sich keine Wertefunktion bilden, ist nur eine qualitative Bewertung möglich und die Vergabe der Punkte muss in einer sachlichen Abwägung erfolgen. Es ist eine Diskussion erforderlich, in der die Teammitglieder die Argumente abwägen müssen, die für oder gegen die jeweiligen Eigenschaften der Varianten in diesem Kriterium sprechen. Am Ende der Diskussion muss die Punktevergabe einvernehmlich durchgeführt werden. Ein guter Einstieg besteht darin, sich zuerst die Frage zu stellen, welche der Varianten im betrachteten Kriterium die beste zu sein scheint. Hat man diese gefunden, fragt man sich, welche

Tab. 7.4 Ergebnis des Bewertungsverfahrens nach VDI-Richtlinie 2225 (nur technischer Wert)

		Nr. der Konzeptvariante					
Krit. Nr.	**Beschreibung des Bewertungskriteriums**	**1**	**2**	**3**	**4**	**5**	**idealer Wert**
1	Einfacher, kompakter Aufbau	2	3	4	1	3	4
2	Gute Zugänglichkeit der Antriebe und Führungselemente für die Wartung	3	3	2	1	2	4
3	Anzahl der Bewegungsrichtungen für den Druckkopf gering	1	2	3	4	3	4
4	Beschleunigungskräfte für den Druckkopf gering	1	2	3	4	3	4
5	Platzbedarf für den Druckkopf in x/y-Richtung gering	1	2	3	4	3	4
6	Position des Prototypen für die Entnahme günstig anfahrbar (vorn am Drucker)	1	2	3	3	4	4
7	Geringe Störanfälligkeit	2	3	3	2	3	4
	Summe Punkte	11	17	21	19	21	28
	Rang	5	4	1	3	1	

denn die schlechteste ist. Dann ordnet man die übrigen Varianten entsprechend ein und weist ihnen eine Punktezahl zu.

Eine gute Unterstützung in der Bemühung einigermaßen objektiv zu urteilen, kann man in der Benutzung des paarweisen Vergleichs (**Dominanzmatrix**) finden. Dieses Verfahren erfordert ebenfalls die Aufstellung einer Matrix, die aber völlig anders

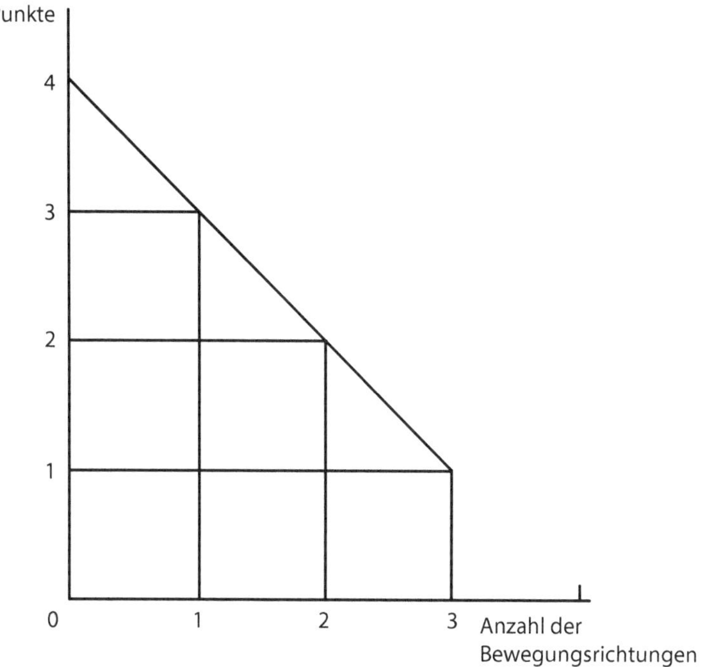

Abb. 7.23 Wertefunktion für das Kriterium Nr. 3

aussieht, als die der Gesamtbewertung. Einen paarweisen Vergleich kann man auch nur für jeweils **ein** Bewertungskriterium durchführen, als Beispiel wird Nr. 1 ausgewählt. Die Matrix ist in Tab. 7.3 dargestellt. Die Auswertung erfolgt dadurch, dass man nacheinander jede Variante mit jeder anderen in Bezug auf das ausgewählte Kriterium vergleicht und entweder eine 1 (besser) oder eine 0 (schlechter) einträgt. Wichtig ist, dass man bereits bei der Anlage der Matrix entscheidet, in welcher Richtung die Auswertung erfolgt (senkrecht oder waagerecht). Im vorliegenden Fall wird waagerecht ausgewertet. Für die Rangfolge gilt das in den Empfehlungen für die Durchführung des Bewertungsverfahrens Gesagte.

Für die Zuordnung der Punkte nach Richtlinie VDI 2225 kann man dann so verfahren, dass die mit Rang 1 bewertete Variante 4 Punkte erhält und die anderen entsprechend abgestuft werden. Im Fall des paarweisen Vergleichs für das Kriterium 1 ergäbe sich beispielsweise:

Variante	Punkte
1	2
2	3
3	4
4	1
5	3

Tab. 7.3 Dominanzmatrix für das Bewertungskriterium Nr. 1. 0 = schlechter als, 1 = besser als

0 = schlechter als

1 = besser als

XXX	1	2	3	4	5	Summe	Rang
1	XXX	0	0	1	0	1	4
2	1	XXX	0	1	0	2	2
3	1	1	XXX	1	0	3	1
4	0	0	0	XXX	0	0	5
5	1	0	0	1	XXX	2	2

Auch diesmal wird die 0 nicht vergeben, weil keine der Varianten in diesem Kriterium als ungeeignet angesehen werden muss.

Die übrigen Kriterien können nun der Reihe nach in gleicher Art behandelt werden, was hier der Kürze halber nicht im Detail beschrieben wird. Bleibt noch zu erwähnen, dass bei dem Kriterium Nr. 4 die Variante 4 natürlich die Beste ist, weil bei dieser der Druckkopf keine Bewegung ausführen muss und deshalb auch keine Beschleunigungskräfte auftreten können.

Nachdem alle Varianten bewertet wurden und mit den vom Team als gerecht angesehenen Punktezahlen versehen worden sind, ergibt sich die in Tab. 7.4 dargestellte Gesamtbewertung.

Als Idealwert gilt die Summe der maximal erreichbaren Punktzahl in jedem Kriterium (4). Da wegen des Verzichtes auf den wirtschaftlichen Wert y kein Stärkediagramm (s), wie in der Richtlinie VDI 2225 vorgesehen, gezeichnet werden kann, ist auch die Berechnung des technischen Wertes x als Quotient aus der Summe der erzielten Punkte mit dem Idealwert nicht erforderlich, es würde die Aussagekraft der Bewertung nicht verbessern. Mit der Rangfolge, die sich also einfach aus der Summe der Punkte für jede Variante ergibt, kann direkt entschieden werden, welche Kinematikkonzepte einer möglichen Realisierung (Entwurfsphase/Gestaltung) zugeführt werden, es sind die Konzepte 3 und 5. Da die erwähnte Variante 6 bei der Bewertung nur geringfügig abweichen wird, könnte auch sie für die Entwurfsphase mit in Betracht gezogen werden.

Bevor man mit der Fortsetzung der Entwicklungstätigkeit in der Entwurfsphase fortfährt, ist es nützlich sich ein Bild von dem möglichen technischen Aufwand zu verschaffen, der für die Realisierung der Kinematikkonzepte in Betracht kommen kann. Aus der Technik der Werkzeugmaschinen (Bohr- und Fräsverfahren) ist bekannt, wie die Bewegung in den drei Achsen realisiert werden kann, Abb. 7.24 zeigt einige Beispiele.

Bei näherer Betrachtung der Einzeldarstellungen in Abb. 7.24 erkennt man, dass die Ausrichtungen der x- und y-Achsen gegenüber Abb. 7.17 vertauscht sind. Außerdem wird hier eine Variante vorgeschlagen, die in den bisher diskutierten nicht enthalten ist. Unter Verlagerung der z-Bewegung vom Tisch (Variante 5) zum Druckkopf erhält man die in der Abbildung Tischvariante (Portalbauform), hier wird die Funktion des Druckkopfes allerdings Werkzeugträger genannt. Die x-Bewegung verbleibt beim Objektträger, hier Tisch genannt. Wenn man diese Variante in die Bewertung aufnehmen würde, ergäbe sich wegen der Vergabe von 2 statt 3 Punkten im Kriterium Nr. 3 eine Gesamtpunktzahl von 20, also immer noch mehr als für Variante 4. Tatsächlich werden auf dem Markt 3D-Drucker in dieser Ausführung angeboten.

Weitere Hinweise für die Eignung der Bauformen im Werkzeugmaschinenbau für die Anwendung bei 3D-Druckern können die folgenden Beschreibungen der Eigenschaften liefern:

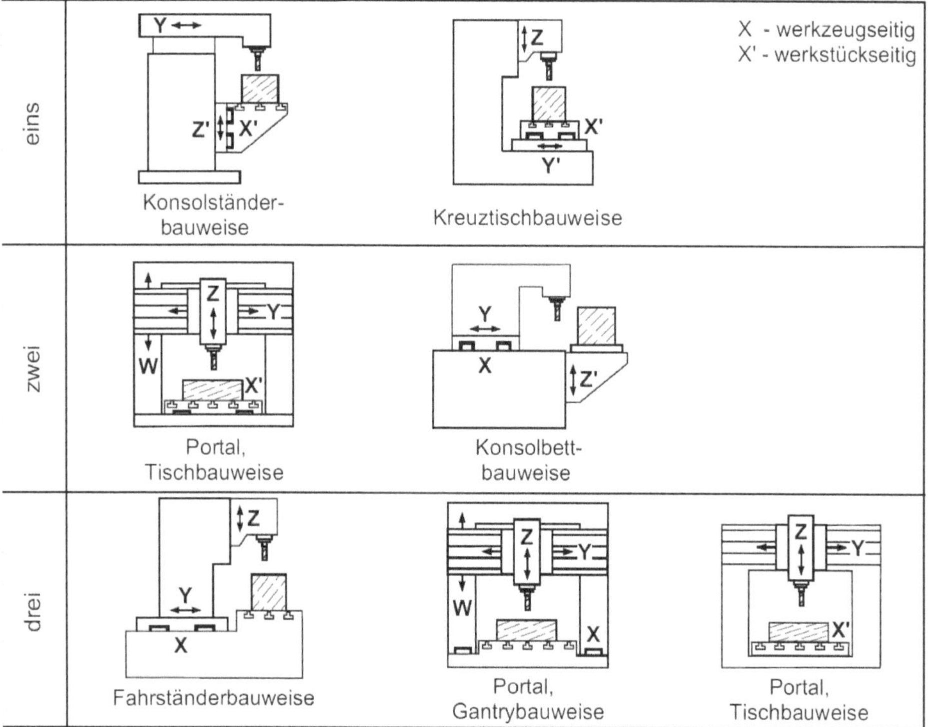

Abb. 7.24 Bauformen der Achsenbewegungen an Bohr- und Fräsmaschinen. [Wec13]

- **Bett**: Diese Ausführungsform ist besonders dafür geeignet, hohen statischen und dynamischen Belastungen zu widerstehen. Sie ist deshalb massiv ausgeführt und erfordert dadurch hohe Materialkosten.
- **Portal**: Ist für große und schwere Werkstücke vorgesehen, man kann sich aber vorstellen, dass diese Bauform (z. B. die Tischvariante) bei entsprechender Modifikation für 3D-Drucker geeignet ist.
- **Konsole**: Zeigt in der Variante „Konsolentisch" im Prinzip eine Ausführungsform, die bereits in die Praxis Eingang gefunden hat. Allerdings mit dem Unterschied, dass bei ihr die x-Bewegung dem Werkzeugträger (Druckkopf) zugeordnet ist. Damit ist sie der Kinematikvariante 1 gleich, was bei der Bewertung zu Platz 5 geführt hat. Mit geringfügiger Modifikation ließe sich diese Ausführungsform baulich aber an die Tischbauweise (x-Bewegung separat) angleichen.

Zum Abschluss der Konzeptfindung für die Zentraleinheit ist es schließlich noch angebracht, darüber nachzudenken, ob sich in Bezug auf die Produkteigenschaften inzwischen noch Fragen ergeben haben. Das ist eine typische Situation für einen „**Meilenstein**", also einen Haltepunkt an dem festgestellt werden soll, ob ein Zwischenziel erreicht wurde, ob man noch auf dem richtigen Weg ist und/oder ob Korrekturen angebracht sind.

Im Abschn. 7.1 wurde die Festlegung getroffen, den Druckkopf der Fa. Kyocera (Abb. 7.3) für den zu entwickelnden 3D-Drucker verwenden zu wollen. Wegen seiner Druckbreite von 108,25 mm (Gesamtbreite B = 200 mm) und der vorgesehen Breite des Prototyps von 100 mm, wäre eine Bewegung in y-Richtung also nicht erforderlich. Damit ergäbe sich ein Konzept, das dem der in Tab. 7.1 beschriebenen Druckern der Firmen 3D Systems und Stratasys gleich wäre, das ebenfalls eine Bewegung in dieser Achse nicht vorsieht.

Um sich gegenüber dem Wettbewerb einen Vorteil zu verschaffen, wurde entschieden, den neuen 3D-Drucker mit der Möglichkeit auszustatten, auch Druckköpfe einsetzen zu können, die eine geringere Druckbreite aufweisen, als der ursprünglich vorgesehene. Eine Recherche ergab, dass z. B. die Druckköpfe der Firmen *Xaar* (Druckbr. = 70,5 mm) und *Fuji Film* (Druckbr. = 64,5 mm) geeignet wären. Damit ist nun aber eine Bewegung in y-Richtung erforderlich, um die max. Breite des Prototyps von 100 mm vollständig bearbeiten zu können. Sicherheitshalber wurde festgelegt, dass für diese Achse ein Fahrweg von jeweils 25 mm nach rechts und nach links von der Mittelposition aus gerechnet (also insgesamt 50 mm) vorgesehen werden soll.

Für die x- und z-Achse sind wegen der max. Abmessungen des Prototyps in diesen Richtungen jeweils Fahrwege von je 100 mm vorzusehen.

Damit und aufgrund weiterer Festlegungen von Eigenschaften für den 3D-Drucker ergeben sich die folgenden Punkte:

- Fahrweg für die x-Achse: 100 mm,
- Fahrweg für die y-Achse: 50 mm (±25 mm),
- Fahrweg für die z-Achse: 100 mm.

- Für den Objektträger ist in x- und y-Richtung ein Maß von je 120 mm vorzusehen, damit der Prototyp mit einer Grundfläche von 100 mm × 100 mm sicher aufgenommen werden kann.
- Die Genauigkeit für die Schrittweite gilt nur für die x- und y-Bewegung.
- Alle Achsen sind so auszulegen, dass sie wahlweise gesteuert oder in einem geschlossenen, kaskadierten Regelkreis betrieben werden können.
- Stückzahl für die Fertigung des 3D-Druckers: 100 pro Jahr.

Sie werden als Forderungen in die Anforderungsliste aufgenommen. Damit sie von den bereits früher vorgenommenen Eintragungen unterschieden werden können, sind sie in blauer Farbe ausgeführt.

Fazit

Auch wenn für ein zu entwickelndes technisches Erzeugnis bereits Vorbilder existieren, so ist es doch wichtig, durch gründliche Recherche möglichst alle Varianten zu erkennen. Nach genauer Analyse ihrer Merkmale muss eine Prüfung auf die Verwendbarkeit für das neue Erzeugnis erfolgen und eine Bewertung, die festlegt, welche Konzepte in die Phase des Entwurfs übernommen werden.

7.3.2 Gehäuse

Maßgeblich für das Erscheinungsbild des zu entwickelnden 3D-Druckers ist das Gehäuse, das die Zentraleinheit umgibt. Ein Blick auf den Produktstrukturplan (Abb. 7.16) zeigt aber, dass außer dem Gehäuse noch zwei wichtige Bausteine die Arbeits-/Bedienungsumgebung der Zentraleinheit bestimmen, es handelt sich um die Steuerung, den mechanischen Grundaufbau und die Polymerlagerung. Alle drei Bausteine zusammen bilden die erforderliche „Infrastruktur", um einen für Mensch und Maschine sicheren Betrieb des 3D-Druckers zu gewährleisten.

Um alle notwendigen Aspekte für die Konzeptfindung zu erkennen, ist eine Ideensammlung notwendig, für deren Durchführung am besten Methoden aus dem Bereich der Kreativitätstechnik angewendet werden. Steht ein Team zur Verfügung, wird in erster Linie ein Brainstorming infrage kommen, wobei der Teamleiter am besten die Aufgabe des Moderators übernimmt. Eine weitere Möglichkeit, die sowohl im Team als auch von einer einzelnen Person durchgeführt werden kann, ist das Mind-Mapping. Diese Methode wurde von *T. Buzan* [Buz05] entwickelt und fördert den freien Gedankenfluss erheblich besser als das Anlegen einer Merkliste. Für die Arbeit mit einem **Mind-Map** gelten die folgenden Regeln:

- Es wird ein unliniertes DIN-A4-Blatt im Querformat benutzt.
- In die Mitte erfolgt die Eintragung des Hauptzwecks für den die Ideen gesammelt werden sollen (es ist nützlich, wenn man um diese Eintragung einen Rahmen zeichnet).

- Für die Sammlung der Ideen werden vom Rahmen des Hauptzweckes ausgehend Linien gezogen (für jede Idee eine) deren Beschriftung in Blockschrift mit Großbuchstaben erfolgt.
- Es wird eine Hierarchie erzeugt, indem die unmittelbar vom Hauptzweck abgehenden wichtigsten Ideen (wie bei einem Baum) als Äste betrachtet werden, die von den Ästen abgehenden (zugeordneten Ideen) als Zweige.
- Die Bezeichnung der Ideen kann sowohl verbal als auch mit kleinen Skizzen oder Symbolen erfolgen.
- Es wird empfohlen, intuitiv vorzugehen. Nicht zu lange grübeln. Stockt der Gedankenfluss an einer Stelle, an einer anderen fortfahren.

Es spielt zunächst auch keine Rolle, ob es sich bei den eingetragenen Begriffen um Funktionen oder Bauteile handelt. Außerdem kann es hilfreich sein, das Anlegen des Mind-Maps zu unterbrechen, wenn der Gedankenfluss ins Stocken gerät. Dann legt man es zur Seite und nimmt es zu einem späteren Zeitpunkt wieder zur Hand.

Als Beispiel für die Konzeptfindung der Infrastruktur, dient das Mind-Map, das in Abb. 7.25 dargestellt ist. Da der Begriff Infrastruktur etwas zu allgemein ist, wird hier die Bezeichnung Bedienungsumgebung verwendet.

Bei seiner näheren Betrachtung und der des Produktstrukturplans (Abb. 7.16) fällt auf, dass bei der Zentraleinheit und dem Gehäuse eine Überschneidung möglich ist. Das Traggerüst (s. a. Abb. 7.14) eignet sich sowohl als tragende Struktur für die Bauteile der drei Bewegungsachsen (x, y und z) als auch für das Gehäuse. Zur Erfüllung der Funktionen für die Sicherheit und des Zugangs zur Zentraleinheit ist es für letzteres lediglich erforderlich, geeignete Verkleidungselemente am Traggerüst zu befestigen.

Um zu technisch realisierbaren Lösungen zu gelangen, ist eine Systematisierung erforderlich (Systemsynthese), für die sich die Methode des morphologischen Kastens bewährt hat. Der **morphologische Kasten** ist ein Ordnungsschema, das es gestattet die Einzelfunktionen eines technischen Erzeugnisses in übersichtlicher Form den möglichen Lösungsvarianten zuzuordnen. Letztere ergeben sich durchaus nicht immer unmittelbar aus dem Mind-Map, sie können auch mithilfe zusätzlicher Recherchen gefunden werden. Das Ordnungsschema ist matrixartig aufgebaut, es besteht aus Zeilen und Spalten, die der besseren Übersicht halber nummeriert werden. Die Funktionen werden kurz verbal beschrieben, die einzelnen Lösungsvarianten können sowohl verbal als auch mit kleinen Skizzen oder Symbolen verdeutlicht werden. Der aus dem Mind-Map in Abb. 7.25 abgeleitete morphologische Kasten ist in Tab. 7.5 dargestellt.

Zunächst muss eine Verträglichkeitsprüfung durchgeführt werden, um sich widersprechende oder nicht miteinander kompatible Lösungsvorschläge zu erkennen. Es ist dann zu prüfen, ob diese Vorschläge grundsätzlich zu entfernen sind oder ob die Möglichkeit besteht, sie durch Anpassung doch noch verwendbar zu machen.

Die Auswertung des morphologischen Kastens geschieht dadurch, dass jeweils **eine** Einzellösung für eine Funktion (oder ein Bauteil) mit jeweils **einer** für die anderen Funktionen kombiniert wird. Die Verknüpfung der Einzellösungen ergibt dann eine Lösungs-

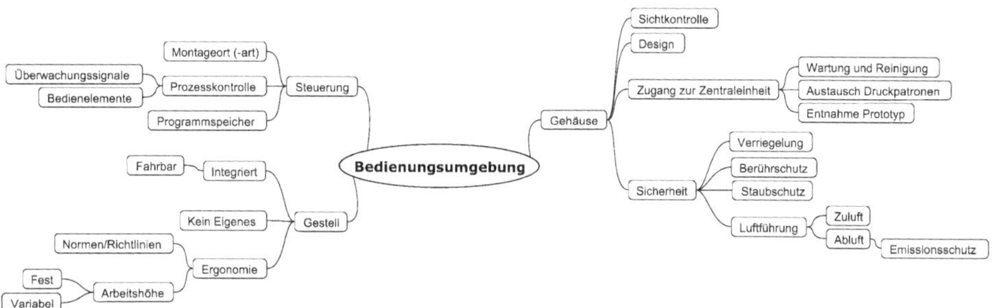

Abb. 7.25 Mind-Map für die Ideensammlung zur Bedienungsumgebung (Software: Freemind)

variante (LV) für das Konzept der Bedienungsumgebung. Wenn sich mehrere Varianten von Verknüpfungen ergeben, ist es erforderlich, diese zu nummerieren (LV 1, LV 2 usw.). Zur besseren Übersicht kann die Kombination der Einzellösungen in den Lösungsvarianten noch mit den Ziffern gekennzeichnet werden, die die jeweiligen Positionen in den Zeilen und Spalten zugeordnet sind.

Da in der Regel mehr als eine Lösungsvariante möglich ist, ergibt sich an dieser Stelle wieder die Forderung nach einer Entscheidung, welche von ihnen in die Phase des Entwurfs übernommen wird. Damit auch diese Entscheidung sachlich im Sinne der Anforderungsliste getroffen werden kann, ist es notwendig, bewertbare Kriterien zu formulieren und es stellt sich die Frage, ob genügend viele Informationen beschafft werden können. Ist das der Fall, dann kommen die folgenden Bewertungsmethoden in Betracht: Auswahlliste, Richtlinie VDI 2225 oder Nutzwertanalyse.

Um das Auffinden einer ersten Lösungsvariante an einem Beispiel zu verdeutlichen, wird ein bestimmt sehr wichtiges Kriterium vorgegeben, nämlich das des möglichst einfachen Aufbaus und damit der preiswertesten Lösung für die Bedienungsumgebung. Im morphologischen Kasten (Tab. 7.5) kann man damit die folgende Kombination von Einzellösungen zum Lösungsvorschlag finden (die erste Ziffer steht für die Zeile, die zweite für die Spalte):

LV 1 (1,1/2,3/3,1/4,1/5,2/6,1/7,2/8,1/9,1)

oder eine komfortablere Ausführung:

LV 2 (1,2/2,2/3,2/4,2/5,1/6,1/7,1/8,4/9,2).

Die Regeln zur Ergonomie gelten natürlich für alle Lösungsvarianten, sie sind deshalb nicht Bestandteil des morphologischen Kastens. Im Einzelnen kommen die folgenden Normen und Richtlinien in Betracht:

- DIN 33402, insbesondere Teil 2 in dem es um die Körpermaße des Menschen geht,
- DGVU-Richtlinie (Deutsche Gesetzliche Unfallversicherung),

Tab. 7.5 Morphologischer Kasten für das Konzept der Bedienungsumgebung

	Funktionen/Einzellösungen	1	2	3	4
1	Gehäusewerkstoff	Kunststoff (transparent)	Aluminium	rost- und säurebeständiger Stahl	Stahlblech (lackiert)
2	Gehäusebauart	eigene Tragstruktur	selbsttragend	gemeinsam mit Gestell der Zentraleinheit	
3	Zugangsart	gesamte Wandseite als Türe oder Klappe	Schiebetüre in Wandseite integriert	Klappe nur so groß wie erforderlich	
4	Anordnung der Steuerungseinheit	in separatem Gehäuse	in das Druckergehäuse integriert		
5	Art der Anzeigen und Bedienungselemente	Touchscreen	Kontrollleuchten und Drucktasten	eigenständiges Laptop	
6	Luftführung	vertikal	horizontal		
7	Emissionsminderung in der Abluft	Aktivkohlefilter	Papierfilter	Schlauchfilter	
8	Gestell (Unterbau)	vorhandener Bürotisch	eigenes Gestell aus Profilstahl für sitzende Arbeitsposition H = 750 mm	eigenes Gestell aus Profilstahl für stehende Arbeitsposition H = 1050 mm	Eigenes Gestell aus Profilstahl. verstellbar für sitzende oder stehende Arbeitsposition
9	Maßnahmen zur Mobilität	keine	mit feststellbaren Lenkrollen		

LV1 LV2

- REFA (Verband für Arbeitsstudien und Betriebsorganisation e. V.),
- DIN EN ISO 6385 (Gestaltung von Prozessabläufen und die Anordnung von Bedienungs- und Überwachungselementen zur Steuerung von Maschinen).

Fazit

Zusammenhänge zwischen Baugruppen- oder Einzelteilen, die in der Struktur getrennt dargestellt sind, werden manchmal erst bei der Konzeptsuche erkannt, dies muss für die weitere Strukturierung berücksichtigt werden. Bei der Ideenfindung helfen Kreativitätstechniken, bei der Kombination von Einzellösungen zu Konzeptvarianten sind Ordnungssysteme nützlich.

7.4 Entwurf/Gestaltung

Nach der Vorgehensweise, die in der Richtlinie VDI 2221 beschrieben wird, ist in der dritten Phase die **Konkretisierung** der ausgewählten Konzeptvarianten zu bewältigen. Für die Zentraleinheit bedeutet dies, dass die am höchsten bewerteten zwei oder drei kinematischen Konzepte im Hinblick auf ihre technische Realisierung konkretisiert werden müssen. In der Regel geschieht das dadurch, dass Skizzen angefertigt werden, die verdeutlichen, wie sich der Konstrukteur die Bauteile und ihre Kombinationen vorstellt, die die Bewegungen in x-, y- und z-Richtung durchführen sollen. Die gleiche grundsätzliche Betrachtung betrifft auch das Druckergehäuse einschließlich der Bedienungsumgebung (Infrastruktur).

Mit zunächst noch vagen Vorstellungen zur technischen Ausführung macht sich der Konstrukteur ein Bild von der Lage und der Größe der seiner Meinung nach zur Bewältigung der Aufgabenstellung notwendigen Komponenten. In darauf folgenden Schritten erfolgt dann die Detaillierung, in der oft ein iteratives Vorgehen erforderlich wird, weil sich durch die Festlegung der Abmessungen der Bauteile Verhältnisse ergeben, die aufeinander abgestimmt werden müssen. Diese **Dimensionierung** ergibt sich auch durch die Leistungsanforderungen (Anforderungsliste), aus denen z. B. die Größe der Kräfte folgt, die die Querschnitte der Bauteile abhängig vom Werkstoff bedingen. Nicht zuletzt wird dann auch die Geometrie des Gehäuses durch die Größe der Bauteile der Zentraleinheit bestimmt.

7.4.1 Zentraleinheit

Am Anfang der **Entwurfstätigkeit** steht die Frage nach den geometrischen Verhältnissen. Der Konstrukteur muss sich Klarheit darüber verschaffen, ob es Randbedingungen gibt, die:

1. das maximal mögliche Volumen, in das das zu konstruierende Objekt hineinpassen muss definieren (max. umbauter Raum),
2. das Volumen des zu produzierenden oder zu bearbeitenden Objekts vorgeben, um das herum die zu konstruierende Bearbeitungskomponenten agieren müssen,
3. die Anschlussmaße vorgeben, die bei einem eventuell vorhandenen Gesamtsystem für das zu konstruierende Objekt zwingend zu berücksichtigen sind.

Im Fall des 3D-Druckers trifft die zweite Bedingung zu, es geht laut Anforderungsliste um die Konstruktion einer Produktionsvorrichtung für Prototypen mit den max. Abmessungen in Länge, Breite und Höhe von jeweils 100 mm. Es ist nun Aufgabe des Konstrukteurs, weitere Informationen zur Geometrie zu beschaffen und in einer ersten Skizze um diesen Kern herum den Raum zu definieren, in dem die drei Achsen (x, y und z nach Abb. 7.17) so agieren können, dass alle Forderungen (s. Abschn 7.1) für die Herstellung des Multi-Material-Prototypen erfüllt werden.

In einer ersten Skizze ist es erforderlich so vorzugehen, dass der Raumbedarf für die Komponenten, um die max. Abmessungen des Prototyps herum erkennbar wird („**von innen nach außen**").

Zunächst muss um den Raum, den der Prototyp max. beansprucht, der Platzbedarf des Druckkopfes (s. Abb. 7.3) einschließlich seiner für den Produktionsvorgang notwendigen Bewegungen, abgeschätzt werden. Es ist dabei empfehlenswert, zu dem mindestens erforderlichen Raumbedarf noch einen angemessenen Zuschlag vorzusehen, damit Befestigungselemente und geringfügige Abweichungen in den Abmessungen und Bewegungen nicht sofort zu Kollisionen führen. Zum Beispiel hat der Druckkopf nach oben gehende Anschlüsse (s. Abb. 7.3), durch die es erforderlich ist, zu der vom Hersteller angegebenen Höhe von H = 59,3 mm, einen Zuschlag von ca. 50 mm vorzusehen. Seine Gesamthöhe wird damit 110 mm.

Bei der Einschätzung des in der Zentraleinheit notwendigen Arbeitsvolumens geht man für die x- und y- Achse am besten von einer Mittelposition des Druckkopfes und des Objektträgers aus und bestimmt dann die Wege, die erforderlich sind, um den Prototyp herzustellen. Für die z-Achse ist als Ausgangsposition die Ebene des Objektträgers praktischer.

x-Achse:

In x-Richtung wird sicherheitshalber die halbe Tiefe (T = 25 mm) des Druckkopfes (12,5 mm) nach vorn und nach hinten der max. Abmessung des Prototyps (100 mm) zugeschlagen. Dadurch ist sichergestellt, dass die Mittelachse bis an die äußere Kante des Prototyps gelangen kann. Es ergibt sich also ein Maß von 125 mm.

y-Achse:

Bei Verwendung des Druckkopfes der Fa. Kyocera kann angenommen werden, dass in y-Richtung keine Bewegung erforderlich ist. Mit einer Breite von B = 200 mm ragt der mittig angeordnete Druckkopf aber um 50 mm rechts und links über die 100 mm des Prototyps hinaus. Mit der Forderung, dass eine Bewegung von mindestens 50 mm möglich sein muss, ergibt sich aber ein Weg von zusätzlich 25 mm ebenfalls jeweils nach rechts und links. Damit es nicht zu Kollisionen kommen kann, wenn diese Bewegung mit dem Druckkopf der Fa. Kyocera erfolgt, ist ein Raumbedarf in der y-Achse von mindestens 250 mm vorzusehen.

z-Achse:

In der Höhe muss zu den 100 mm des Prototyps die gesamte Höhe des Druckkopfes berücksichtigt werden, also 210 mm.

Im Zweifelsfall ist eine Studie des Raumbedarfes mithilfe eines CAD-Modells angebracht, in der Regel wird aber eine Skizze genügen. Für die weitere Entwurfsarbeit wird also ein Arbeitsvolumen für die Herstellung des Prototyps von:

$$x / y / z = 125 \times 250 \times 210 \text{ mm}$$

angenommen, um das herum die Bauelemente der Zentraleinheit angeordnet werden müssen, die ihrerseits dann das vorzusehende Innenvlumen für das Gehäuse bestimmen. Das Ergebnis dieser Betrachtung ist in Abb. 7.26 dargestellt.

Der nächste Schritt ist herauszufinden, mit welchen Mitteln die Bewegungen in den drei Achsen realisiert werden sollen. Da in den ersten Forderungen bereits zwischen den Bewegungsprinzipien für die x- und y-Achse und der z-Achse unterschieden wurde, kann angenommen werden, dass für die x- und y-Achse dasselbe Prinzip zur Anwendung ge-

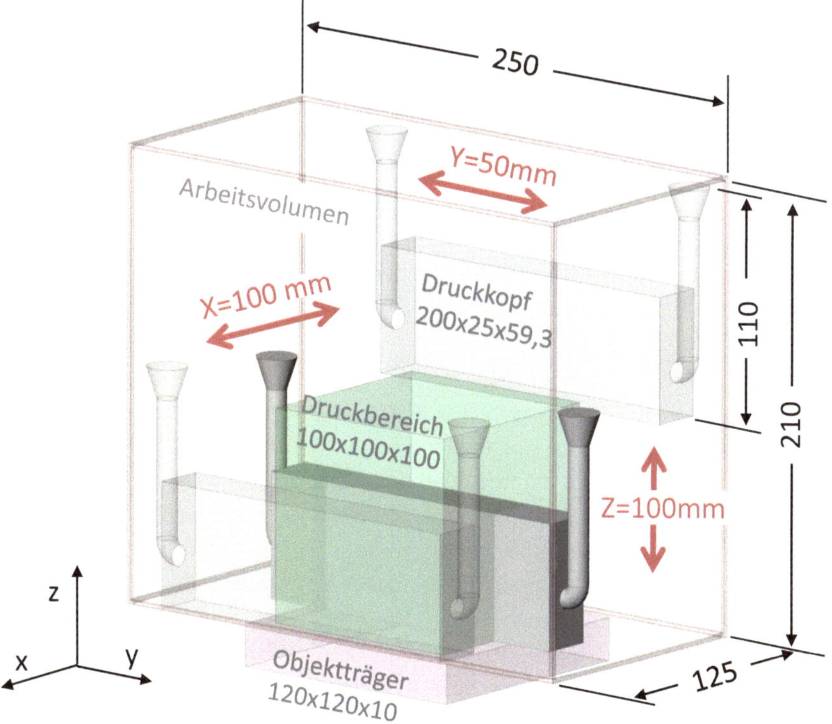

Abb. 7.26 Raumbedarf für die Bewegungen des Druckkopfes

langen wird. Durch die Wahl des prinzipiellen Aufbaus der Zentraleinheit als räumliches Koordinatensystem wird außerdem festgelegt, dass alle Bewegungen translatorischer Natur sein werden. Die dafür notwendigen technischen Komponenten werden in der Regel mit dem Oberbegriff Linearantriebe bezeichnet. Da auf dem Markt eine große Anzahl solcher Antriebe in unterschiedlichster Ausprägung angeboten werden, ist davon auszugehen, dass hier keine Eigenkonstruktion und/oder Eigenfertigung infrage kommt, was schon aus Kostengründen nahe liegt (s. a. Abschn. 7.2.3). Die Aufgabe für den Konstrukteur besteht also darin, eine **Marktrecherche** durchzuführen, eine Zusammenstellung zu machen und dann eine Auswahl zu treffen, welche Linearantriebe für die bestehenden Anforderungen am besten geeignet erscheinen.

Wie bereits erwähnt, basiert dieses Kapitel auf Ergebnissen von Semesterarbeiten, die an der TH Köln angefertigt wurden [St]. Selbstverständlich variiert die Darstellung der Vorgehensweise von einer Gruppe zur anderen, und es gibt eine Vielfalt von Einzellösungen für die zu erfüllenden Funktionen bei der Bewältigung der Bewegungen für Druckkopf und/oder Objektträger. Das Ergebnis, unter Verwendung der Vorgaben aus den Semesterarbeiten ist in Tab. 7.6 dargestellt. Es handelt sich allerdings nicht ausschließlich um eine Erfassung der Funktionen für die Bewegungsachsen. Die für die Speicherung der Polymeren, die Füllstandskontrolle und für den Materialtransport zu Druckkopf wurden der Vollständigkeit halber mit aufgenommen, diese gehören eigentlich zur so genannten Bedienungsumgebung.

Zu den Einzellösungen für die Funktionen ist Folgendes anzumerken:

- Auf die Auswahl des Kinematikkonzeptes wird später eingegangen.
- Für die Antriebe wurden in x- und y-Achsen und die z-Achse in verschiedenen Zeilen dargestellt, das entspricht nicht der üblichen Form. Da aber laut Aufgabenstellung die Steuerung der z-Achse sich von der der anderen beiden unterscheiden soll, erschien diese Lösung hier angebracht.
- Eine Spindelmutter eignet sich bei einfachen Ausführungen sowohl für die Führungsfunktion als auch für den Antrieb einer Bewegungsachse.

Mit der Aufstellung eines morphologischen Kastens wird die Grundlage geschaffen, konkrete Vorschläge für die weitere Entwurfstätigkeit zu gewinnen. Durch die Kombination von Einzellösungen zu so genannten Lösungsvorschlägen eröffnet sich eine ganze Reihe von Möglichkeiten. Es ist aber auch darauf zu achten, ob sich durch vorangegangene Überlegungen nicht Einschränkungen (**Restriktionen**) ergeben haben. Außerdem ist auch hier eine Verträglichkeitsprüfung notwendig.

Es gibt aber auch Betrachtungen, die angestellt werden, um die Vielfalt der Lösungsvarianten zu erhöhen. In der ersten Zeile des morphologischen Kastens sollte entsprechend der Bewertung der Kinematikkonzepte in Abschn. 7.3.1 eigentlich nur zwei Einzellösungen erscheinen, nämlich die Konzepte Nr. 3 und Nr. 5, denn diese gingen aus der Bewertung als Sieger hervor. Aufgrund der ergänzenden Betrachtung von Kinematikkonzepten, die im Werkzeugmaschinenbau verwendet werden (Abb. 7.24), hat aber auch das

Tab. 7.6 Morphologischer Kasten für die Zentraleinheit

	Funktion/Einzellösungen	1	2	3	4	5
1	Kinematikkonzept für die Bewegungsachsen	Konzept Nr. 5	Konzept Nr. 3	Portal/Tisch		
2	Antrieb für x/y-Achsen	Linearmotor	Zahnriemen	Zahnstange/ Ritzel	Kugelge-windespindel	Trapezge-windespindel
3	Drehmomentübertragung an x/y-Achsen	starre Kupplung	Zahnrad-übersetzung	Zahnriemen-scheibe		
4	Drehmomentübertragung z-Achse	starre Kupplung	Zahnrad-übersetzung	Zahnriemen-scheibe		
5	Wegmessung an x,y/z-Achse	indirekt/ absolut	indirekt/ inkremental	direkt/ absolut	direkt/ inkremental	
6	Führung für x/y-Achsen	hydrodyn. Führung	Kugelumlauf-führung	hydrostat. Führung	Spindel-mutter	
7	Antrieb für z-Achse	Trapezge-windespindel	Zahnriemen-trieb	Zahnstange+ Ritzel	Kugelge-windespindel	
8	Führung für z-Achse	Spindel-mutter	Kugelumlauf-führung			
9	Speicherung der Polymere	Kanister	nachfüllbare Kartuschen	Beutel	nicht nach-füllbare Kartuschen	
10	Füllstandskontrolle	Volumenstrom-messung	Gewichts-bestimmung	Schwimmer	Widerstands-messung	
11	Förderung der Polymere zum Druckkopf	Schwerkraft	Pumpe			

LV 2 LV 1

dort in der dritten Spalte beschriebene Konzept Eingang gefunden. Dieses, als Portal/ Tisch bezeichnete Konzept, entspricht ja weitgehend dem Konzept Nr. 5, der Unterschied besteht lediglich darin, dass die Bewegung in der z-Achse vom Tisch auf den Druckkopf verlagert wird. Damit ergeben sich in der ersten Zeile drei Einzellösungen, die als Ausgangsposition für die Zusammenstellung von Lösungsvorschlägen als gleichwertig angesehen werden können.

Mit den in den folgenden Zeilen dargestellten Einzellösungen zu den Bewegungsachsen ist im Prinzip eine große Anzahl von Lösungsvorschlägen möglich. Bei näherer Betrachtung reduziert sich diese aber sofort, wenn man zwei besonders wichtige Kriterien betrachtet, nämlich die möglichen Kosten und die Bauform der Komponenten. Dadurch bedingt ergibt es sich, dass in der Zeile mit der Funktion „Antrieb“ nur noch die Spindel und/oder der Zahnriementrieb und bei der Funktion „Führung“ nur noch die Spindelmutter oder die Kugelumlaufführung in Betracht kommen. Der Linearmotor ist zu teuer und die Zahnstange erfordert zusätzlichen Bauraum wegen des antreibenden Ritzels.

Unter den angeführten Gesichtspunkten ergeben sich zunächst zwei Lösungsvorschläge. Zum Ersten für eine möglichst kostengünstige Konstruktion, in der alle Bewegungen durch die Kombination Spindel/Mutter bewerkstelligt werden (LV 1) und eine Variante, in der die z-Bewegung mithilfe Spindel/Mutter erfolgt, die x- und y-Bewegung dagegen mit der Kombination Zahnriemen/Kugelumlaufführung (LV 2). Der Vorteil dieser Lösung besteht darin, dass für die vertikale Bewegung mit der möglichen Ausnutzung der Selbsthemmung der Spindel ebenfalls eine Haltefunktion unterstützt wird und bei den x/y-Bewegungen ein Stick-Slip-Effekt vermieden werden kann. Die Anzahl der Lösungsvorschläge wird allerdings dadurch erhöht, dass als Ausgangsposition in der ersten Zeile jeweils die erste, zweite oder dritte Spalte gewählt werden kann, denn alle drei Kinematikkonzepte sind ja als gleichwertig anzusehen.

Damit ergeben sich statt der zwei Lösungsvarianten eigentlich sechs, weil ja jede mit einem der drei Kinematikkonzepte ausgeführt werden kann. Der Einfachheit halber werden sie in der folgenden Darstellung zusammengefasst. Die Kennzeichnung entspricht der in Abschn. 7.3.2 beschriebenen Form, die erste Ziffer bezeichnet die Zeile, die zweite die Spalte:

LV 1 (1,1;2;3/2,5/3,1/4,1/5,2/6,2/7,1/8,1/9,4/10,4/11,1),
LV 2 (1,1;2;3/2,2/3,3/4,1/5,4/6,2/7,1/8,1/9,4/10,4/11,1).

Es ist allerdings darauf hinzuweisen, dass für LV 1 der mechanische Grundaufbau (s. Abb. 7.16) als fester Bestandteil der Zentraleinheit betrachtet werden muss. Dadurch ergibt sich zwangsläufig für den 3D-Drucker eine Bauweise, wie sie in Abb. 7.14 dargestellt ist, für die Bauform des Gehäuses bleiben nur noch geringe Möglichkeiten der Variation.

Die wesentlich stabilere Bauweise der Kugelumlaufführungen (Abb. 7.27) gegenüber einer Spindel gestattet es, für die Zentraleinheit eine Ständerkonstruktion zu wählen, sie ist in Abb. 7.28 dargestellt. Man erkennt, dass in diesem Fall die Bauform des Gehäuses nicht mehr unmittelbar von der Zentraleinheit abhängig ist. In der Darstellung ist außerdem zu sehen, mit welchen Abmessungen bei der Zentraleinheit zu rechnen ist.

Die Ständerkonstruktion gestattet wegen der Unabhängigkeit von Zentraleinheit und Gehäuse eine größere Anzahl von Entwurfsvarianten, die im Folgenden dargestellt und kurz kommentiert werden:

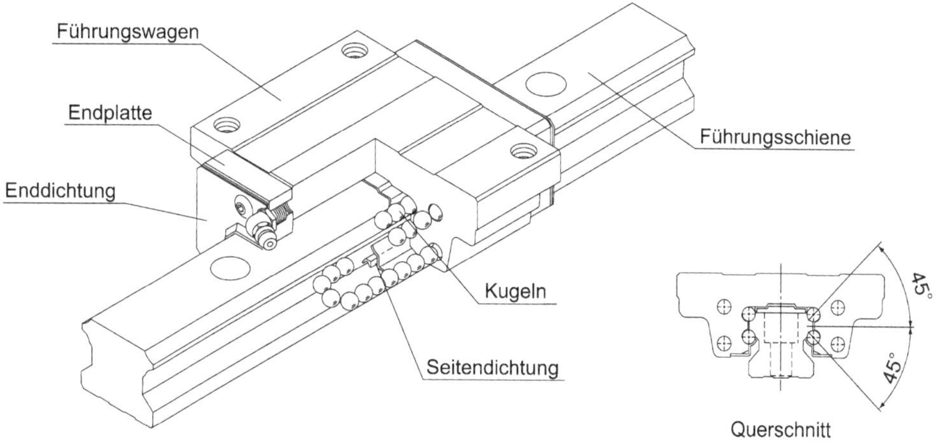

Abb. 7.27 Lineare Kugelumlaufeinheit (Kugelumlaufführung). (© Fa. HSR)

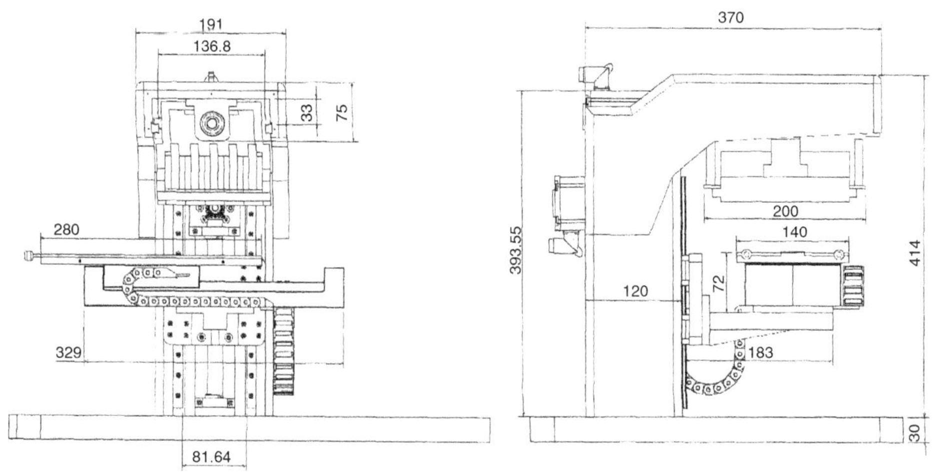

Abb. 7.28 Vorderansicht und Seitenansicht der Zentraleinheit als Ständerkonstruktion. [St]

Der in Abb. 7.29 dargestellte Entwurf ist eine mithilfe eines 3D-CAD-Systems entstandene Darstellung der in Abb. 7.28 wiedergegebenen Zeichnung, er beruht auf der Variante Nr. 5 des Kinematikkonzeptes. Offensichtlich wurde aber in Abweichung zu LV 2 für die y-Achse hier eine Spindel gewählt. Die Führung dieser Achse ist im Bild nicht klar erkennbar, es sind vermutlich Kugelbuchsen, die auf Präzisionswellen laufen. In der weiteren Detaillierung muss darauf geachtet werden, dass eine saubere Trennung der Führungs- von der Antriebsfunktion (Prinzip der Funktionstrennung) erfolgt und die Spindel keinen Einfluss auf die Führung hat. Als Antrieb für die x-Achse wurde ein Zahnriemen mit Kugelumlaufführung gewählt, eine bewährte Konstruktion. Im Bereich der z-Achse ist noch zu klären, wie der Motor, der die Spindel antreibt, fixiert wird, damit es für die Führungs-

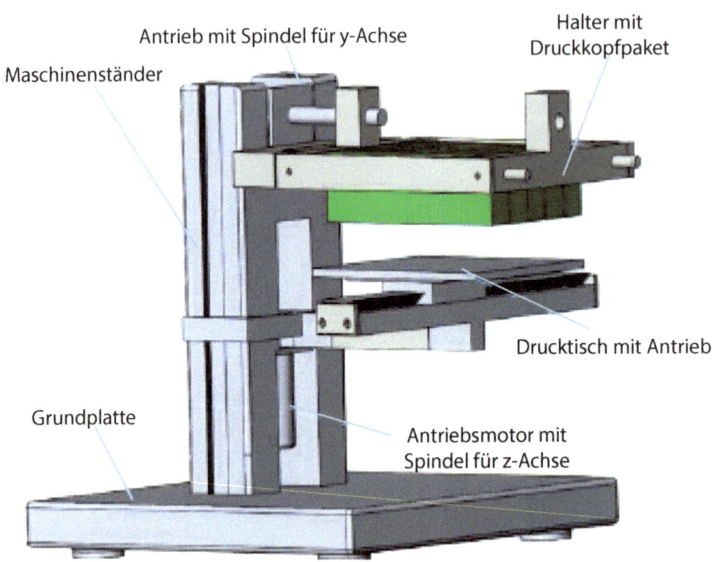

Abb. 7.29 Variante 1 der Zentraleinheit in Ständerbauweise. [St]

elemente nicht zu Behinderungen kommen kann. Wie man sieht, sind auf dem Wege zur Ausarbeitung noch einige Fragen zu beantworten.

Bei der Entwurfsvariante 2, die in Abb. 7.30 dargestellt ist, liegt das Kinematikkonzept Nr. 3 zugrunde.

Für alle Achsen sind hier Gewindespindeln als Antrieb und separate Linearführungen in der Bauweise als Kugelumlaufeinheiten vorgesehen. Wegen der Materialzuführung könnte man darüber nachdenken, die Vorratsbehälter unmittelbar über den Druckköpfen anzuordnen. Das hätte den Vorteil sehr kurzer Wege, der Nachteil wäre allerdings, dass die zu bewegende Masse für die z-Achse größer würde.

Eine weitere Variante ergibt sich auf der Basis der Portal/Tisch-Bauweise (s. Abb. 7.24). Der Einfachheit halber werden alle Antriebe und Führungen mit Spindeln und Muttern ausgestattet, die an einem Traggestell befestigt sind. Dieser Entwurf entspricht dann der Lösungsvariante (LV) 1 aus Tab. 7.6. Die Bauweise dieser Zentraleinheit entspricht damit dem in Abb. 7.14 dargestellten 3D-Drucker, die Möglichkeiten bei der Gestaltung des Gehäuses ist hier, wie bereits erwähnt, eingeschränkt. Bei den Varianten in Ständerbauweise hat der Konstrukteur in dieser Hinsicht mehr Möglichkeiten.

Fazit

Am Beginn des ersten Entwurfs steht immer die Ermittlung des Platzbedarfs und/oder der Anschlussmaße zu bereits vorhandenen Strukturen. Danach ist die Frage zu klären, ob es erforderlich ist, die notwendigen Komponenten neu zu entwerfen und dann zu fertigen oder ob geeignete Lösungen angeboten werden.

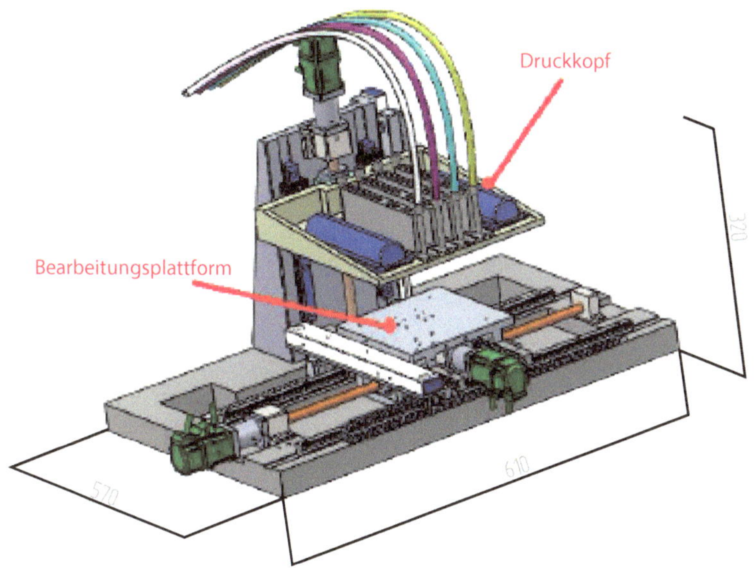

Abb. 7.30 Variante 2 der Zentraleinheit in Ständerbauweise. [St]

7.4.2 Gehäuse

Für den Entwurf der Bedienungsumgebung des 3D-Druckers liegt es nahe, sich zunächst auf das Gehäuse zu konzentrieren. Selbstverständlich ist es erforderlich, die bereits im Mind-Map (Abb. 7.25) und den morphologischen Kästen (Tab. 7.5 und 7.6) enthaltenen Komponenten an geeigneter Stelle zu berücksichtigen. Zunächst wird aber ausschließlich der mechanische Aufbau des Gehäuses betrachtet.

1. Gehäuse auf Basis des Traggerüstes
Als ersten Entwurf des Gehäuses soll an dieser Stelle nur noch einmal angedeutet werden, dass dieses Traggerüst (s. Abb. 7.14), das aus Vierkanthohl- oder Winkelprofilen aufgebaut werden kann, lediglich noch verkleidet werden muss, um ein Gehäuse zu bilden. Ob diese Verkleidungen transparent ausgeführt werden oder nicht und ob sie als Türen auszubilden sind, kann später entschieden werden. Dazu sind Betrachtungen anzustellen, die damit zusammenhängen, an welcher Stelle ein Zugang wegen Reinigungs- und Wartungsarbeiten erforderlich ist und wo die Materialkartuschen angeordnet werden sollen. Aus der Praxis sind ja sogar technische Ausführungen von 3D-Druckern bekannt, die keinerlei Verkleidung des Traggerüstes aufweisen. Hier sind dann allerdings die Aspekte Sicherheit und Luftführung nicht mehr Gegenstand des Entwurfs.

Nachteilig für einen Gehäuseentwurf auf dieser Basis ist, dass die Befestigungspunkte für die Bewegungsachsen Bestandteile des Gehäuses sind. Wegen der erforderlichen Tragfähigkeit (und Steifigkeit) ist damit ein Aufwand verbunden, der wegen der Art der zu wählenden Profile gewisse Kosten verursacht. Hinzu kommt, dass ja noch weitere Funktionen in oder am Gehäuse technisch realisiert werden müssen. Wie aus Abb. 7.25 entnommen werden kann, erfordert der ordnungsgemäße Betrieb eines 3D-Druckers eigentlich eine Luftführung, möglichst mit Abluftreinigung, eine Steuerungseinheit, den Vorrat an Druckmaterial und geeignete Maßnahmen für die Sicherheit von Mensch und Maschine. Aus diesen Gründen liegt es näher, Entwürfe anzufertigen, bei denen die technische Realisierung der Bewegungsachsen unabhängig vom Entwurf des Gehäuses ist.

Die im Folgenden ausgeführten Entwürfe für ein Druckergehäuse basieren auf den als Variante 1 und 2 bereits dargestellten Maschinenkernen in Ständerbauweise (s. Abb. 7.29 und 7.30). Sie bilden die Ausgangsbasis für die Entscheidung, wie das Gehäuse (einschließlich Infrastruktur) am Ende aussehen soll.

2. Profilgehäuse in Schweißkonstruktion

Abgeleitet von der Vorstellung eines Traggerüstes kann für das Gehäuse natürlich eine eigene Stützstruktur vorgesehen werden. Man kann sie ebenfalls aus Normprofilen aufbauen, die dann an den Verbindungsstellen zu verschweißen sind. Als Basis für das Gehäuse kann dann eine solide Grundplatte vorgesehen werden, wie sie in Abb. 7.31 zu sehen ist. Die Frontfläche ist geneigt ausgeführt, um den Zugang für die Entnahme des Prototyps ergonomischer zu gestalten. Wie die anderen Funktionen der Infrastruktur realisiert werden, ist zunächst noch nicht zu erkennen, auch die Ausführung der Verkleidungen ist noch offen.

3. Profilgehäuse als Blechbiegekonstruktion

Zur Vermeidung von Verzug, der durch das Verschweißen der Profile entsteht, könnte in Betracht gezogen werden, die Gehäusekonstruktion aus einer Blechplatte auszuschneiden und zu biegen. Die in Abb. 7.32 dargestellte Version bedarf allerdings noch zusätzlicher Überlegungen. Wenn nur der Rahmen des Gehäuses aus einer Blechplatte gebogen würde, die Wände aber aus zusätzlich angebrachten Verkleidungen bestehen sollen, entsteht ein hoher Materialverlust durch Verschnitt.

Es ist also in Betracht zu ziehen, die Wände ebenfalls aus der Blechplatte zu formen und nur die Front als Türe auszubilden, die aus einer transparenten Kunststoffplatte bestehen könnte. In diesem Fall muss man sich nur noch darüber Gedanken machen, wie die Fugen, die durch das Biegen am Gehäuse entstehen, abgedichtet werden können. Eine Möglichkeit besteht darin, Kunststoffprofile zu verwenden eine andere, die Fugen mit einer Dichtmasse auszufüllen. In der Abbildung ist zu erkennen, wo die Steuerungseinheit, bestehend aus einem Display und den Bedienungselementen Platz finden kann. Außerdem ist dargestellt, wo weitere Zugänge, z. B. zu den Materialkartuschen und für die Wartung des Lüfters, vorgesehen sind. Sollte ein größerer Platzbedarf für weitere Elemente der Bedienungsumgebung im Verlauf der Entwurfsarbeit erkennbar werden, so ist es möglich, diesen unterhalb der Grundplatte vorzusehen. Statt einer einfachen Platte kann alternativ ein Blechgehäuse unterhalb des Druckers angeordnet werden, wodurch der erforderliche Raum zur Verfügung steht (Abb. 7.33).

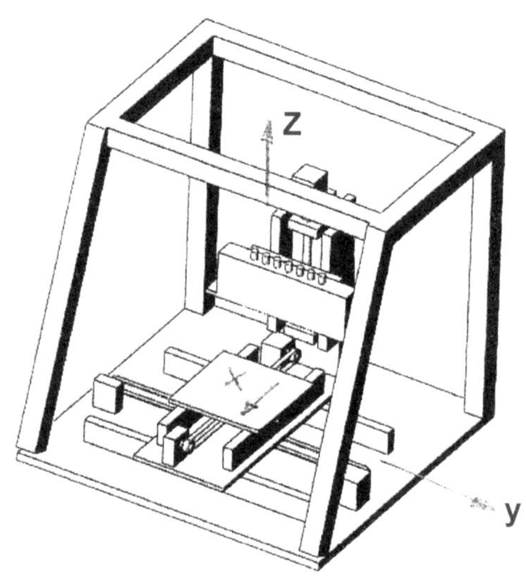

Abb. 7.31 Entwurf Profilgehäuse. [St]

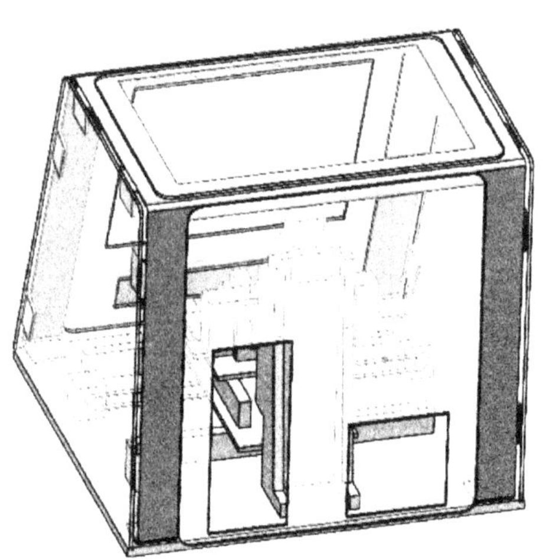

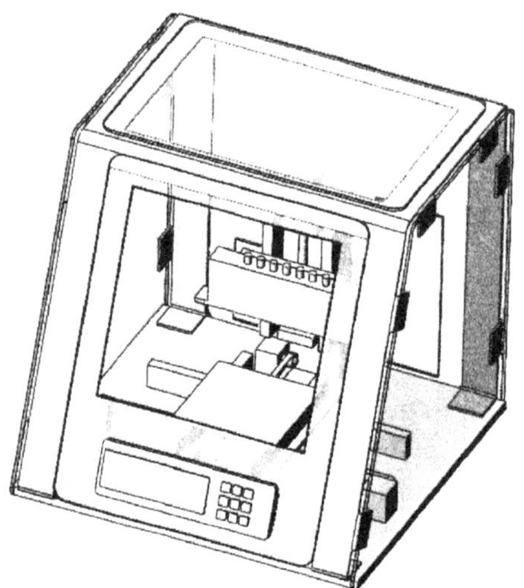

Abb. 7.32 Entwurf Biegekonstruktion. [St]

4. Kunststoffgehäuse, Variante 1

Eine Möglichkeit, das Gehäuse möglichst leicht, einfach und preiswert zu gestalten besteht darin, eine Ausführung aus Kunststoff in Betracht zu ziehen. In Abb. 7.34 ist eine Variante dargestellt. Das Besondere an diesem Entwurf ist, dass hier für die Bedienungseinheit ein separates und flexibel montiertes Panel (mit Touchscreen) vorgeschlagen wird.

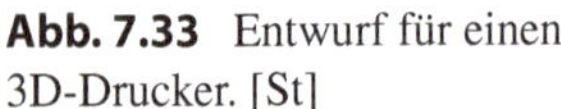

Abb. 7.33 Entwurf für einen 3D-Drucker. [St]

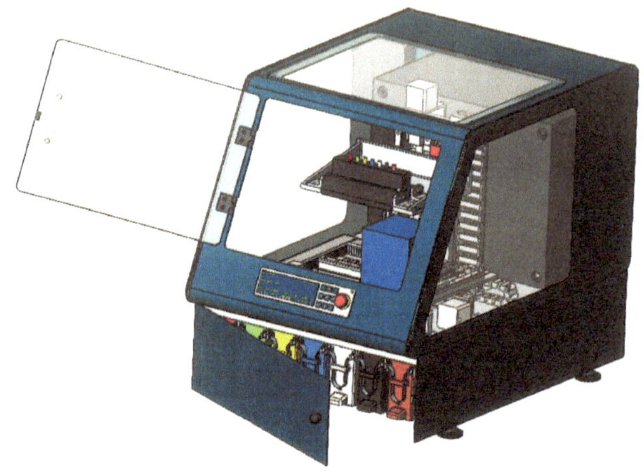

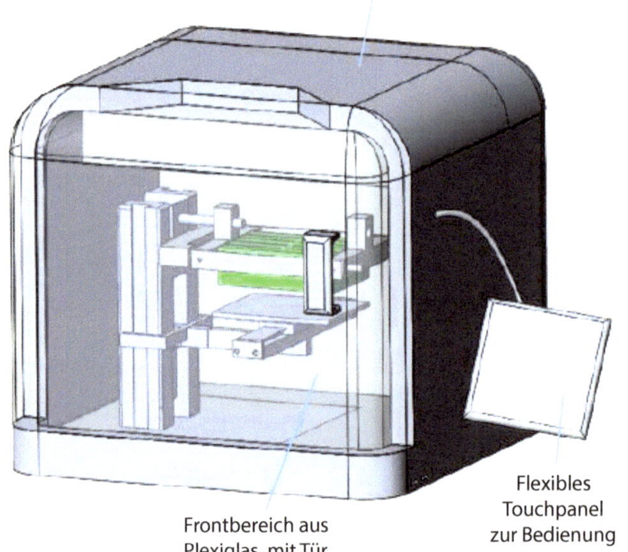

Abb. 7.34 3D-Drucker mit Kunststoffgehäuse. [St]

Es ist sicher erforderlich, für die Befestigung am Kunststoffgehäuse eine entsprechende Verstärkung vorzusehen.

Wie in Abb. 7.35 zu erkennen ist, sollen die Materialkartuschen im oberen, rückwärtigen Teil des Gehäuses untergebracht werden, sie sind über eine abnehmbare Haube zugänglich.

Die Abmessungen des Gehäuses sind aus Abb. 7.36 ersichtlich.

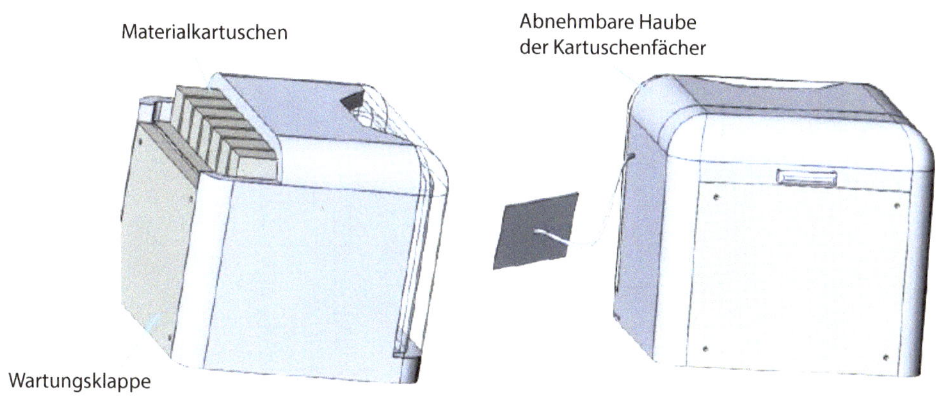

Abb. 7.35 CAD-Modell des Gehäuseentwurfes. [St]

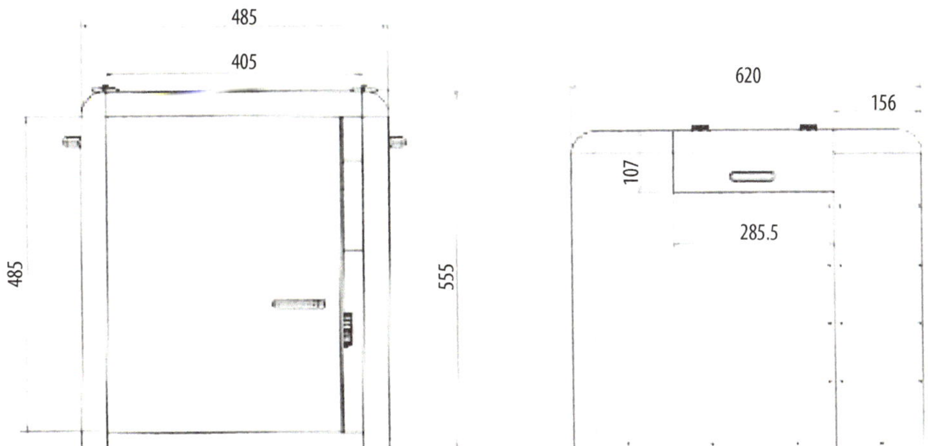

Abb. 7.36 Gehäuse in Vorder- und Seitenansicht. [St]

5. Kunststoffgehäuse, Variante 2

Eine zweite Variante ist in Abb. 7.37 dargestellt. Hier sind deutlich die Zentraleinheit und die Kartuschen für das Druckmaterial zu erkennen. Der markanteste Unterschied zur Variante 1 ist die besonders groß ausgefallene Klappe, die einen guten Zugang zu den wichtigsten Komponenten des Druckers gewährt. Um zusätzlich die Entnahme des fertigen Prototyps zu erleichtern, wird der Objektträger am Schluss des Fertigungsvorgangs ganz nach rechts gefahren (Endlage der y-Achse) und der Druckkopf ganz nach oben (Endlage der z-Achse). Beim Wechsel der Materialkartuschen soll er in die Mittelposition gefahren werden, dabei wird der jeweils zugehörige Zuführschlauch ebenfalls ausgewechselt, um Störungen durch Verunreinigungen auszuschließen.

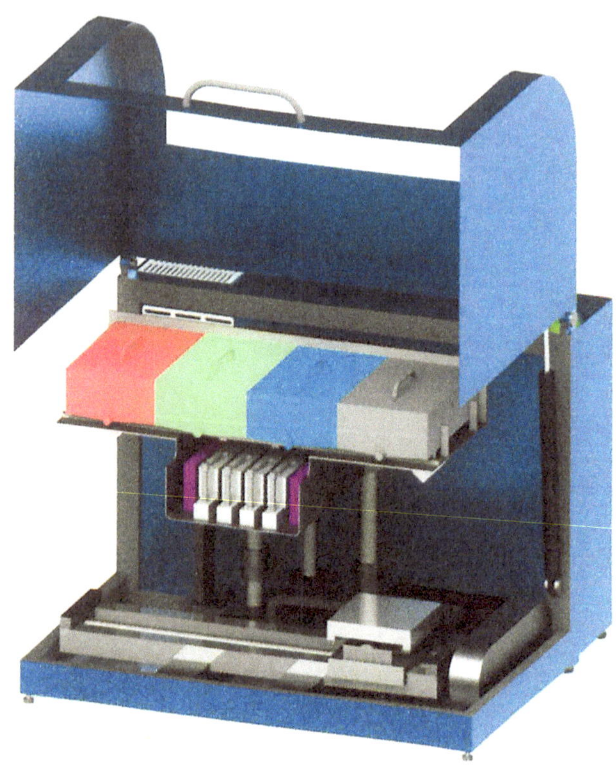

Abb. 7.37 Kunststoffgehäuse, Variante 2, Position zur Entnahme des fertigen Prototyps. [St]

In Abb. 7.38 ist gut erkennbar, dass der rückwärtige Teil des Gehäuses als Schaltschrank ausgebildet ist, in dem die elektrischen Hilfseinrichtungen untergebracht werden können, außerdem finden hier die für die Zu- und Abluft notwendigen Aggregate ihren Platz.

Die Zuführung der Luft erfolgt über eine Eintrittsöffnung, die sich auf der Rückseite des Gehäuses im unteren Bereich befindet (s. Abb. 7.39).

Die Abluft wird in zwei Ströme aufgeteilt. Die Kühlluft für den Schaltschrank tritt auf der Rückseite im oberen Bereich ohne besondere Maßnahmen aus, die für den Innenraum des Druckers an der oberen Schmalseite, bei ihr ist eine Reinigung mittels eines Aktivkohlefilters vorgesehen. Wenn die Bedienung über einen nicht im Gehäuse eingebauten Terminal (Laptop) erfolgen soll, ist es erforderlich, den notwendigen Platz, auf dem Arbeitstisch vorzusehen, auf dem auch der Drucker untergebracht wird (Abb. 7.40). Dabei sind auch die gesetzlichen Regeln zur Ergonomie zu beachten.

6. Gehäuse mit integriertem Unterbau

Die Beschreibung des Entwurfs dieses Gehäuses zeigt, wie wichtig die in Abschn. 7.4.1 beschriebene Vorgehensweise „von innen nach außen“ ist. Es wird zunächst der Raum-

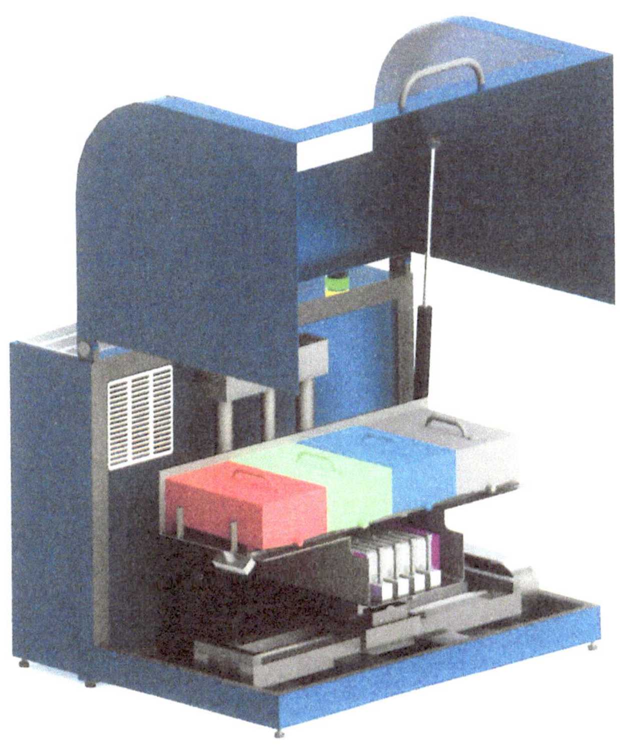

Abb. 7.38 Kunststoffgehäuse, Position für den Kartuschenwechsel. [St]

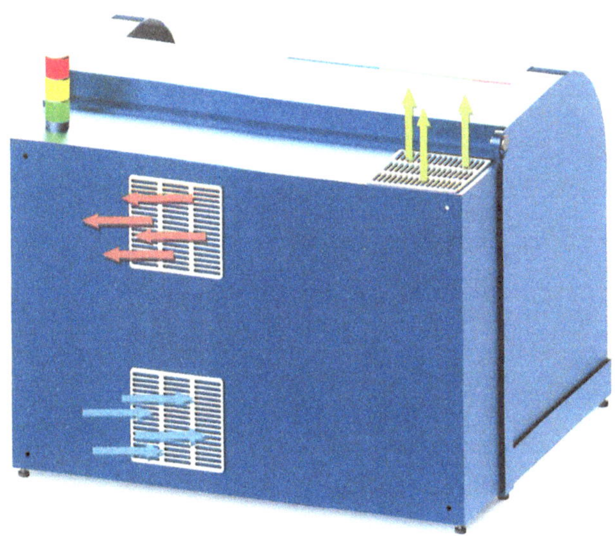

Abb. 7.39 Schaltschrank mit Öffnungen für Zu- und Abluft. [St]

Abb. 7.40 Arbeitsplatz für den 3D-Drucker. [St]

bedarf für die Zentraleinheit ermittelt, aber auch der für die anderen Aggregate der Infrastruktur. In Abb. 7.41 ist zu erkennen, wie mithilfe eines Untergestells aus Stranggussprofilen die Zentraleinheit, die Materialkartuschen, die Pumpen und der Schaltschrank einander zugeordnet werden. Es fehlen allerdings noch die für die Zu- und Abluft und die Bedienung notwendigen Elemente.

Im nächsten Schritt wird nun das Gehäuse sozusagen über das Innenleben des Druckers gestülpt (s. Abb. 7.42).

Das Gehäuse ist eine aus Aluminiumblech geformte geschlossene Haube. Für die Entnahme des fertigen Prototyps ist eine frontal angeordnete, zweiteilige Schiebetür vorgesehen, die auch einen begrenzten Zugang zu den Bewegungsachsen gewährt. Der Kartuschenwechsel erfolgt über eine seitlich (links) angeordnete Klappe. Auf der rechten Seite ist eine weitere Klappe angebracht, die Zugang zum Schaltschrank gewährt. Falls es erforderlich ist, für Wartungsarbeiten einen uneingeschränkten Zugang zu allen Komponenten zu haben, kann das gesamte Gehäuse abgenommen werden.

Die Abmessungen des Gehäuses betragen 710×780×360 mm. Insbesondere die Höhe von 780 mm erfordert eine genauere Betrachtung der edienbarkeit des Druckers bei Anordnung auf einem Tisch, wie sie in Abb. 7.40 dargestellt ist. Da bei einem normalen Schreibtisch sich die Tischplatte ca. 740 mm über dem Boden befindet, wird eine Bedienung im Sitzen nach ergonomischen Gesichtspunkten schwierig, im Stehen ist sie dagegen noch zufriedenstellend möglich. Als Konsequenz aus dieser Betrachtung könnte der Entwurf dahingehend erweitert werden, dass der gesamte Drucker eigenständig wird. Das Untergestell wird so ergänzt, dass es durch Höhenverstellung sowohl für eine Bedienung

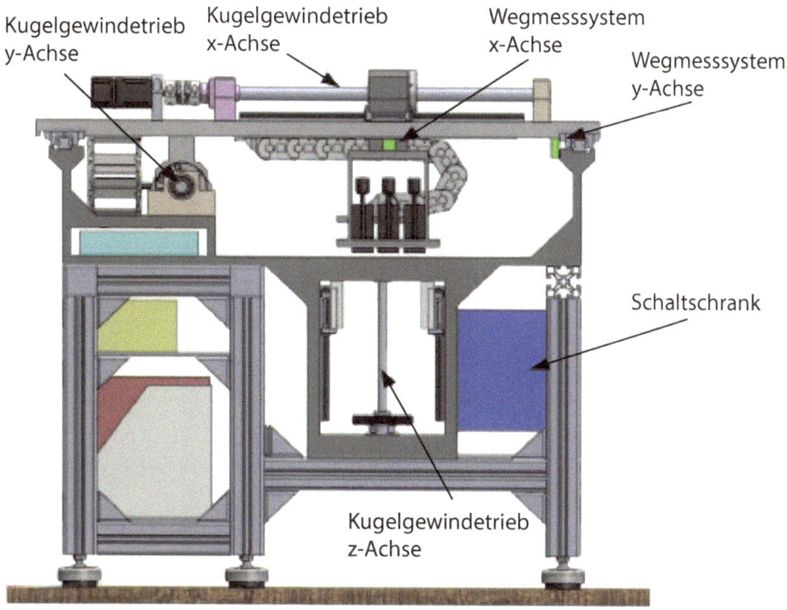

Abb. 7.41 Entwurf für die Ermittlung des Platzbedarfes im Innern des Gehäuses. [St]

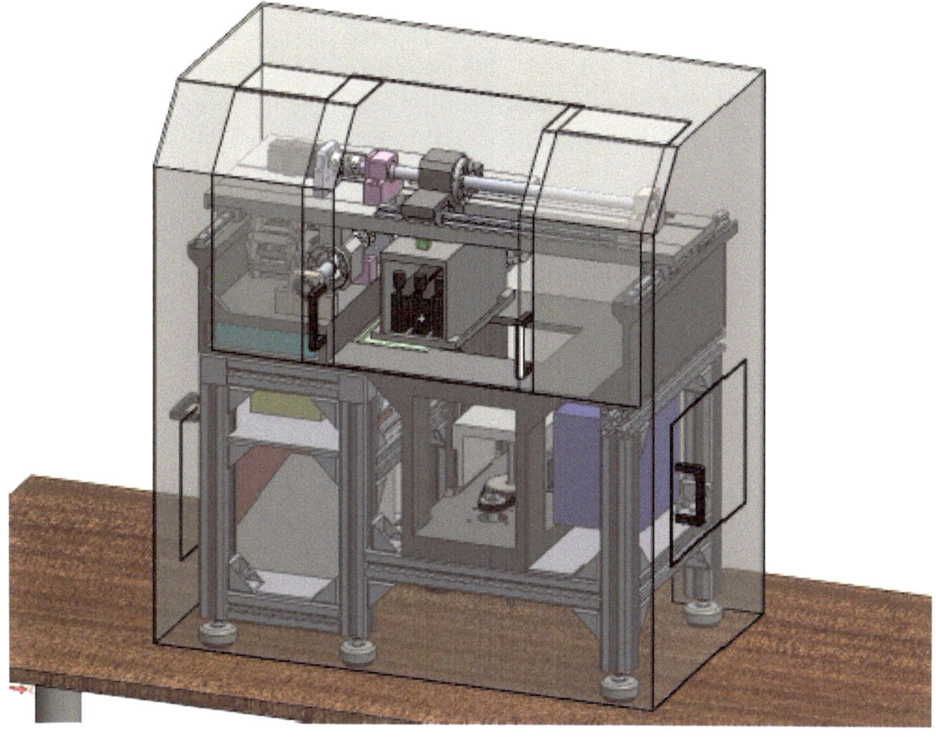

Abb. 7.42 Gesamtansicht des Druckers mit transparent dargestelltem Gehäuse. [St]

im Sitzen als auch im Stehen eingerichtet werden kann. Zusätzlich ist es auch noch möglich, durch den Einbau von Rollen, den Drucker mobil zu gestalten. Durch diese Maßnahmen werden zwar die Herstellkosten erhöht, es entsteht aber ein flexibler eigenständiger Arbeitsplatz.

Fazit

Es ist während der Entwurfstätigkeit darauf zu achten, ob auch wirklich alle Funktionen und die dafür notwendigen Komponenten berücksichtigt worden sind. Außerdem ist es ratsam, auch in dieser Phase sich immer wieder die Frage zu stellen: „Worauf kommt es eigentlich an?" und gegebenenfalls die Methode der Abstraktion anzuwenden.

7.5 Ausarbeitung

Nachdem in der Entwurfsphase hauptsächlich die gestalterische Festlegung des zu entwickelnden technischen Erzeugnisses erfolgte, müssen nun in der letzten Phase des Vorgehens nach der Richtlinie VDI 2221 die **Fertigungsunterlagen** erstellt werden. In der Regel ist damit gemeint, dass Zeichnungen für die Montagegruppen und die Einzelteile angefertigt werden. Dabei werden die im Entwurfsstadium angefertigten CAD Modelle detailliert, die endgültigen Maße und Toleranzen festgelegt und die Technischen Zeichnungen aus den Modellen abgeleitet. Häufig besteht auch ein direkter Zusammenhang mit einem CAM-System oder der Erstellung von CNC-Programmen für die Fertigung. Es sei an dieser Stelle auch noch einmal, wie bereits in Abschn. 5.2.2, darauf hingewiesen, dass der 7. Schritt im Arbeitsablauf nach der Richtlinie VDI 2221 aus mehreren Teilen besteht.

Es muss aber auch erwähnt werden, dass durch die VDI-Richtlinie die „klassische" Arbeitsweise des Konstrukteurs beschrieben wird, die inzwischen als überholt anzusehen ist. Im Zuge der Forderungen des Marktes und auch des Gesetzgebers, ist das technische Erzeugnis nicht mehr isoliert zu betrachten, sondern muss als ein Teil zur Lösung einer mehr oder weniger umfangreichen Aufgabenstellung oder einer Dienstleistung gesehen werden. Zusätzlich zu den Fertigungsunterlagen sind Bedienungsanleitungen, Gefahrenhinweise (Sicherheitsanalysen) und damit verbundene Prüfungen (CE-Kennzeichnung, Maschinenrichtlinie, Produkthaftung) durchzuführen. Ein besonders wichtiger Aspekt, der während der gesamten Produktentwicklung Beachtung findet, allerdings erst mit der Ausarbeitung einen hohen Grad an Präzision erreicht, ist die Ermittlung der Herstellkosten. Dieser Gesichtspunkt wird unter Anderem ja auch davon beeinflusst, welche Forderungen an die Leistungsfähigkeit und die Fertigungstoleranzen des Gesamterzeugnisses und seiner Komponenten gestellt werden.

7.5.1 Sicherheit

Unter dem Oberbegriff Sicherheit werden Betrachtungen durchgeführt, die offenlegen, welche Zusammenhänge zwischen den Funktionen des technischen Erzeugnisses mit dem Menschen, der damit umgeht und der Umgebung, in der es sich befindet, bestehen. Ein **Sicherheitskonzept** zu erstellen ist in Ergänzung zum methodischen Vorgehen bei der Konstruktionsarbeit ein wichtiges Element der Neuentwicklung eines technischen Erzeugnisses. Da die Aspekte der Sicherheit und die konstruktiven Details sich gegenseitig beeinflussen, ist es angebracht, die notwendigen Betrachtungen nicht erst am Ende des Arbeitsprozesses anzustellen. Die Schnittstelle zwischen der Fertigstellung des Gesamtentwurfes, Gestaltung der einzelnen Komponenten und Ausarbeitung der Fertigungsunterlagen ist hierzu geeignet.

Trotz der vielfältigen Möglichkeiten der Konstruktionsmethodik eine fehlerfreie Arbeitsweise zu gewährleisten, bedienen sich inzwischen viele Unternehmen eines speziellen **Qualitätsmanagements**. Dieses organisatorische Hilfsmittel, das entweder unter der Bezeichnung **Total Quality Management (TQM)** oder auch Total Quality Control (TQC) geführt wird, definiert eine Philosophie, die alle am Produktentstehungsprozess Beteiligen zu einem ganzheitlichen Quality-Engineering verbinden soll. Der inzwischen vorliegende Entwurf der Richtlinie VDI 2247 „Qualitätsmanagement in der Produktentwicklung" ist als Informationsquelle für den Konstrukteur sicher interessant. In diesem Zusammenhang wurden auch Einzelmethoden entwickelt, die die Lehre der Konstruktionsmethodik ergänzen. Außer dem eigentlich am Anfang des Entwicklungsprozesses anzuwendenden Quality Function Deployment (**QFD**), sind die wichtigsten Methoden die dazu dienen, die Produktsicherheit zu erhöhen, die Fehlermöglichkeits- und Einflussanalyse (DIN 25448) und die Fehlerbaumanalyse (DIN 25424). Diese beiden Methoden erfordern allerdings einen erheblichen formalen Aufwand und eine Schulung der beteiligen Mitarbeiter und werden in der Regel im Rahmen eines Projektes in einem Team durchgeführt, das dann auch das Ergebnis überprüfen und darstellen muss. Schließlich ist noch die Methode des **Design Review** zu erwähnen, das weniger formalen Aufwand erfordert, aber ebenfalls als Projekt mit einem Team aus Mitarbeitern der verschiedenen betroffenen Organisationseinheiten des Betriebes organisiert werden sollte. Alle genannten Methoden sind auch geeignet, eine Abschätzung der Risiken für den Gebrauch eines Produktes vorzunehmen und deren Reduzierung oder Eliminierung zu bewerkstelligen. Bei einem so überschaubaren Projekt wie dem 3D-Drucker mag es allerdings zunächst genügen, zur Qualitätssicherung den Inhalt der Anforderungsliste von Zeit zu Zeit zu überprüfen und gegebenenfalls zu ergänzen. Abschließend sei an dieser Stelle noch auf die Behandlung des Themas Qualität in den Kap. 2 und 3 hingewiesen.

Bei der Entwicklung des Sicherheitskonzeptes ist zu beachten, dass trotz der Unterstützung durch die Methodik, die unter Anderem dazu dient, Schwachstellen des Erzeugnisses aufzuspüren, dem Konstrukteur Fehler unterlaufen können. Hinzu kommen mögliche Störgrößen, die durch Schwankungen der Eingangsgrößen in das technische System möglicherweise zu Abweichungen des angestrebten Betriebsverhaltens führen. Idealerweise ist das Konzept des Produkts so robust, dass die Ausgangsgrößen, gegebenenfalls durch selbsttätige Korrekturmaßnahmen, trotz der Störeinflüsse dem gewünschten Verhalten entsprechen. Im Lehrbuch von *Pahl/Beitz* [PaBe13] werden die Methoden der Fehlervermeidung näher beschrieben und es gibt Hinweise zu deren Durchführung. Zum Teil decken sie sich auch mit den im Abschn. 2.1 erörterten Hinweisen zur Herkunft der Aufgabenstellung.

Nach der Erörterung der für die Erstellung eines Sicherheitskonzeptes wichtigsten Methoden, folgt nun die kurze Beschreibung der Vorgehensweise am konkreten Beispiel des 3D-Druckers. Als Grundlage dient die **Maschinenrichtlinie**, die dazu dient, innerhalb der europäischen Gemeinschaft mögliche Hindernisse im gegenseitigen Warenaustausch zu minimieren. Dabei wird die Einhaltung der in ihr festgelegten Standards durch die Regelungen der **CE-Kennzeichnung** gewährleistet. Mit der Kennzeichnung, die am Produkt deutlich erkennbar angebracht werden muss, erklärt der Hersteller, dass das Produkt den Anforderungen genügt, die in den **Harmonisierungsvorschriften** festgelegt sind.

Eine der Voraussetzungen, die zur Berechtigung eines Herstellers führen, das CE-Kennzeichen nach der Richtlinie MR 2006/42/EG an seinem Produkt anbringen zu dürfen, ist die Durchführung einer **Risikoabschätzung**. Sie dient dazu, **Gefahrenpotenziale** zu erkennen und zu dokumentieren. Es geht dabei darum, am Produkt den oder die Orte zu definieren, an denen eine Gefahr auftreten kann und den Grad einzelner möglichen Verletzungen und die Wahrscheinlichkeit mit der eine Verletzung auftreten kann zu beschreiben. Es gilt dann, mögliche Schutzmaßnahmen vorzusehen, die dazu dienen, das Verletzungsrisiko zu minimieren oder sogar ganz zu beseitigen. Hierfür sind natürlich bereits bestehende Sicherheits- und Gesundheitsstandards einzuhalten oder neue Maßnahmen zu beschreiben. Es ist dabei zu beachten, dass die Bedienungsanleitung mit den Gefahrenhinweisen Bestandteil der Bedingungen für die CE-Konformität ist.

Das Verfahren für die Durchführung der **Risikobeurteilung** wird in der DIN EN ISO 12 100:2010 eingehend beschrieben und es werden Gestaltungsleitsätze vorgegeben. Bestandteil der Risikobeurteilung ist die Festlegung der Grenzen der Maschine (des Systems). Falls notwendig ist es geboten, inhärent (in sich) sichere konstruktive Lösungen zu erarbeiten und/oder ergänzende Schutzmaßnahmen vorzusehen. Die Risikobeurteilung ist ein iteratives Verfahren, das schematisch in Abb. 7.43 dargestellt ist.

Es erfolgt zunächst die Identifizierung der Gefahren innerhalb der Grenzen der Maschine (des 3D-Druckers), die in der folgenden Auflistung beschrieben werden:

- Transport: Vom Hersteller zum Anwender, innerhalb der Betriebsstätte beim Anwender,
- Montage und Inbetriebnahme: Entfernung transportrelevanter Teile, Positionierung, Anschluss an die Energieversorgung, Anschluss von Hilfsgeräten, Kontrolle der Installation, Überprüfung der Funktionsweise, der Steuerung und der Fähigkeiten,
- Einrichtung: Auswechseln des Druckwerkstoffes, Einlesen der Werkstückdaten (des Prototyps),
- Betrieb: Druckvorgang des Multi-Material-Prototyps testen,

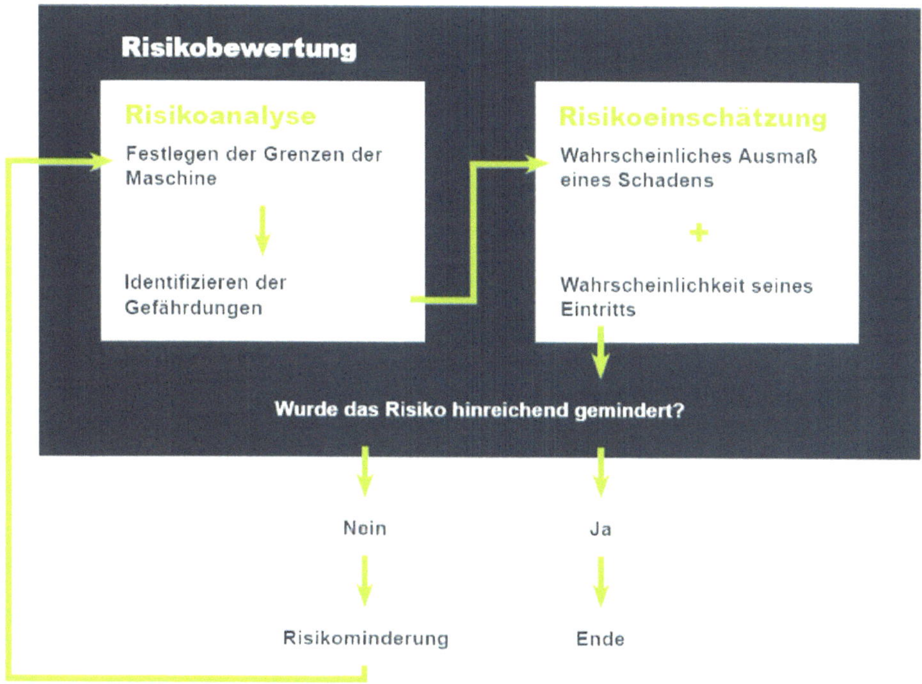

Abb. 7.43 Vorgehensweise bei der Risikobeurteilung. (Nach DIN EN ISO 12100:2010)

- Wartungsvorgänge: Reinigung, Schmierung beweglicher Teile, Austausch von Verschleißteilen,
- Fehlersuche, Störungsbeseitigung: Vorgehensweise nach dem Auftreten von Störungen oder Auslösung von Schutzvorrichtungen,
- Außerbetriebnahme, Demontage: Stilllegung der Maschine, Zerlegung, Entsorgung.

Für die **Risikoanalyse** werden nun die einzelnen Tätigkeiten jeweils gesondert betrachtet und die möglichen Gefährdungen identifiziert. Dann erfolgt eine **Risikoeinschätzung**, die dazu dient, ein jeweiliges Ereignis unter dem Aspekt der Eintrittswahrscheinlichkeit und der Schwere und/oder des Ausmaßes des möglicherweise entstehenden Schadens zu beschreiben.

Um die **Eintrittswahrscheinlichkeit** zu bewerten, bedient man sich statistischer Daten, die Auskunft darüber geben, wie oft (z. B. pro Jahr) ein bestimmtes Ereignis bisher beobachtet wurde. Die Schwere (Ausmaß) eines Schadens wird meist in entsprechendem Geldwert angegeben. Es kann aber auch die Schwere von möglichen Verletzungen oder sogar das Risiko eines Todesfalles in Betracht gezogen werden. Die entsprechenden Abstufungen lassen sich in einem so genannten **Risikograf** darstellen (Tab. 7.7).

Tab. 7.7 Risikograf für die Einschätzung von Eintrittswahrscheinlichkeit und Schwere eines Ereignisses. (Nach EN 60 601)

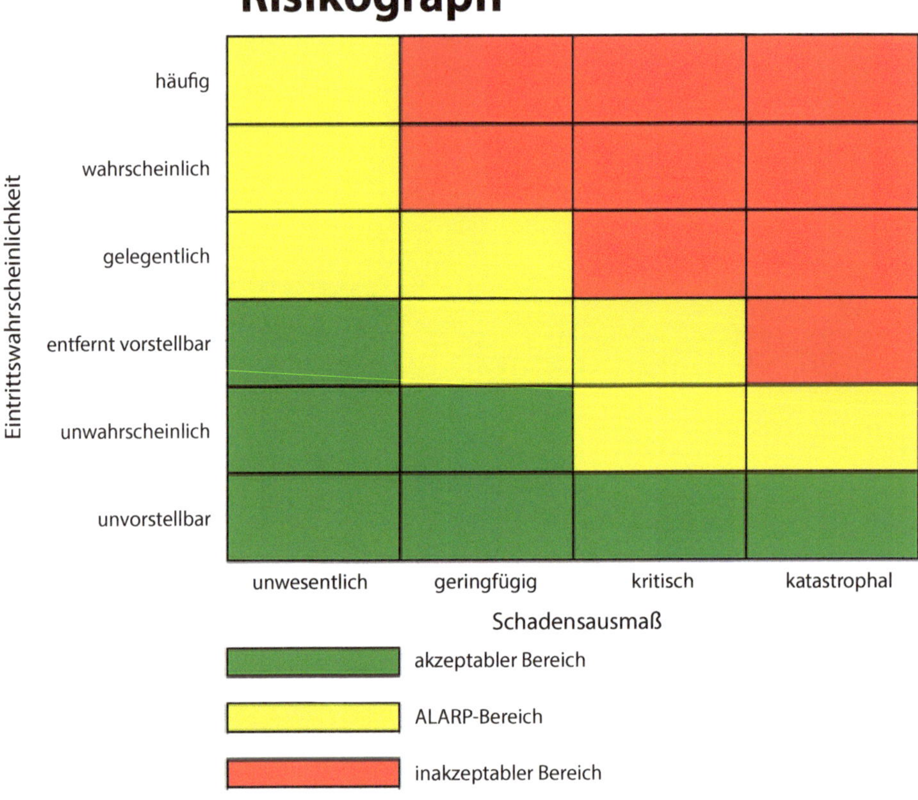

In der Literatur findet man einige Varianten zu dieser Darstellung. Sie haben alle die Eigenschaft, dass sie nur eine qualitative Aussage darüber zulassen, ob z. B. die Kombination aus „unvorstellbar und kritisch" gefährlicher ist als „entfernt vorstellbar und unwesentlich". Wichtiger für den Konstrukteur ist ja, ob es möglich ist, bei erhöhtem Risiko für den Benutzer, mit technischen oder anders gearteten Maßnahmen die Sicherheit zu erhöhen oder nicht. Das betrifft sowohl die Software einer Maschine als auch deren übrigen Systemkomponenten. Um zu einer brauchbaren Einschätzung zu gelangen, kann man zu den drei farbig markierten Bereichen das Folgende sagen:

- Grün (akzeptabler Bereich) – es sind keine zusätzlichen Maßnahmen erforderlich, um einen sicheren Betrieb zu gewährleisten.
- Gelb (ALARP-Bereich) – es obliegt dem Konstrukteur zu entscheiden, in welchem Umfang er gegebenenfalls (technischen) Aufwand (und damit zusätzliche Kosten) zur Vermeidung von Risiken für angebracht hält. Die Buchstaben ALARP stehen für: as low as reasonably practicable (so wenig wie vernünftigerweise praktikabel).

- Rot (inakzeptabler Bereich) – der Betrieb des Systems birgt so große Gefahren für den Benutzer, dass auf jeden Fall (technische) Maßnahmen zu seinem Schutz getroffen werden müssen.

Die vollständige Auflistung der Risiken, deren Beurteilung und die Beschreibung der entsprechenden Maßnahmen (s. Tab. 7.8) ergeben schließlich das komplette **Sicherheitskonzept** des 3D-Druckers. Die erforderlichen Konsequenzen sind dann Bestandteil seiner weiteren konstruktiven Ausarbeitung.

Fazit

Damit der ordnungsgemäße Betrieb eines technischen Erzeugnisses gewährleistet werden kann und um Handelshindernisse innerhalb der Europäischen Gemeinschaft zu vermeiden, ist eine Sicherheitsanalyse unumgänglich.

7.5.2 Auslegung der Komponenten

Für die Phase der Ausarbeitung kommen nur noch die beiden Konzepte in Betracht, die in Tab. 7.6 als Lösungsvorschläge 1 und 2 beschrieben werden. Da es sich wegen der gleichwertigen Beurteilung von drei Kinematikkonzepten tatsächlich um insgesamt sechs Vorschläge handelt, würde die detaillierte Beschreibung des Vorgehens sehr umfangreich. Es geht ja in der Ausarbeitungsphase letztlich darum, jedes Bauteil die Statik und die Dynamik des 3D-Druckers betreffend, so zu beschreiben oder darzustellen, dass es entweder gefertigt oder beschafft werden kann. Es darf dabei aber nicht außer Acht gelassen werden, dass viele Aspekte bereits in den beiden davor liegenden Phasen festgelegt werden müssen. Mit Statik sind die Teile gemeint, die das Gerüst des Druckers bilden, das aufgrund der geometrischen Erfordernisse konzipiert wurde. Die Dynamik bilden die Teile, die die Bewegungen in den drei Achsen bewirken und die natürlich an den tragenden Elementen (Statik) befestigt werden müssen. Die nachfolgende Betrachtung wird der besseren Übersicht halber in die zwei Lösungsvorschläge (LV) gemäß Tab. 7.6 aufgeteilt und auf die Auswahl der Elemente der Dynamik beschränkt, um den Umfang der Beschreibung nicht zu groß werden zu lassen.

LV 1

Dieser Lösungsvorschlag basiert auf dem in Abb. 7.14 dargestellten Konzept. Die Befestigungspunkte für die Bewegungsachsen befinden sich alle an dem aus Hohl- oder Winkelprofilen aufgebauten Rahmen. Alle Bewegungsachsen basieren auf dem Prinzip der Kombination von Trapezgewindespindel/Spindelmutter. Um ein gutes Führungsverhalten zu erzielen, ist jede Achse mit jeweils zwei Spindel/Mutter-Kombinationen ausgestattet. Der Antrieb erfolgt mittels Schrittmotor und direkter Kupplung. Ein Vorteil dieses in der Praxis

Tab. 7.8 Sicherheitskonzept für den 3D-Drucker. [St]

Pos.	Lebensphase	Beschreibung der Gefährdung	Eintrittswahr-scheinlichkeit	Folgen	Risikobeurteilung	Maßnahmen
1	Transport	Gefährdung durch unachtsamen Transport der Maschine	voraussichtlich	begrenzt	vernachlässigbar	korrekten Transport, wie in der Betriebsanleitung beschrieben
2	Transport	Gefährdung durch Rutschen der Maschine beim Transport	voraussichtlich	mäßig	niedrig	1. korrekten Transport, wie in der Betriebsanleitung beschrieben 2. Warnschilder auf Verpackung anbringen
3	Betrieb	Verletzung des Bedieners durch ungewolltes Anfahren der Maschine	wahrscheinlich	**kritisch**	**mittel**	1. Arbeitsraum vom Bediener abschirmen **2. Geschlossenen Arbeitsraum mittels** Sensor abfragen **3. Hinweis auf richtigen Gebrauch der** Maschine in der Betriebsanleitung
4	Betrieb	Eingreifen des Bedieners während des laufenden Prozesses in bewegende Teile	gelegentlich	**kritisch**	sehr hoch	1. Arbeitsraum vom Bediener abschirmen 2. Notstopp bei Öffnung des Arbeitsraumes 3. Not-Aus anbringen **4. Hinweis auf richtiges Handelnbei** Betriebsstörung in der Betriebsanleitung
5	Betrieb	Gefährdung des Bedieners durch UV-Strahlung	**sehr oft**	mäßig	sehr hoch	1. Umgebung desArbeitsraumes durch den Einsatz passender isolierender Materialien abschirmen
6	Betrieb, Wartung	Gefahr durch Quetschung und Prellung, wenn die Maschine aufgrund **mangelnder Standhaftigkeit** umfällt	wahrscheinlich	bedeutend	niedrig	1. Standflächen ausreichend groß **gestalten. Prüfung der Standfestigkeit** nach DIN EN ISO 609 2. Korrekte Aufstellung in der der Betriebsanleitung beschrieben
7	Wartung	Verletzung durch sich bewegende Teile während der Wartung	wahrscheinlich	bedeutend	niedrig	1. Arbeitsraum vom Bediener abschirmen 2. geschlossenen Arbeitraum durch Sensor abfragen 3. Hinweis auf Wartung nur durch Fachpersonal in Betriebsanleitung
8	Betrieb, Wartung, Reparatur	Elektrische Gefährdung: Direkte oder indirekte Berührung von Teilen, die aufgrund von Fehlern unter Spannung stehen	wahrscheinlich	bedeutend	niedrig	Maschine nach DIN EN 60204 ausrüsten
9	Betrieb	Gefährdung von Personen, welche die Maschine unsachgemäß bedienen könnten, weil sie die **geistige/körperliche** Voraussetzung hierfür nicht haben	wahrscheinlich	sehr wenig	vernachlässigbar	Hinweis in Betriebsanleitung auf Bedienen der Maschine durch geeignetes Personal
10	Betrieb	Gefahr durch Verbrennung bei der Entnahme des Bauteils an heißen Maschinenelementen, z.B. UV-Lampe	wahrscheinlich	mäßig	vernachlässigbar	**1. Beschreibung der richtigen** Entnahme 2. Hinweisschild auf entsprechende Maschinenteile
11	Betrieb	Gefahr durch **giftige** Gase	wahrscheinlich	mäßig	vernachlässigbar	1. Installierung einer geeigneten **Lüftung und Filterung** **2. Öffnungen in Einhausung mittels** Gummilippe abdichten **3. Hinweis auf giftige Gase in** Betriebanleitung

bereits bewährten Konzeptes ist, dass bei richtiger Auswahl der Gewindesteigung durch den Effekt der Selbsthemmung keine zusätzlichen Maßnahmen zur Lagefixierung erforderlich sind.

Die wichtigsten Randbedingungen für die Auswahl der Spindeln ist die jeweilige Belastung in axialer und radialer Richtung. Diese Kräfte werden hauptsächlich durch die an der betrachteten Achse (x, y und z) zu bewegenden Massen bestimmt. Hinzu kommen noch Beschleunigungs- und Reibungskräfte, die auch im Zusammenhang mit der gewünschten größten Verfahrgeschwindigkeit die Auswahl des erforderlichen Antriebsmotors bestimmen. Um einen Begriff davon zu geben, wie diese Randbedingungen aussehen, werden einige Angaben wiedergegeben, die den erwähnten Ausarbeitungen aus dem Sommersemester 2014 entstammen:

- Gewichtsbelastung an den Bewegungsachsen: m = 4 bis 10 kg,
- Verfahrgeschwindigkeit (Eilgang): v = 50 bis 75 mm/s.

Diese Angaben werden in blauer Farbe in die Anforderungsliste eingetragen. Der erste Schritt bei der Auslegung ist dann die Bemessung der zwei Spindeln und Muttern (Durchmesser und Höhe) für die jeweilige Bewegungsachse, die natürlich unterschiedlichen Belastungen ausgesetzt sein können. Hier kann auf die allgemein bekannten Lehrbüchern für Maschinenelemente zurückgegriffen werden. Es werden auch Berechnungsprogramme (Auslegungshilfen) von den Lieferanten der Spindeln und Muttern angeboten, die eine wertvolle Hilfe leisten. Eine Auswahl der entsprechenden Unterlagen zeigen die Abb. 7.44, 7.45 und 7.46.

Als notwendige Ergänzung zu diesen Komponenten ist natürlich die Auswahl geeigneter Lagerungen erforderlich (s. Abb. 7.47).

Als Beispiel für die Auswahl des Antriebes und eine direkte, drehsteife Kupplung dienen die in den Abb. 7.48 (Motor) und Abb. 7.49 (Kupplung) dargestellten Auszüge aus den entsprechenden Katalogen von Lieferanten.

Hinzu kommen dann noch die erforderlichen Komponenten für die Steuerung der Antriebe, die im Schaltschrank des 3D-Druckers untergebracht werden müssen.

LV 2

Durch die Verwendung anderer Antriebs- und Tragelemente genügt der Lösungsvorschlag 2 an den x- und y-Achsen höheren Ansprüchen in Bezug auf Genauigkeit und Belastbarkeit als der LV 1. Im Abb. 7.31 ist erkennbar, wie die Bewegung des Objektträgers (Tisch) in den zwei um 90° versetzten Richtungen bewerkstelligt werden kann. Die bewegliche Abstützung erfolgt mittels Kugelumlaufführungen (s. Abb. 7.27), die Zugkraft für die Erzeugung der Bewegung wird über einen Zahnriemen eingeleitet. Zur sicheren Unterstützung des Tisches sind für jede Achse zwei Führungselemente vorgesehen. Der Riementrieb liegt zwischen den beiden Schienen, wird von einem Motor über eine Riemenscheibe an einem Ende angetrieben und trägt ein Verbindungsstück für den Anschluss an den Tisch.

DryLin® WFRM | **Trapezgewindemutter**

DryLin® | **Trapezgewindespindel**

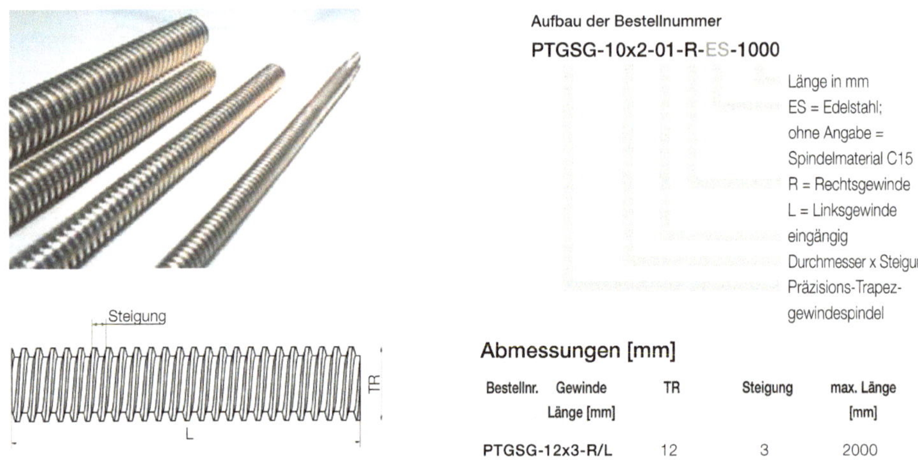

Abmessungen [mm]

Bestellnr.	Gewinde Länge [mm]	TR	Steigung	max. Länge [mm]
PTGSG-12x3-R/L		12	3	2000

Besondere Eigenschaften

- **Gewinde:** rechts oder links
- **lieferbare Materialien:**
  C15-Stahl
  Rostfreier Stahl
- **Länge und Bearbeitung nach Kundenzeichung**

Abb. 7.44 Gewindespindel. (Online-Katalog der Fa. Igus GmbH, 2013)

Die Genauigkeit für die Führung der Achsen ist bei Verwendung von Kugelumlaufschienen höher als bei Trapezgewindespindeln. Von den Herstellern werden darüber hinaus Komponenten in verschiedenen Genauigkeitsklassen angeboten. Es ist aber zu beachten, dass die geringeren Toleranzen in den Führungen einen erheblich höheren Aufwand in den vorbereitenden Bearbeitungen an den Bauteilen der Zentraleinheit erfordern, an denen die Führungselemente befestigt werden sollen. Zusätzlich ist auch bei der Montage erhöhte Sorgfalt erforderlich, um Verspannungen zu vermeiden. Außerdem ist noch darauf zu achten, dass die Führungselemente so aufeinander abgestimmt und montiert werden, dass keine statische Überbestimmung entsteht, dadurch kann es nämlich zu erhöhtem Verschleiß kommen. Die Einbausituation von zwei Führungen mit dem Objektträger (Tisch) an der Basis der Zentraleinheit zeigt Abb. 7.50.

Die Zuordnung der beiden um 90° versetzten x- und y-Achsen, einschließlich der Zahnriemenantriebe ist in Abb. 7.51 erkennbar. Aus den vorstehenden Betrachtungen zur

Abmessungen [mm]

Bestellnummer		Flächentrag-anteil [mm²]	SW	d2	b1	r	Gewinde d1 x P	max. stat. F axial [N]
JSRM-273624TR16x4	Neu!	526	27	36	24	5	TR16x4	2.108

Abb. 7.45 Trapezgewindemutter. (Katalog der Fa. Igus GmbH, 2013)

technischen Realisierung des LV 2 wird auch deutlich, dass die Herstellkosten dieser Version um einiges höher ausfallen müssen, als bei LV 1.

Im Lösungsvorschlag 2 ist vorgesehen, die z-Achse mittels Spindel und Mutter anzutreiben. Um hier die Genauigkeit und die Gleichmäßigkeit der Bewegung zu erhöhen, ist in Betracht zu ziehen, statt Trapezgewindespindeln eine Ausführung als Kugelgewindespindel mit einer entsprechenden Mutter zu verwenden. Der Vorteil liegt darin, dass dadurch die Gefahr des Auftretens eines so genannten Stick-Slip-Effektes weitgehend vermieden wird. Es liegt aber auf der Hand, dass der Einsatz von Kugelgewindeelementen erhebliche Mehrkosten verursacht werden. Das Aussehen und die Funktion der Spindel-/Mutterkombination ist den Abb. 7.52 und 7.53 zu entnehmen. Die Auslegung von zueinander passenden Komponenten (Spindelgröße, Lagerung und Antrieb) erfolgt am besten mithilfe der von den Herstellern zur Verfügung gestellten Unterlagen.

Eine Variante für die Bewegung und die Führung der z-Achse ist in Abb. 7.54 dargestellt. Bei dieser Version erfolgt nur der Antrieb über die Spindel, die Führung wird, wie bei der x- und y-Achse, mittels Kugelumlaufschienen bewerkstelligt. Dadurch lässt sich auch für diese Bewegungsachse die Genauigkeit erhöhen, die Konsequenz ist aber auch hier, dass höhere Anforderungen an Fertigung und Montage gestellt werden müssen, ins-

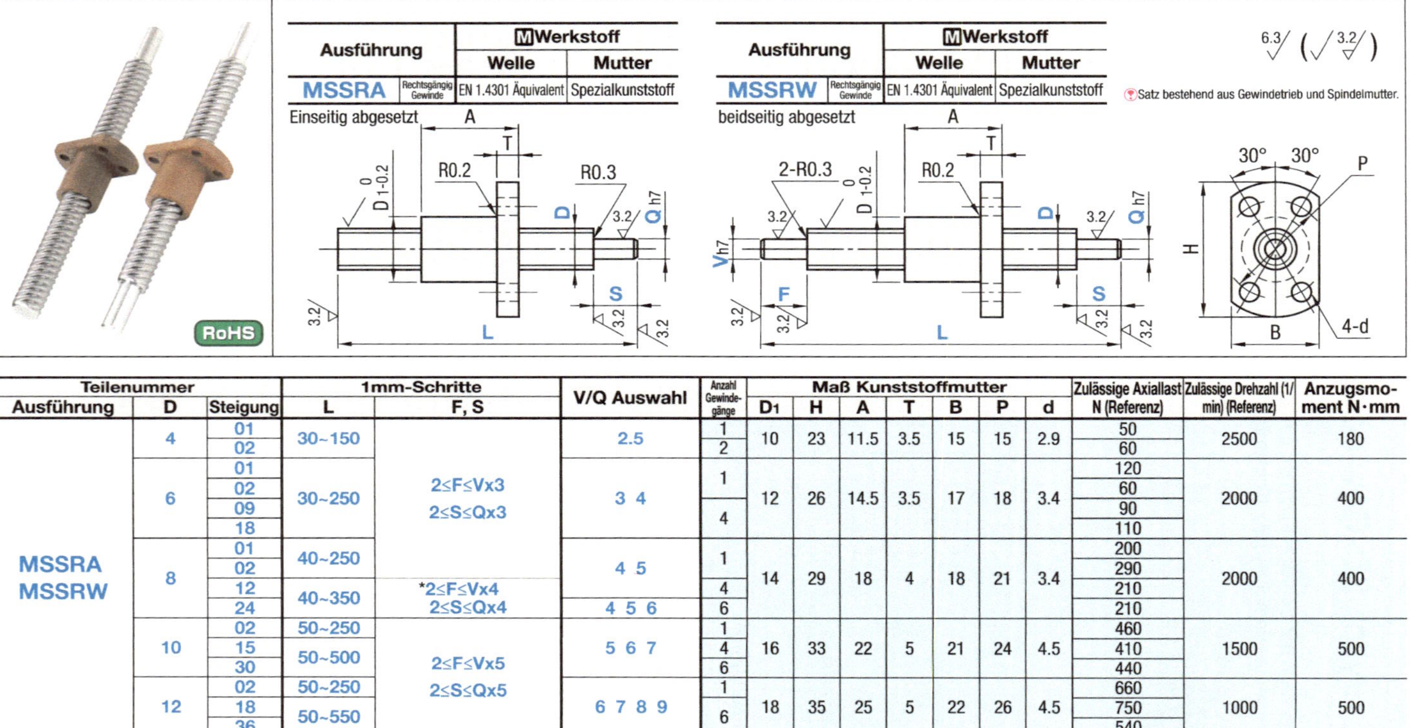

Ausführung		Werkstoff Welle	Werkstoff Mutter
MSSRA	Rechtsgängig Gewinde	EN 1.4301 Äquivalent	Spezialkunststoff
MSSRW	Rechtsgängig Gewinde	EN 1.4301 Äquivalent	Spezialkunststoff

Teilenummer Ausführung	D	Steigung	1mm-Schritte L	F, S	V/Q Auswahl	Anzahl Gewindegänge	Maß Kunststoffmutter D_1	H	A	T	B	P	d	Zulässige Axiallast N (Referenz)	Zulässige Drehzahl (1/min) (Referenz)	Anzugsmoment N·mm
MSSRA MSSRW	4	01	30~150	2≤F≤Vx3 2≤S≤Qx3	2.5	1	10	23	11.5	3.5	15	15	2.9	50	2500	180
		02				2								60		
	6	01	30~250		3 4	1	12	26	14.5	3.5	17	18	3.4	120	2000	400
		02												60		
		09				4								90		
		18												110		
	8	01	40~250		4 5	1	14	29	18	4	18	21	3.4	200	2000	400
		02												290		
		12	40~350	*2≤F≤Vx4 2≤S≤Qx4		4								210		
		24			4 5 6	6								210		
	10	02	50~250	2≤F≤Vx5 2≤S≤Qx5	5 6 7	1	16	33	22	5	21	24	4.5	460	1500	500
		15	50~500			4								410		
		30				6								440		
	12	02	50~250		6 7 8 9	1	18	35	25	5	22	26	4.5	660	1000	500
		18	50~550			6								750		
		36												540		

Abb. 7.46 Miniaturspindeln mit Muttern. (Katalog der Fa. Misumi, mechanische Komponenten)

Montage des Flanschlagergehäuses

(1) Gewindespindel in festlagerseitiges Flanschlagergehäuse schieben.
(2)Nach Aufsetzen einer Hülse die mitgelieferte Lagermutter aufschrauben und mit 1/3 des angegebenen Anzugsmoments kurz anziehen.
Flanschlagergehäuse am loslagerseitigen Wellenende montieren und befestigen.
(3)Gewindespindel drehen und die Lagermutter langsam anziehen, bis von Ende zu Ende eine sanfte Bewegung entsteht.
(4)Danach mit vollem Anzugsmoment festdrehen.

Mit Flanschlagergehäuse und Lager

Q	Mit Lager	Zulässige Axiallast (N)
8	608ZZCNM	1300
10	6000ZZCNM	2300
12	6001ZZCNM	2600
15	6002ZZCNM	2900

Die Positionsanzeigen innerhalb des zulässigen Höchstgeschwindigkeitsbereichs verwenden.

M	Befestigungsmutter Anzugsmoment (Ncm)
8	490
10	930
12	1370
15	2350

Wert dient nur zu Referenzzwecken.

Abb. 7.47 Spindellagerung. (Katalog der Fa. Misumi, mechanische Komponenten)

(1) 50, 100 W

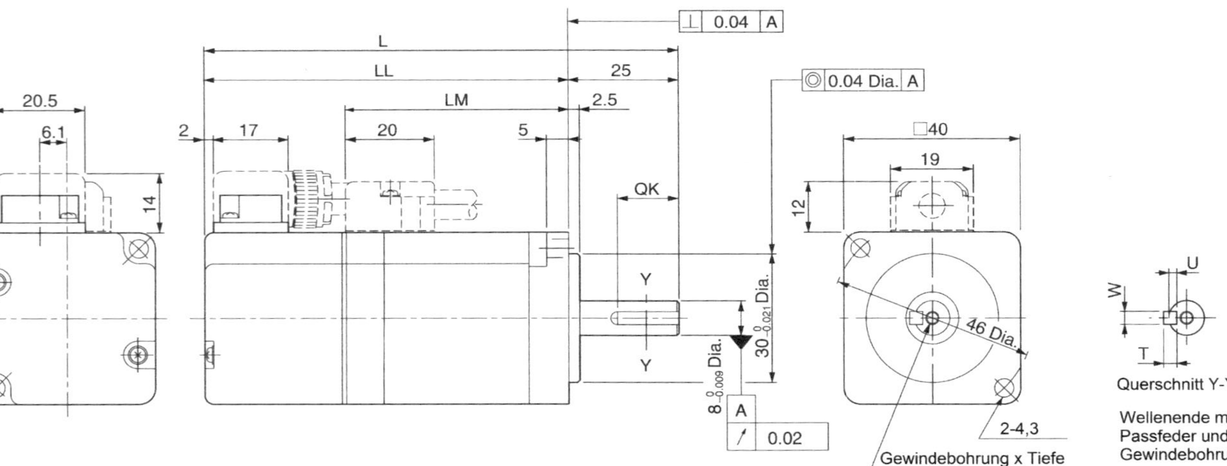

Modell SGMJV-	L	LL	LM	Gewindebohrung x Tiefe	Passfedermaße				Gewicht ca. kg
					QK	U	W	T	
A5A□A21 (A5A□A2C)	94 (139)	69 (114)	37	Kein Gewinde	Keine Passfeder				0.3 (0.6)
A5A□A61 (A5A□A6C)				M3×6L	14	1.8	3	3	
01A□A21 (01A□A2C)	107.5 (152.5)	82.5 (127.5)	50.5	Kein Gewinde	Keine Passfeder				0.4 (0.7)
01A□A61 (01A□A6C)				M3×6L	14	1.8	3	3	

Abb. 7.48 Motordaten. (Katalog der Fa. Yaskawa)

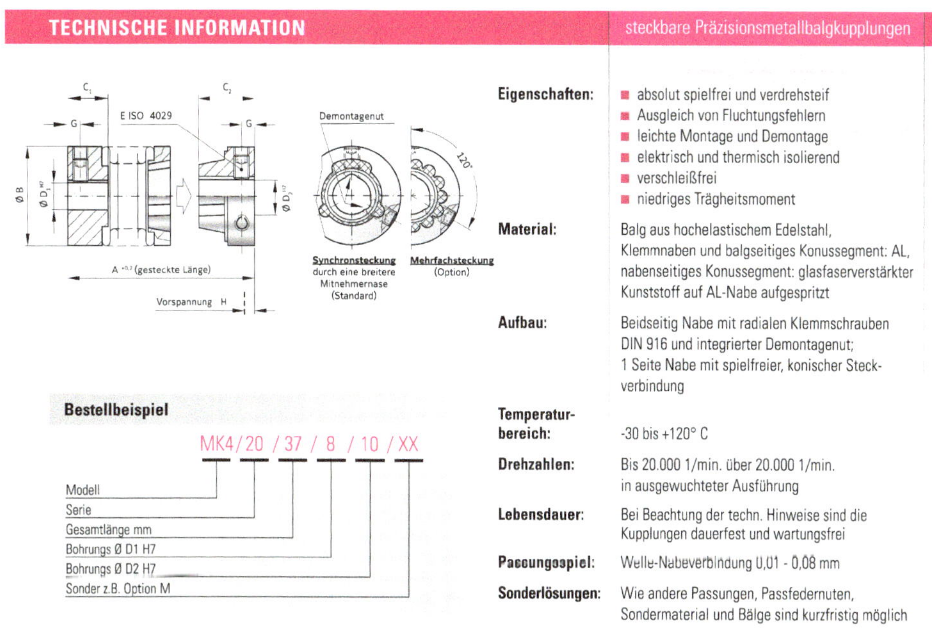

TECHNISCHE INFORMATION — steckbare Präzisionsmetallbalgkupplungen

Bestellbeispiel

MK4 / 20 / 37 / 8 / 10 / XX

- Modell
- Serie
- Gesamtlänge mm
- Bohrungs Ø D1 H7
- Bohrungs Ø D2 H7
- Sonder z.B. Option M

Eigenschaften:	absolut spielfrei und verdrehsteif; Ausgleich von Fluchtungsfehlern; leichte Montage und Demontage; elektrisch und thermisch isolierend; verschleißfrei; niedriges Trägheitsmoment
Material:	Balg aus hochelastischem Edelstahl, Klemmnaben und balgseitiges Konussegment: AL, nabenseitiges Konussegment: glasfaserverstärkter Kunststoff auf AL-Nabe aufgespritzt
Aufbau:	Beidseitig Nabe mit radialen Klemmschrauben DIN 916 und integrierter Demontagenut; 1 Seite Nabe mit spielfreier, konischer Steckverbindung
Temperaturbereich:	-30 bis +120° C
Drehzahlen:	Bis 20.000 1/min. über 20.000 1/min. in ausgewuchteter Ausführung
Lebensdauer:	Bei Beachtung der techn. Hinweise sind die Kupplungen dauerfest und wartungsfrei
Passungsspiel:	Welle-Nabeverbindung 0,01 - 0,08 mm
Sonderlösungen:	Wie andere Passungen, Passfedernuten, Sondermaterial und Bälge sind kurzfristig möglich

Abb. 7.49 Kupplungsdaten. (Katalog der Fa. R+W)

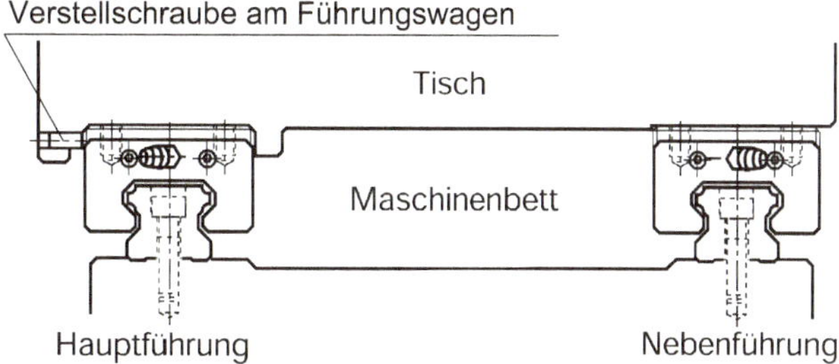

Abb. 7.50 Anordnung und Befestigung der Führungen. (© Fa. HSR)

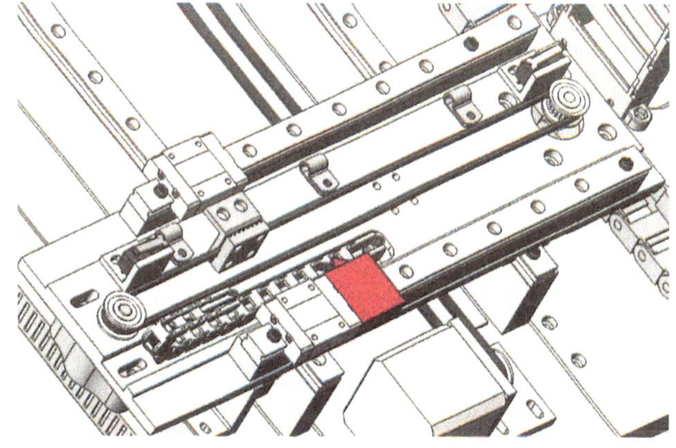

Abb. 7.51 Anordnung und Antrieb der beiden Bewegungsachsen für die x- und y-Richtung. [St]

Gerollte Präzisions-Spindel SN-R

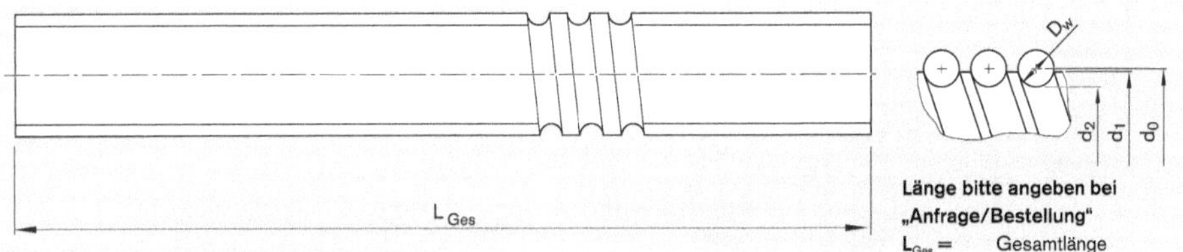

Bestellangaben: **SN 20 x 5R x 3 X X T7 R 00T200 00T200 1250 1 0**

Größe	**Materialnummer**			**Maße** (mm)		**Trägheitsmoment**	**maximale Länge** (mm)		**Gewicht**
	Toleranzklasse	**Toleranzklasse**	**Toleranzklasse**			**Js**	**Standard**	**auf**	
d_0 x P x D_w	**T5**	**T7**	**T9**	**d_1**	**d_2**	(kgcm²/m)		**Anfrage**	(kg/m)
6x1Rx0,8	R1531 105 00	R1531 107 00	R1531 109 00	6,0	5,3	0,02	auf Anfrage		0,19
6x2Rx0,8	R1531 125 00	R1531 127 00	R1531 129 00	6,0	5,3	0,02			0,19
8x1Rx0,8	R1531 205 00	R1531 207 00	R1531 209 00	8,0	7,3	0,04			0,36
8x2Rx1,2	R1531 225 00	R1531 227 00	R1531 229 00	8,0	7,0	0,04			0,36
8 x2,5Rx1,588	R1531 235 00	R1531 237 00	R1531 239 00	7,5	6,3	0,04			0,30
12x2Rx1,2	R1531 425 00	R1531 427 00	R1531 429 00	11,7	10,8	0,13	1500	2500	0,79
12x5Rx2	R1531 465 10	R1531 467 10	R1531 469 10	11,4	9,9	0,11			0,75
12x10Rx2	R1531 495 00	R1531 497 00	R1531 499 00	11,4	9,9	0,11			0,74

Abb. 7.52 Kugelgewindespindel. (© Fa. Bosch Rexroth)

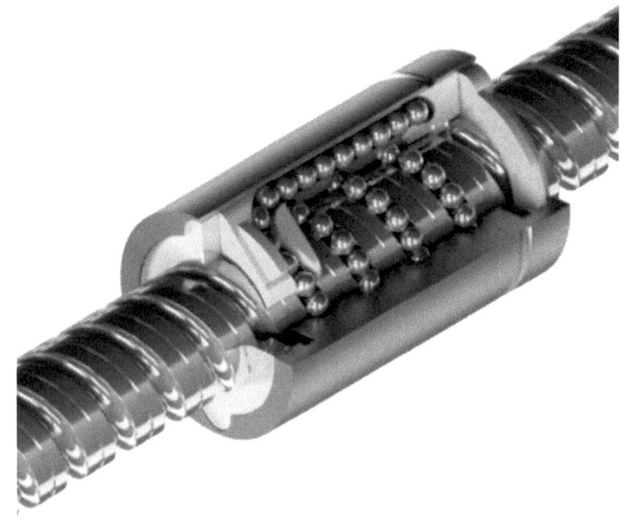

Abb. 7.53 Spindel-/Mutterkombination mit Kugelumlauf. (© Fa. Neff Gewindetriebe GmbH)

besondere ist auch hier auf das Vermeiden statischer Überbestimmung zu achten. Die Folge sind höhere Herstellkosten.

Versorgungsleitungen

Ein bedeutsamer Aspekt, der in der Lehre der Konstruktionsmethodik ausdrücklich hervorgehoben wird, ist die ganzheitliche Betrachtung bei der Durchführung der Neu-

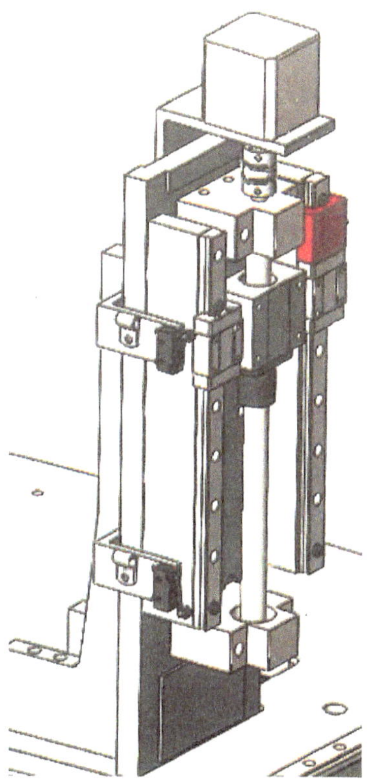

Abb. 7.54 z-Achse mit Spindelantrieb. [St]

konstruktion technischer Erzeugnisse, d. h. die Beachtung sämtlicher Systemeinflüsse (Randbedingungen oder Restriktionen). Bereits die Formulierung des Inhaltes der Black Box mit der Frage nach dem Wesenskern und der Haupt- und Nebenumsätze verhilft dem Konstrukteur zu der Erkenntnis, dass das zu entwickelnde Produkt in der Regel aus Teilsystemen zusammengesetzt ist. Es besteht außerdem meistens aus Komponenten mit mechanischen, elektrischen und elektronischen Wirkmechanismen, die sinnvoll zusammenwirken und so angeordnet werden müssen, dass sie sich nicht gegenseitig behindern.

Die Besonderheit bei der Installation der Versorgungsleitungen im 3D-Drucker ist die Tatsache, dass ein erheblicher Teil der Zentraleinheit aus beweglichen Elementen besteht. Es ist also sorgfältig zu prüfen, welcher Anteil der Versorgung mit starr zu verlegenden und welcher mit flexiblen Leitungen (Kabeln oder Schläuchen) versehen werden muss. Ein Beispiel für diesen Sachverhalt ist in Abb. 7.55 dargestellt. Hier ist auch erkennbar, dass dieselbe Versorgungsleitung, hier die Zuführung von Druckmaterial, sowohl aus einem starren als auch aus einem flexiblen Teil bestehen kann. Es kann also vorkommen, dass an den starr verlegten Teil der Leitung andere Anforderungen gestellt werden müssen als an den flexiblen. Für die Beantwortung diese Frage ist unbedingt die Rücksprache mit dem Hersteller erforderlich.

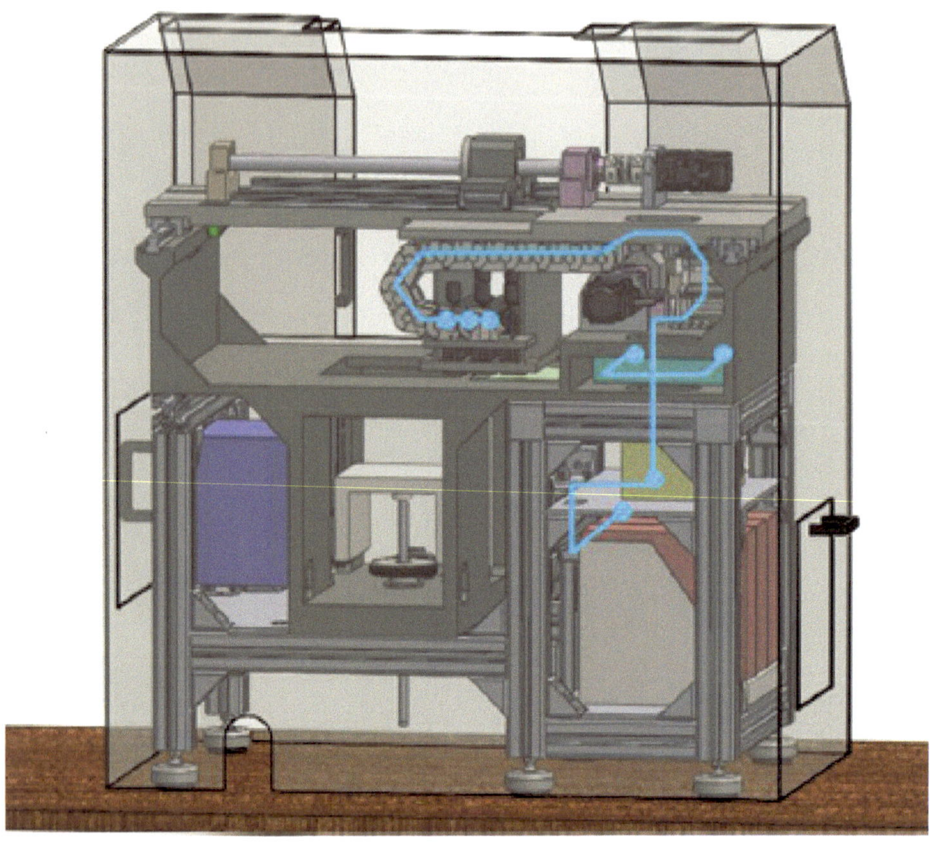

Abb. 7.55 Verlegung der Materialzuführung zum Druckkopf. [St]

In der Darstellung ist auch erkennbar, wie der bewegliche Teil der Leitung vor mechanischer Beschädigung (z. B. durch Scheuern an anderen Bauteilen oder Knicken) geschützt werden kann. Dies erfolgt durch die Verlegung in so genannten Energieketten, die natürlich ihrerseits so gesichert werden müssen, dass ihre Bewegungen jederzeit kontrolliert erfolgen (s. Abb. 7.56).

Herstellkosten

Als letzter Aspekt der Betrachtung der Konstruktionstätigkeit für den 3D-Drucker (Abb. 7.57) erfolgt die Ermittlung der Herstellkosten. Das soll aber nicht bedeuten, dass der Konstrukteur erst jetzt darüber nachdenken muss, welche Konsequenzen in Bezug auf die Kosten seine Tätigkeit hat. Es ist im Gegenteil erforderlich, sich von Anfang an, in allen Phasen des Konstruktionsprozesses darüber im Klaren zu sein, wie sich Entscheidungen für die eine oder andere Lösung auf die Kosten auswirken können. Der überwiegende Teil dieser Kosten wird nämlich durch die Konstruktionstätigkeit vor Beginn der Fertigung oder Beschaffung bestimmt, Schätzungen zufolge handelt es sich dabei um 70 %.

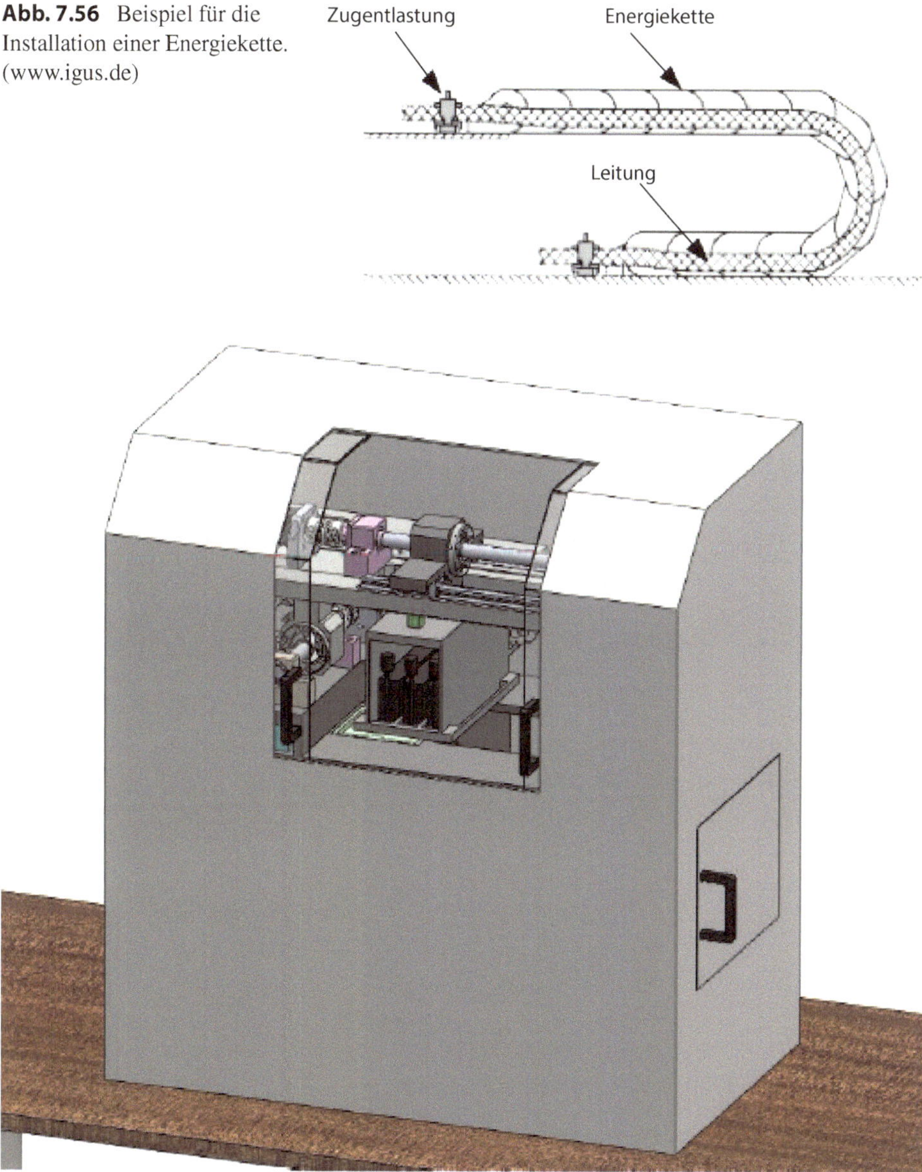

Abb. 7.56 Beispiel für die Installation einer Energiekette. (www.igus.de)

Abb. 7.57 Gesamtansicht eines 3D-Druckers. [St]

Eine Hilfe für das Vorgehen bei der Kalkulation der Herstellkosten bieten schematische Vorgehensweisen, z. B. VDMA-Empfehlungen oder die Richtlinie VDI 2235, letztere beschreibt die Struktur der Kalkulation und die Einflussgrößen auf die Kosten. Insbesondere ein noch unerfahrener Konstrukteur wird aber trotz dieser Unterstützung rasch an seine Grenzen stoßen. Außer der Vermittlung der theoretischen Kenntnisse, die die

Fachliteratur [PaBe13, Nae18] anbietet, ist selbst ein erfahrener Konstrukteur gut beraten, wenn er die Kostenermittlung nicht alleine durchführt. Es ist empfehlenswert ein Team zu bilden, in dem außer ihm Mitarbeiter aus der Arbeitsvorbereitung (Fertigungssteuerung), dem Einkauf (Materialwirtschaft) und des Controllings beteiligt sind. Auf diese Weise kann ein Maximum an Sicherheit erzielt werden und sichergestellt werden, dass die Besonderheiten des Produktes und der Fähigkeiten des Betriebes berücksichtigt werden.

Aus den erwähnten Empfehlungen und Richtlinien ist zu entnehmen, dass sich die Herstellkosten für ein technisches Erzeugnis in der Regel in Material-, Fertigungs- und Sondereinzelkosten (Kaufteile) gliedern. Im traditionellen Maschinenbau kann der letztgenannte Anteil bis zu 40 % betragen, bei modernen Maschinen mit mechatronischer Prägung auch über 50 % gehen. Der 3D-Drucker ist sicher in diese Kategorie einzuordnen. Nach den Kostenermittlungen, die in den Semesterarbeiten von 2014 beschrieben werden, erreicht der Anteil der Kaufteile, je nach der Wahl der Lösungsvorschläge, 50 bis 70 %. Den Herstellkosten muss dann noch ein Gemeinkostenanteil zugeschlagen werden, der durch Nebentätigkeiten entsteht. Das Ziel, einen Betrag für die Herstellkosten von 10.000 € nicht zu überschreiten, wurde aber von allen Teams erreicht.

7.6 Weitere Quellen

DIN-Normen (Deutsches Institut für Normung): Wiedergegeben mit Erlaubnis des DIN Deutsches Institut für Normung e. V. Maßgebend für das Verwenden der DIN-Norm ist deren Fassung mit dem neuesten Ausgabedatum, die bei der Beuth Verlag GmbH, Burggrafenstraße 6, 10787 Berlin, erhältlich ist.

VDI-Richtlinien: VDI-Verlag, Düsseldorf

Literatur

[Buz05] Buzan, T., Buzan, B.: Das Mind-Map-Buch. Die beste Methode zur Steigerung ihres geistigen Potentials. Moderne Verlagsgesellschaft Mvg, München (2005)

[Geb13] Gebhardt, A.: Generative Fertigungsverfahren, 4. Aufl. Hanser, München (2013)

[IPO] IPO (Intellectual Property Office), www.gov.uk

[Jak15] Jakoby, W.: Projektmanagement für Ingenieure, 3. Aufl. Springer Fachmedien, Wiesbaden (2015)

[Nae18] Naefe, P.: Methodisches Konstruieren, 3. Aufl. Springer Fachmedien, Wiesbaden (2018)

[PaBe13] Pahl, G., Beitz, W.: Konstruktionslehre, 8. Aufl. Springer, Berlin (2007)

[StAG14] Studentische Arbeitsgruppen der Semesterarbeit im, Arbeitstitel: „Entwicklung eines 3D-Druckers", im Fach „Systementwicklung im Maschinenbau" an der TH Köln, Institut für Produktentwicklung und Konstruktionstechnik (IPK). SS (2014)

Gruppe 1 Herms, H.; Hübner, M.; Markstädter, E.; Roth, Ch.; Shure, M.; Stiels, D.

Gruppe 2 Bulich, T.; Moll, H.; Neumann, D.; Remel, V.; Rosendahl, D.

Gruppe 3 Bayer, T.; Oehler, M.

Gruppe 4 Alef, M.; Bayer, T.; Labs, N.; Schaaf, S.; Steinert, R.; Taylor, S.
Gruppe 5 Cremer, S.; Hardes, T.; Hüllmann, A.; Meyer, T.; Ohlinger, A.; Weyandt, A.
Gruppe 6 Alwan, M.; Bastos, E.; Jendoubi, E.; Mejia, R.; Nono Tamo, M.; Oehler, M.
[Wec13] Weck, M.: Werkzeugmaschinen, dritter Band. Springer Vieweg, Berlin (2013)

Stichwortverzeichnis

P. Naefe, J. Luderich, *Konstruktionsmethodik für die Praxis*,
https://doi.org/10.1007/978-3-658-31187-2

S

T

U

V